乡村人居环境营建丛书

浙江大学乡村人居环境研究中心

王　竹　主编

"十三五"国家重点研发计划重点专项课题："经济发达地区传承中华建筑文脉的绿色建筑体系"(2017YFC0702504)

浙江省教育厅一般科研项目："基于性能参数化和图解转译的绿色建筑被动式设计导控"(Y202146094)

浙大城市学院教师科研培育基金项目："基于性能参数化的低碳建筑形态导控研究"(J-202217)

"研选-整合"机制下地域适宜性绿色建筑设计导控体系建构

——基于浙江省小城镇的研究

王焯瑶　著

东南大学出版社
SOUTHEAST UNIVERSITY PRESS
·南京·

内 容 提 要

本书选取设计导控为研究视角，基于小城镇营建的背景，探索地域适宜性绿色建筑设计导控体系的构建方法。针对评价导向下绿色建筑设计实践的问题，基于控制论视野下系统的“导”与“控”等相关理论，建立绿色建筑设计导控的认知框架，继而提出构建地域适宜性绿色建筑设计导控体系的原则与策略，并围绕目标设定、内容推导、成果表达和程序架构四个方面提出绿色建筑设计导控体系的生成路径，并基于“研选-整合”机制，以《浙江省小城镇绿色建筑设计导则》为实证研究的载体，为小城镇的绿色建筑营建提供参考与借鉴。

本书可供建筑学、城乡规划学等相关专业人士阅读参考，也可供相关专业师生学习参考。

图书在版编目(CIP)数据

“研选-整合”机制下地域适宜性绿色建筑设计导控体系建构 ：基于浙江省小城镇的研究 / 王焯瑶著.— 南京：东南大学出版社，2022.8

(乡村人居环境营建丛书/王竹主编)

ISBN 978-7-5766-0195-4

Ⅰ.①研… Ⅱ.①王… Ⅲ. ①小城镇-生态建筑-建筑设计-研究-浙江 Ⅳ.①TU201.5

中国版本图书馆 CIP 数据核字(2022)第 143148 号

责任编辑：宋华莉　责任校对：张万莹　封面设计：企图书装　责任印制：周荣虎

“研选-整合”机制下地域适宜性绿色建筑设计导控体系建构——基于浙江省小城镇的研究

“Yanxuan-Zhenghe” Jizhi Xia Diyu Shiyixing Lüse Jianzhu Sheji Daokong Tixi Jiangou —— Jiyu Zhejiangsheng Xiaochengzhen De Yanjiu

著　　者：王焯瑶

出版发行：东南大学出版社

社　　址：南京四牌楼 2 号　邮编：210096　电话：025－83793330

网　　址：http://www.seupress.com

电子邮件：press@seupress.com

经　　销：全国各地新华书店

印　　刷：南京玉河印刷厂

开　　本：787 mm×1 092 mm　1/16

印　　张：13.75

字　　数：315 千字

版　　次：2022 年 8 月第 1 版

印　　次：2022 年 8 月第 1 次印刷

书　　号：ISBN 978－7－5766－0195－4

定　　价：58.00 元

序

这本书源自王焯瑶的博士学位论文《“研选-整合”机制下地域适宜性绿色建筑设计导控体系建构——基于浙江省小城镇的研究》。她从建筑学本科大四开始，到直接攻读博士学位，我都是其指导老师。地区绿色建筑营建一直是我们研究团队的重要研究方向之一，从二十多年前的黄土高原绿色窑居住区到长三角地区的绿色住居、低碳乡村等。多年来，王焯瑶一直跟随研究团队开展科研和实践工作，参与了在浙江、广东等地一系列的小城镇和乡村考察调研与规划设计，使得她对地区建筑绿色营建有了更深的认识，并培养了扎实的田野调研能力。其后她参与了“十三五”国家重点研发计划重点专项课题“长三角地区基于文脉传承的绿色建筑设计方法及关键技术”，进一步明确了绿色建筑设计作为其研究方向。在浙江省“美丽城镇”建设的背景下，针对浙江省小城镇绿色、生态发展建设的需求，我们研究团队与浙江省美丽城镇办开展了一系列的合作与研究，王焯瑶作为主要成员参与了《浙江省小城镇绿色建筑设计导则》的调研、研究与编制。在此期间，她完整地了解到了绿色建筑设计的推进过程，也真实体会到绿色建筑营建面临的矛盾与困境。因此，在与她多次交流讨论之后，便很自然地确立了以浙江省小城镇建设为背景，针对绿色建筑设计的导控体系作为其研究方向。

绿色建筑是建筑行业践行可持续发展理念、推动“碳达峰、碳中和”目标落实的重要领域。我国绿色建筑发展至今已经取得了丰硕的成果，但与此同时也呈现出诸多深层次的问题，在对绿色建筑的理解与认知上“重指标、重技术”是其中的重要问题之一，人们过于依赖与运用高技术，而忽视了人、建筑与自然之间本应具有的调适性。此外，为了推动绿色建筑的发展，各国纷纷建立了绿色建筑评价体系，如美国的LEED、英国的BREEAM，这些绿色建筑评价体系解决了技术“有没有”的问题，却没有涉及“该不该有”的思考。因此，有必要对当下以“全项指标导向”和“单纯技术控制”为导向的绿色建筑的误读进行纠偏。基于以上背景，本书作者提出了绿色建筑设计“导控”体系，认为绿色建筑设计导控是理解和解决当下绿色建筑设计实践问题的一种精准求解，通过建立面向设计过程、强调地域适宜性和刚弹性结合的导控体系，对绿色建筑设计过程和成果进行引导和控制。研究以“研选-整合”机制为核心，并结合浙江省小城镇建设的需求，阐明了针对特定地区建立绿色建筑设计导控体系的基本路径。本研究为地域性绿色建筑设计提供了理论与方法的支持，具有重要的学术价值和现实意义。

王竹

2022 年 3 月于求是园

前　　言

发展绿色建筑是建筑行业应对能源和资源短缺、环境恶化的重要战略。自21世纪以来，我国大力推动绿色建筑的发展，颁布并实施了一系列绿色建筑标准，在取得重要成效的同时也暴露出诸多问题，如“指标控制”的倾向、缺乏地域性指导、与建筑设计实践脱节等。同时，小城镇作为我国多元城镇化路径之一，在城镇体系中地位日益彰显，但绿色生态理念尚未在建设过程中得以落实。

为此，本书选取设计导控为研究视角，以小城镇营建为研究背景，提出研究问题“如何结合地域性对绿色建筑设计进行有效的导控”，按照“实践问题—认知框架—建构路径—实证研究”的研究路径，借鉴控制论视野下系统的“导”与“控”等相关理论，建立绿色建筑设计导控的认知框架，通过“研选—整合”机制进行导控要素与整体框架的推演，以《浙江省小城镇绿色建筑设计导则》的编制为实证研究载体，旨在提出一种着眼于绿色建筑设计过程、强调地域适宜性和刚弹性结合的导控策略与方法，为绿色建筑设计实践提供理论与方法的支持。本书主要内容为：

第1章　绪论　阐述了当前绿色建筑进入常态化发展阶段，指出当前绿色建筑设计中存在的“误区”以及小城镇建设中发展绿色建筑的重要性，并对研究中涉及的概念做出说明，阐述了研究目的、意义、技术、方法等基础性内容。

第2章　国内外绿色建筑设计导控相关研究解析　梳理了国内外绿色建筑设计导控的研究脉络，并从导控特点和地域性等视角出发，对国内外绿色建筑标准与导则进行解析，归纳出绿色建筑设计导控的发展趋势，以挖掘相关研究与实践的不足与启发。

第3章　绿色建筑设计导控体系的研究价值与相关理论基础　通过基于扎根理论的质性研究和基于问卷调查的量化研究，剖析评价导向下绿色建筑设计的实践困境与导控需求，同时在借鉴系统控制论等理论的核心概念的基础上，确立了基于导控的研究视角。

第4章　绿色建筑设计导控的概念建立与认知框架　通过对导控体系的建构目的、“导”“控”内涵、主导因素等进行解析，明确绿色建筑设计导控实施的逻辑基础，并从导控角色和导控手段等方面出发，阐释绿色建筑设计导控运作的内在机制，最后从信息流动的视角阐释导控体系与绿色建筑设计过程的作用机制，从而建立绿色建筑设计导控的认知框架。

第 5 章 “研选-整合”机制下地域适宜性绿色建筑设计导控体系建构策略与方法 明确绿色建筑设计导控体系应以整体协调性、目标多维性、刚弹性结合和动态调整性为建构原则，提出从目标设定、内容推导、成果表达和程序架构等四个方面进行导控体系的建构，并针对建构过程中的核心问题——地域导控要素研选、导控框架建立等提出建构策略。

第 6 章 实证研究：《浙江省小城镇绿色建筑设计导则》的体系建构与内容编制 在浙江省小城镇的地域因子解读的基础上，从国内外绿色建筑标准规范、小城镇相关政策导向等角度提取导控要素，建立绿色建筑设计导控要素库，将导控要素与地域因子进行关联耦合，得出地域适宜性导控要素，再结合专家咨询法和探索性因子分析等方法，对导控要素进行精炼和结构优化；最后，将导控框架和要素转译为具有实践意义的《浙江省小城镇绿色建筑设计导则》。

第 7 章 结语 对研究成果作概括、提炼和总结，指出研究的不足和未来研究值得深化、拓展的方向。

本书针对建筑师视野下的现实需求与行业的认知瓶颈，建立地域适宜性绿色建筑设计导控体系，并明确其内在机制和建构方法，以期对“评价导向”和“唯达标式”绿色建筑设计起到厘清与纠偏作用，同时引发对我国绿色建筑评价和设计的思考与提升。

著者

2022 年 3 月

浙江大学乡村人居环境研究中心

农村人居环境的建设是我国新时期经济、社会和环境的发展程度与水平的重要标志，对其可持续发展适宜性途径的理论与方法研究已成为学科的前沿。按照中央统筹城乡发展的总体要求，围绕积极稳妥推进城镇化，提升农村发展质量和水平的战略任务，为贯彻落实《国家中长期科学和技术发展规划纲要（2006—2020年）》的要求，为加强农村建设和城镇化发展的科技自主创新能力，为建设乡村人居环境提供技术支持。2011年，浙江大学建筑工程学院成立了乡村人居环境研究中心（以下简称“中心”）。

“中心”主任由王竹教授担任，副主任及各专业方向负责人由李王鸣教授、葛坚教授、贺勇教授、毛义华教授等担任。“中心”长期立足于乡村人居环境建设的社会、经济与环境现状，整合了相关专业领域的优势创新力量，将自然地理、经济发展与人居系统纳入统一视野。截至目前，“中心”已完成120多个农村调研与规划设计项目；出版专著15部，发表论文300余篇；培养博士50人，硕士230余人；为地方培训8 000余人次。

“中心”在重大科研项目和重大工程建设项目联合攻关中的合作与沟通，积极促进了多学科的交叉与协作，实现信息和知识的共享，从而使每个成员的综合能力和视野得到全面拓展；建立了实用、高效的科技人才培养和科学评价机制，并与国家和地区的重大科研计划、人才培养实现对接，努力造就一批国内外一流水平的科学家和科技领军人才，注重培养一批奋发向上、勇于探索、勤于实践的青年科技英才。建立一支在乡村人居环境建设理论与方法领域方面具有国内外影响力的人才队伍，力争在地区乃至全国农村人居环境建设领域处于领先地位。

“中心”按照国家和地方城镇化与村镇建设的战略需求和发展目标，整体部署、统筹规划，重点攻克一批重大关键技术与共性技术，强化村镇建设与城镇化发展科技能力建设，开展重大科技工程和应用示范。

“中心”从6个方向开展系统的研究，通过产学研的互相结合，将最新研究成果运用于乡村人居环境建设实践中。(1) 村庄建设规划途径与技术体系研究；(2) 乡村社区建设及其保障体系；(3) 乡村建筑风貌以及营造技术体系；(4) 乡村适宜性绿色建筑技术体系；(5) 乡村人居健康保障与环境治理；(6) 农村特色产业与服务业研究。

“中心”承担有两个国家自然科学基金重点项目——“长江三角洲地区低碳乡村人居环境营建体系研究”“中国城市化格局、过程及其机理研究”；四个国家自然科学基金面上项目——“长江三角洲绿色住居机理与适宜性模式研究”“基于村民主体视角的乡村建造模式研究”“长江三角洲湿地类型基本人居生态单元适宜性模式及其评价体系研究”“基于绿色基础设施评价的长三角地区中小城市增长边界研究”；五个国家科技支撑计划课题——“长三角农村乡土特色保护与传承关键技术研究与示范”“浙江省杭嘉湖地区乡村现代化进程中的空间模式及其风貌特征”“建筑用能系统评价优化与自保温体系研究及示范”“江南民居适宜节能技术集成设计方法及工程示范”“村镇旅游资源开发与生态化关键技术研究与示范”等。

目　录

1 绪论

1.1 研究背景

1.1.1 绿色建筑进入常态化发展阶段

自20世纪中叶起，在生态环境恶化、能源危机爆发、全球气候变暖等背景下，人们逐渐认识到环境保护、资源节约的重要性。建筑行业占全球能源使用量的36%、消耗的淡水占全球的12%，同时排放的二氧化碳占全球总量的40%，产生的固体废弃物占全球的40%[①②]。在此背景下，关注建筑环境性能的绿色建筑应运而生，并日益受到重视。

自1969年建筑师鲍罗·索勒里(Paolo Soleri)创建"城市建筑生态学"(Arcology)起，绿色建筑理论研究不断地深入，如舒马赫(E. F. Schumacher)提出的"中间技术"概念、安东·施耐德(Anton Schneider)提出的"生物建筑学"(Building Biology)、盖娅运动建筑师戴维·皮尔森(David Pearson)提出盖娅住区宪章等。20世纪90年代，世界环境与发展委员会(World Commission on Environment and Development)发表《我们共同的未来》，首次明确"可持续发展"的概念，促使绿色建筑逐渐纳入经济、社会、文化等方面的考虑。与此同时，"生物气候设计"(Bioclimate Design)、"整合设计过程"(Integrated Design Process, IDP)、"性能驱动设计"(Performance Driven Design)等理念丰富了绿色建筑设计方法(图1.1)，促使绿色建筑由基于经验和直觉的判断，逐渐增加定量、理性的分析，并开始关注绿色建筑理念与设计流程、辅助工具的融合。至今，发展绿色建筑的重要性在国际范围内已取得基本共识，成为建筑行业的发展方向和必然选择。

绿色建筑对转变我国"高消耗、高污染、高投入、低效益"[③]的传统城乡建设模式具有重要意义，能打破能源、资源对发展的约束，改善人民的生产生活条件。不少学者认为我国绿色建筑经历了从"浅绿"到"深绿"的发展阶段，在2011年步入"泛绿"阶段[④]，最终将走向绿色建筑的常态化。

在绿色建筑总体规模上，绿色建筑的项目数量呈现"井喷式"的增长趋势(图1.2)。根据

---

① International Energy Agency, United Nations Environment Programme. 2018 Global status report: Towards a zero-emission, efficient and resilient buildings, and construction sector [EB/OL]. (2018-12-06)[2022-03-16]. https://www.worldgbc.org/sites/default/files/2018%20GlobalABC%20Global%20Status%20Report.pdf.

② United Nations Environment Programme. The 10 YFP programme on sustainable buildings and construction [EB/OL]. (2016-09-01)[2022-03-16]. https://www.oneplanetnetwork.org/sites/default/files/brochure_10yfp_sbc_prog_final.pdf.

③ 张建国，谷立静.我国绿色建筑发展现状、挑战及政策建议[J].中国能源，2012，34(12)：19-24.

④ 孙大明，汤民，张伟.我国绿色建筑特点和发展方向[J].建设科技，2011(7)：24-27.

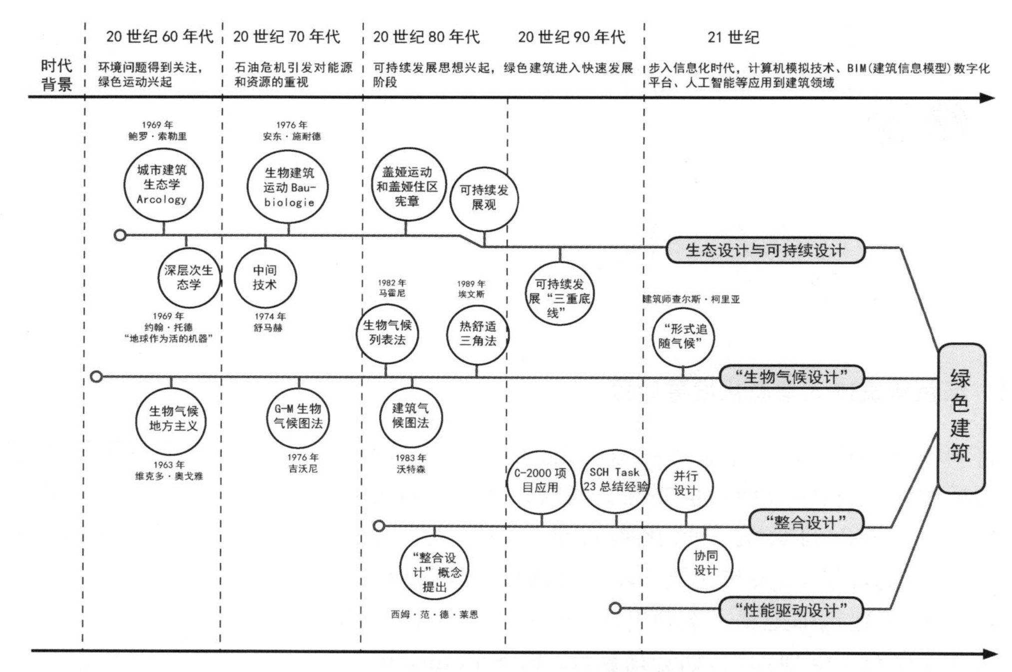

图 1.1 绿色建筑主要设计理论与方法演进

（图片来源：作者自绘）

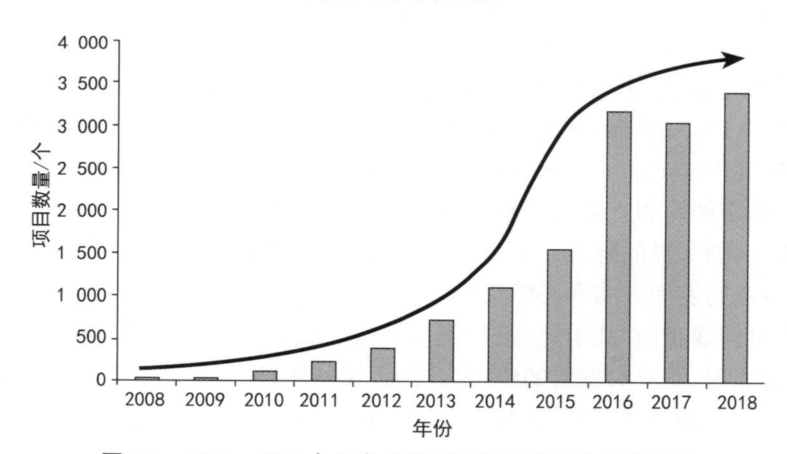

图 1.2 2008—2018 年绿色建筑评价标识项目数量统计图

［图片来源：国家发展和改革委员会网站(https://www.ndrc.gov.cn/xwdt/ztzl/qgjnxcz/bmjncx/202006/t20200626_1232120_ext.html)］

住房和城乡建设部公布的数据，截至 2018 年底，全国绿色建筑标识项目总数超过 1.3 万个，全国城镇累计绿色建筑面积超过 32 亿平方米，2018 年的绿色建筑占城镇新建民用建筑的比例达到 56%①。

① 住房和城乡建设部.建筑节能全覆盖 绿色建筑跨越发展[EB/OL].(2020-06-27)[2022-03-16]. https://www.ndrc.gov.cn/xwdt/ztzl/qgjnxcz/bmjncx/202006/t20200626_1232120_ext.html.

在绿色建筑标准体系上，我国已逐步形成从规划、设计、施工到运营管理阶段，并涵盖不同建筑类型的绿色建筑标准体系。其中，2006 年发布的《绿色建筑评价标准》(GB/T 50378—2006)(以下简称《评价标准》)经历了“三版两修”，2019 版的《评价标准》中创新性地提出了以“安全耐久、健康舒适、生活便利、资源节约、环境宜居”①为核心的指标体系，进一步拓展了绿色建筑的内涵，更关注以人为本与建筑品质。此外，随着绿色建筑技术的日益成熟，绿色建筑的增量成本逐年降低(图 1.3)，为绿色建筑的推广提供良好的技术基础。

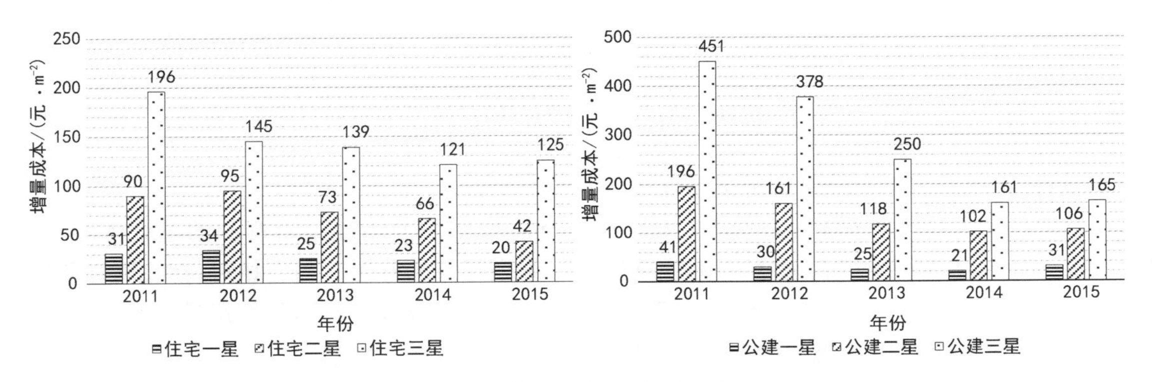

图 1.3 绿色建筑标识项目增量成本逐年下降

(图片来源：改绘自宋凌，张川，李宏军.2015 年全国绿色建筑评价标识统计报告[J].建设科技，2016(10)：12-15.)

在绿色建筑的政策框架上，已形成从国家到地方、目标明确的政策体系，通过“强制”与“激励”相结合的方式推动绿色建筑发展。2020 年 7 月，住房和城乡建设部、国家发展和改革委员会等七部门共同发布《绿色建筑创建行动方案》，提出“到 2022 年，当年城镇新建建筑中绿色建筑面积占比达到 70%”的目标，以及“推动新建建筑全面实施绿色设计”的重点任务，意味着绿色建筑的推广从个别的推荐性要求转向全面的强制性要求。2021 年 6 月，住房和城乡建设部发布《关于加强县城绿色低碳建设的通知》，提出“县城新建建筑要落实基本级绿色建筑要求，鼓励发展星级绿色建筑”②，表明绿色建筑的推广已从大中城市向县城、小城镇拓展。

总的来说，在我国绿色建筑发展迅速，绿色建筑理念逐渐获得建筑行业和全社会的认同，步入了常态化发展阶段。

1.1.2 当前绿色建筑设计的“误区”与“迷思”

近年来，随着绿色建筑的迅速发展，相关研究也不断增多，但总体呈现“两头大，中间小”的“沙漏式”失衡局面(图 1.4)：“两头大”指前端的绿色建筑设计理论与技术研究取得一定成果，后端的绿色建筑评价也受政府和公众高度关注，但实现绿色建筑的关键环节——设计

① 中华人民共和国住房和城乡建设部.绿色建筑评价标准：GB/T 50378—2019[S].北京：中国建筑工业出版社，2019.

② 住房和城乡建设部.关于加强县城绿色低碳建设的意见[EB/OL].(2021-05-25)[2022-03-16]. http://www.gov.cn/zhengce/zhengceku/2021-06/08/content_5616290.htm.

过程却被忽视[①]。当前绿色建筑设计存在以下的一些误区与问题：

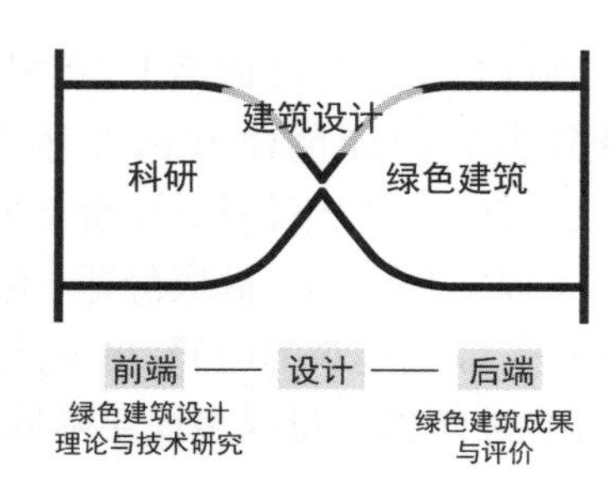

图 1.4　绿色建筑发展与研究呈现“沙漏式”失衡局面

（图片来源：作者自绘，参考中国城市科学研究会.中国绿色建筑 2013[M].北京：中国建筑工业出版社，2013：77-84.）

1）“重技术”“高投入”的倾向

自绿色建筑概念引入我国以来，绿色建筑一度被等同于“高科技建筑”，因为大多数绿色建筑项目的主要特征是应用一批先进的技术、设备和材料，如绿色建筑示范工程——清华大学超低能耗楼采用的生态技术多达 25 种以上[②]（图 1.5），进一步加深绿色建筑在公众和从业人员中重技术、高投入的印象。生态技术的简单叠加不一定带来绿色性能的提升，在北京万国城 MOMA 一期项目中，集众多生态技术的节能型住宅的夏季空调能耗反而是普通住宅能耗的 14.6 倍[③]。此外，主动式技术的滥用导致对资源的过度依赖，也带来了后期高昂的维护和运营费用，实际背离了绿色建筑的理念。与之相对，在我国绿色建筑设计中，自然通风和自然采光等低成本的被动式措施节能效果显著，使用满意程度高[④]，却长期处于被忽略的状态，在相关政策和评价标准中较少提及和鼓励。

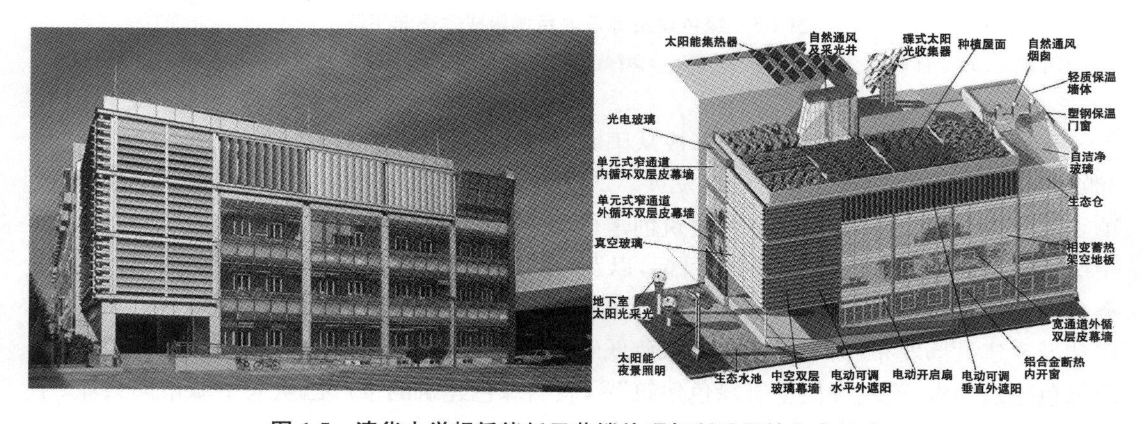

图 1.5　清华大学超低能耗示范楼外观与所采用的生态技术

（图片来源：荆子洋，刘茂灼.浅谈国内低碳建筑的技术堆砌问题[J].中外建筑，2014(3)：78-80.）

2）“指标控制”“达标应对”式绿色建筑的出现

当下国家和地方政府通过多种政策大力推动绿色建筑发展，浙江、江苏、河北等省份制定了地方绿色建筑发展条例，明确规定“新建民用建筑应按照一星级以上绿色建筑标准进行建设”。在此背景下，出现了一批以达到评价要求为目标的绿色建筑设计实践，“踩底线、凑

① 中国城市科学研究会.中国绿色建筑 2013[M].北京：中国建筑工业出版社，2013：77-84.

② 荆子洋，刘茂灼.浅谈国内低碳建筑的技术堆砌问题[J].中外建筑，2014(3)：78-80.

③ 王剑文，陈宏.夏热冬冷地区绿色建筑技术的适宜性利用策略研究[C]//中国城市科学研究会.2018 国际绿色建筑与建筑节能大会论文集.北京：中国城市出版社，2018：5.

④ 林波荣，肖娟.我国绿色建筑常用节能技术后评估比较研究[J].暖通空调，2012，42(10)：20-25.

分数"成为常见的应对策略①。由于绿色性能较难量化,目前绿色建筑评价标准以措施评价为主,其评价的科学性和适用性存在一定的争议。获得绿色建筑评价标识不一定意味着更绿色、更节能,在对美国"能源与环境设计先锋"(Leadership in Energy and Environmental Design, LEED)认证建筑的调研和回访中发现,大部分 LEED 认证项目在节能方面不如预期,甚至高于基准值②(图 1.6);国内也存在类似的情况,在 2013 年的绿色建筑后评估中,28.6%的项目的节能和节水技术选用不合理,运行效果未达预期③。因此,尽管绿色建筑评价标准起到了厘清绿色建筑的概念、指明绿色建筑实践方向的作用,但目前还难以有效指导绿色建筑设计、保障绿色建筑性能的实现。

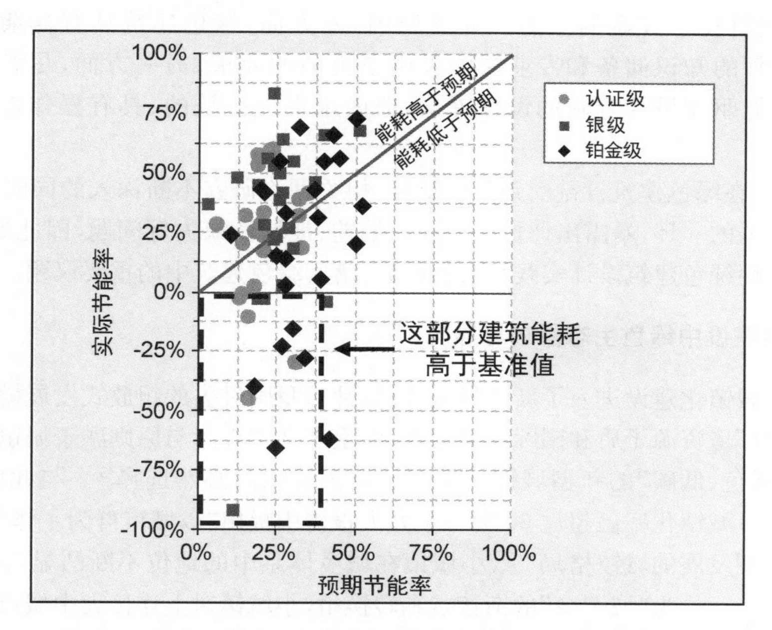

图 1.6 美国 LEED 认证项目中预期节能率与实际节能率的差别

(图片来源:翻译改绘自 Turner C, Frankel M. Energy performance of LEED for new construction buildings-final report[R]. White Salmon: New Buildings Institute, 2008.)

3) 绿色建筑中"地域性"的缺失

尽管地域性绿色建筑在学界日益受到重视,相关的研究也不断增多,但绿色建筑项目普遍存在地域特征缺失的现象,全国各地的绿色建筑项目越来越趋于一个模式。在一项对我国绿色公共建筑的技术选用情况的调查中发现,不同气候区中同一类型公共建筑选用的绿色技术总体类似,仅个别单项存在差异④。在绿色建筑材料与构造上,存在着有效的传统地

① 龙惟定.对建筑节能 2.0 的思考[J].暖通空调,2016,46(8): 1-12.

② Turner C, Frankel M. Energy performance of LEED for new construction buildings-final report[R]. White Salmon: New Buildings Institute, 2008.

③ 袁镔,袁朵.我国绿色建筑发展中的问题与建议[J].建设科技,2018(8): 24-27.

④ 何莉莎,孟冲,盖轶静,等.我国绿色公共建筑技术选用情况分析[J].暖通空调,2019,49(8): 23-30.

域性材料与构造被抛弃的问题①，尤其对于广大村镇区域而言，直接采用城市化建造方式进一步加剧了地域特色的丧失。在技术标准方面，尽管各省份发布了地方绿色建筑标准，并在总则中强调因地制宜的重要性，但在具体条款层面，涉及地域特征的要求或指标相对缺乏②③，难以有效指导地域性绿色建筑设计。

4）建筑师的“失语”与设计方法的缺失

据统计，90％以上的绿色建筑项目并非由建筑师设计，而是采取“传统设计＋绿色咨询”的“两层皮”模式④。在实际项目中，绿色建筑设计手段被简化为绿色技术的附加和控制指标的达成，建筑师在绿色建筑设计中的地位逐渐边缘化，暖通等设备工程师成为深化绿色建筑技术方案的主力。究其原因，一方面，绿色建筑具有复杂性和多学科属性，对建筑师的知识储备和专业技能提出了更高的要求；另一方面，尽管出现了整合设计过程、性能驱动设计等新的设计理念，但尚未形成公认的、具有操作性的绿色建筑设计方法。

总的来说，在绿色建筑日益受到公众重视、相关理论研究不断深入的同时，绿色建筑设计实践成为薄弱的一环，暴露出评价标准导向偏差、地域性缺失等问题，因此如何有效地引导与控制地域性绿色建筑设计实践，成为推动与落实绿色建筑中的重要议题。

1.1.3 小城镇建设中绿色生态需求与导向

当前我国城镇化建设进入了新的发展阶段，针对我国过去的粗放式发展模式、高能耗发展路径带来的环境资源矛盾和国际社会责难，将生态文明理念与原则融于城镇化过程中，走“集约、智能、绿色、低碳”的新型城镇化道路已成为我国的必然选择⑤。与此同时，2020年末我国常住人口城镇化率已超过60％⑥，十九大报告中提出“以城市群为主体构建大中小城市和小城镇协调发展的城镇格局”⑦，小城镇在城乡体系中的地位不断凸显，成为我国多元城镇化道路之一。作为“城”“乡”的衔接点和转换站，小城镇对上连接大中城市，承接城市的产业转移，为减轻城市人口压力和资源环境做出贡献；对下服务和辐射乡村地区，为乡村提供较高层次公共服务，是实施乡村振兴的“重要突破点”和“着力点”⑧。因此，建设绿色小城镇有利于缓解大中城市的能源消耗集中、环境污染集中等“城市病”问题，有利于破除城乡隔

① 肖毅强.基于可持续性的地域绿色建筑设计研究思考[J].城市建筑，2015(31)：21-24.

② 王晋，刘煜，任娟.我国绿色建筑地方设计标准的对比分析[J].华中建筑，2017，35(10)：28-31.

③ 王焯瑶，钱振澜，王竹，等.长三角地区绿色建筑设计规范性文件解析：基于内容分析法[J].新建筑，2020(5)：98-103.

④ 黄献明.中国绿色建筑发展面临的问题与挑战[C]//中国城市科学研究会，中国绿色建筑与节能专业委员会，中国生态城市研究专业委员会.第十一届国际绿色建筑与建筑节能大会论文集.北京，2015：1-7.

⑤ 仇保兴.应对机遇与挑战：中国城镇化战略研究主要问题与对策[M].2版.北京：中国建筑工业出版社，2009：5-6.

⑥ 国家统计局.中华人民共和国2020年国民经济和社会发展统计公报[M].北京：中国统计出版社，2021：8.

⑦ 新华社.决胜全面建成小康社会 夺取新时代中国特色社会主义伟大胜利——在中国共产党第十九次全国代表大会上的报告[EB/OL].(2017-10-27)[2022-03-16]. http://www.gov.cn/zhuanti/2017-10/27/content_5234876.htm.

⑧ 闫康，陈一帆.乡村振兴背景下小城镇发展的SWOT分析：以盐池河镇为例[J].现代商贸工业，2020，41(5)：5-6.

离的二元结构，推动区域协调发展。

与城市相比，小城镇具有较强的绿色发展优势与潜力。小城镇的整体开发强度呈现低容积率、低建筑密度及低建筑层数的特征，根据相关研究，城市的高层建筑单位面积的建造和使用能耗，是小城镇低层和多层的1.5倍①。此外，小城镇镇区街道以"窄马路、密街巷"为主，街区尺度宜人，小城镇居民的出行方式以慢行交通为主，基本形成"20分钟生活圈"②。依托良好的生态环境基底和城镇空间特征，小城镇能够走出符合其特点的绿色发展道路。

然而，自90年代以来，小城镇处于两头不靠的"中空"状态，成为城乡聚落体系中缺乏竞争优势的"夹心层"③。一方面，大中城市得到政策和资源的倾斜，在就业机会、基础教育、科技文化、生活服务等方面都明显优于小城镇；另一方面，我国近年来大力支持乡村发展，在"社会主义新农村建设""美丽乡村""田园综合体"等政策的推动下，乡村地区得到很大的提升。在此过程中，大多数小城镇发展相对缓慢和停滞，且出现公共设施配套不足、建设上"千镇一面"等问题④⑤，存在整治的需要和优化的空间。

浙江省小城镇建设与发展位于全国前列，对其他地区有较大的借鉴意义。浙江省是全国城乡发展最为均衡的地区之一，城乡居民收入倍差全国最小，仅1.96∶1⑥。在2021年3月十三届全国人大四次会议上表决通过的"十四五"规划，明确提出支持浙江省建设"高质量共同富裕示范区"。作为联系城乡的关键，浙江省小城镇承载了全省三分之二的人口⑦(图1.7)，成为带动乡村振兴、推动城乡融合发展的重要载体⑧。近年来，浙江省小城镇经过中心镇培育、小城镇试点、小城镇环境综合整治行动等政策的推动，人居环境得到较大的提升。为了进一步推动小城镇的高质量、可持续发展，浙江省提出建设"功能便民环境美、共享乐民生活美、兴业富民产业美、魅力亲民人文美、善治为民治理美"⑨的美丽城镇(以下简称"美丽城镇建设"政策)，其指导性文件——《关于高水平推进美丽城镇建设的意见》(浙委办发〔2019〕52号)明确提出"大力发展装配式建筑和绿色建筑"⑩。因此，在浙江省小城镇建设中需要贯彻绿色建筑的理念与原则。

---

① 赵晖，张雁，陈玲，等.说清小城镇：全国121个小城镇详细调查[M].北京：中国建筑工业出版社，2017：2.

② 赵晖，张雁，陈玲，等.说清小城镇：全国121个小城镇详细调查[M].北京：中国建筑工业出版社，2017：52.

③ 本刊编辑部.小城镇之路在何方？——新型城镇化背景下的小城镇发展学术笔谈会[J].城市规划学刊，2017(2)：1-9.

④ 褚天骄.新视角下的小城镇大战略：我国小城镇发展滞后原因及发展战略研究[J].城乡建设，2017(11)：33-37.

⑤ 田冬.新时期政策调整下的小城镇演变特征与趋势研究[J].小城镇建设，2017(9)：68-72.

⑥ 刘亭.新型城镇化助推共同富裕示范区建设[J].浙江经济，2021(3)：20.

⑦ 根据浙江省对小城镇的界定，主要包括县城以外的建制镇、乡和独立于城区的街道和规模特大村，浙江省小城镇辖区常住人口占全省总人口的66.7%。引自施政.人口与地域空间耦合协调视角下浙江小城镇高质量发展路径探析[J].浙江建筑，2020，37(4)：1-4.

⑧ 车俊.全面推进新时代美丽城镇建设 把初心使命书写在城乡大地上[J].政策瞭望，2019(9)：4-7.

⑨ 车俊.全面推进新时代美丽城镇建设 把初心使命书写在城乡大地上[J].政策瞭望，2019(9)：4-7.

⑩ 浙江在线.浙江发布《关于高水平推进美丽城镇建设的意见》[EB/OL].(2019-12-21)[2022-03-16].https://town.zjol.com.cn/czjsb/201912/t20191221_11497973.shtml.

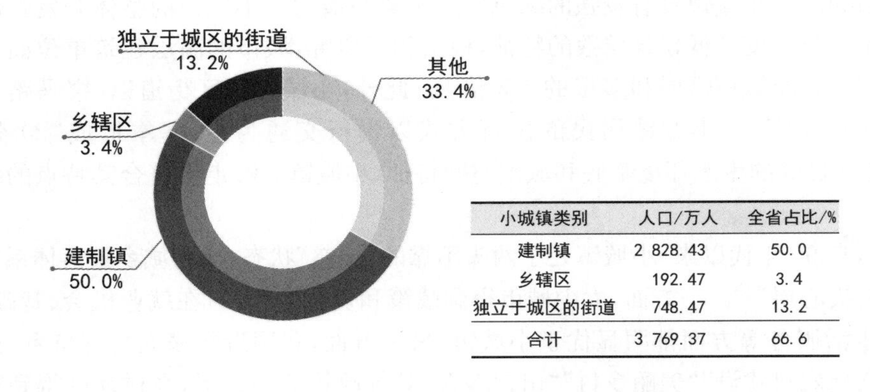

小城镇类别	人口/万人	全省占比/%
建制镇	2 828.43	50.0
乡辖区	192.47	3.4
独立于城区的街道	748.47	13.2
合计	3 769.37	66.6

图 1.7　浙江省小城镇常住人口占全省比例

(图片来源：作者自绘，数据来源于施政.人口与地域空间耦合协调视角下浙江小城镇高质量发展路径探析[J].浙江建筑，2020，37(4)：1-4.)

在浙江省“美丽城镇建设”等政策的推动下，浙江省小城镇建设进入快速发展阶段，但在绿色建筑发展上与大中城市还存在很大的差距。根据浙江建设科技推广中心的数据，截至2019年11月30日，浙江省获绿色建筑评价标识的项目共544个，处于全国领先水平，其中，小城镇的绿色建筑标识项目共26个，仅占总数的4.8%，建筑类型主要为学校、度假村、安置房、会展中心、购物中心等。此外，目前缺少科学有效的、针对小城镇特点的绿色建筑指导，既有绿色建筑标准体系主要针对城市范围内的建筑，少部分技术标准针对农村居住建筑，而城市、农村与小城镇在自然条件、经济情况、社会文化、管理制度等方面存在较大差异，并不能直接照搬。

为此，探索如何对浙江省小城镇的绿色建筑设计进行科学有效的引导和控制，既是浙江省小城镇提升建设水平、融入生态理念的需要，也对我国其他地区小城镇的绿色建筑发展有较大的示范意义。

1.2　基本概念解读与诠释

1.2.1　绿色建筑与生态建筑、可持续建筑

绿色建筑、生态建筑、可持续建筑等概念经常被混用，但实际上存在一定的差异。相较而言，生态建筑强调以生态观念和理论指导建筑设计；可持续建筑侧重从环境、经济、社会三个角度描述建筑性能。

由于各国的经济发展、技术水平、社会文化等存在较大差异，各国的机构与学者对绿色建筑的理解和侧重点不尽相同(表1.1)，如世界绿色建筑委员会侧重对气候和自然环境的影响、日本建筑协会还关注建筑与当地传统、文化和周围环境的协调。但这些对“绿色建筑”定义的共同点在于强调在全寿命周期内，减少对生态环境的影响、提高资源利用率。

表 1.1 国外机构和学者对绿色建筑的定义

机构/学者	绿色建筑定义
世界绿色建筑委员会(WGBC)	在设计、建造或运营中,对气候和自然环境减少或消除负面影响,并产生正面影响的建筑物①
国际标准组织(ASTM)	在建造和使用期间和之后,建筑在提供指定建筑功能的同时,尽量减少对当地、区域和全球生态系统的影响;绿色建筑优化资源管理和运营性能,并将对人类健康和环境的风险降至最低②
美国环境保护部门(EPA)	绿色建筑指在建筑全寿命周期(选址到设计、建造、运行、维护、改造和拆除)中,环保并节约资源的建造和使用过程的实践③
日本建筑协会(AIJ)	绿色建筑是指在其整个生命周期内,为节约能源和资源、回收材料和尽量减少有毒物质的排放而设计的建筑,与当地的气候、传统、文化和周围环境相协调,以能够维持和改善人类生活质量,同时保持地方和全球生态系统的能力④
马来西亚绿色建筑指数(GBI)协会	绿色建筑通过更好的选址、设计、施工、运营、维护和拆除,提高资源利用效率(能源、水和材料),同时减少在建筑生命周期中对人类健康和环境的影响⑤
Kibert C J	基于生态的原则,以健康的、节约资源的方式设计和建造的设施⑥
Robichaud L B和Anantatmula V S	绿色建筑有四大支柱,分别是:①尽量减少或消除对环境、自然资源和可再生能源的影响;②提高居住者和整体社区的健康、福祉和生产力;③促进开发商和当地社区的投资回报;④将全寿命周期理念贯彻至社区规划和开发过程⑦

(表格来源:作者自绘)

在绿色建筑理念引入我国的早期阶段,学界对如何界定“绿色建筑”存在一定分歧,可大致分为目标说和过程说两类⑧。目标说从静态的视角总结了绿色建筑的基本原则,从多个角度描述了绿色建筑的内涵,如保护环境、节约资源、室内环境质量良好、尊重地域文脉、平衡造价和运营成本等;过程说则从动态的视角出发,从建筑全寿命周期的角度解读各阶段绿

① World Green Building Council. What is green building? [EB/OL]. (2020-02-01)[2022-03-16]. https://www.worldgbc.org/what-green-building.

② ASTM International. Standard terminology for sustainability relative to the performance of buildings[S]. Designation E2114-05a, 2001.

③ U.S. Environmental Protection Agency. Green building[EB/OL]. (2016-02-21)[2022-03-16]. https://archive.epa.gov/greenbuilding/web/html/about.html.

④ Japan Sustainable Building Database. What is a sustainable building? [EB/OL]. (2021-01-06)[2022-03-16]. http://www.ibec.or.jp/jsbd/.

⑤ Green Building Index Organization. What is a green building? [EB/OL]. (2021-02-01)[2022-03-16]. https://www.greenbuildingindex.org/what-and-why-green-buildings/

⑥ Kibert C J. Sustainable construction: Green building design and delivery[M]. New Jersey: John Wiley & Sons, 2016: 1.

⑦ Robichaud L B, Anantatmula V S. Greening project management practices for sustainable construction[J]. Journal of Management in Engineering, 2011, 27(1): 48-57.

⑧ 黄献明.绿色建筑的生态经济优化问题研究[D].北京:清华大学,2006.

色建筑的任务，并强调伴随着经济、技术和社会发展的发展，绿色建筑会呈现不同的要求。

2006年，原建设部颁布《绿色建筑评价标准》，首次以国家规范的形式明确“绿色建筑”的定义，可视为过程说和目标说的结合，强调全寿命周期概念、“四节一环保”①思想、空间的健康适用高效，以及建筑与自然和谐共生关系。2019年，住房和城乡建设部对《绿色建筑评价标准》进行了修订，在“绿色建筑”的定义上增加了“高质量建筑”的表述，具体表述为“在全寿命周期内，节约资源、保护环境、减少污染，为人们提供健康、适用、高效的使用空间，最大限度地实现人与自然和谐共生的高质量建筑”②，其评价体系也更新为“安全耐久、健康舒适、生活便利、资源节约、环境宜居”五类指标。从中可看出，随着社会经济的发展、人们生活水平的提高，绿色建筑的内涵在不断更新和拓展，不仅关注建筑对环境的影响，还强调以人为本原则，并吸收了健康建筑、智能建筑、海绵城市等新理念和新技术。

1.2.2 绿色建筑设计导则与标准、规范

绿色建筑设计导则、标准与规范都属于规范性文件，但在实际应用中存在着混用的情况，有必要对其进行辨析。根据《标准化工作指南 第1部分：标准化和相关活动的通用术语》(GB/T 20000.1—2014)，“导则/指南”(Guideline)是指对某一主题，提供原则性和方向性的信息或指导的文件；“标准”(Standard)是指通过标准化活动，并根据规定的程序，经协商一致制定的文件，为共同使用和重复使用的结果提供规则或指南；“规范”(Specification)指规定产品、过程或服务应满足的技术要求的文件，其中，规范可以是标准、标准的一部分或与标准无关的独立文件③。从上述定义可知，标准和规范虽然表现形式存在差异，但内涵相似，指对结果、产品、过程等给出要求和规定，一般由公认机构批准，具有较强的权威性、规范性和科学性；相较而言，导则包含内容更广，涵盖一些新理念、新技术、新方法等，但权威性和规范性不及标准和规范。

在本书中，“绿色建筑设计导则”指基于地方建设的现实需求与地域特征，指导绿色建筑设计相关参与者和建设管理部门的工具，通过明确绿色建筑设计目标与原则、提供适用于当地的绿色建筑设计策略、技术措施、关键设计指标等信息，引导和控制绿色建筑设计实践。其具体形式包括定性和定量相结合的规范性条文、解释性文字和示意图、检查清单、多样搭配的菜单化表格等。

1.2.3 小城镇的概念与界定

1978年，费孝通在《小城镇 大问题》一文中，把“比农村社区高一层次的社会实体”概

---

① “四节一环保”指节能、节地、节水、节材和保护环境。引自中华人民共和国建设部，国家质量监督检验检疫总局. 绿色建筑评价标准：GB/T 50378—2006[S].北京：中国建筑工业出版社，2006.

② 中华人民共和国住房和城乡建设部.绿色建筑评价标准：GB/T 50378—2019[S].北京：中国建筑工业出版社，2019.

③ 中华人民共和国国家质量监督检验检疫总局，中国国家标准化管理委员会.标准化工作指南 第1部分：标准化和相关活动的通用术语：GB/T 20000.1—2014[S].北京：中国标准出版社，2014.

括为“小城镇”[①]，并在后续研究中指出小城镇在本质上“是个新型的正在从乡村性社区变成许多产业并存的向着现代化城市转变中的过渡性社区，它基本上已脱离了乡村社区的性质，但没有完成城市化的进程”[②]。这一定义指出了小城镇的本质特点和内涵，也为后续研究小城镇的学者所广泛认同。

小城镇可视为介乎于城市和乡村之间的过渡性社区，兼具城与乡的特征。一方面，与乡村相比，小城镇具有城市特征，人口以从事非农业生产活动为主，产业结构逐步多样化，具备一定的公共服务设施，是一定范围内乡村的经济、政治、文化和科技中心；另一方面，与城市相比，小城镇的规模效益、经济集聚程度较弱，且保留一定“乡村性”，具有较为良好的自然生态环境。

学界对小城镇的内涵基本达成共识，但对小城镇的范围界定存在较大争议，普遍认为小城镇以建制镇为主体，但对集镇、城关镇、非建制镇、县城、小城市等是否属于小城镇，以及“镇区”和“镇域”的概念辨析，存在不同的理解。有学者指出，小城镇可作为居民点、管理单元和政策对象来分别理解，关于小城镇的争议往往是将三者混为一谈；居民点是客观存在的，管理单元和政策对象则是根据治理需求划分的，具有临时性和动态性[③]。此外，由于我国地域广阔、地区差异大，越来越多的学者指出应采用灵活的态度，而不是“一刀切”的方法来确定小城镇范围[④]。

在对小城镇概念解读的基础上，本书认为小城镇的范围不应严格限于行政区划，而是以动态、灵活的视角，从小城镇的本质属性和特征理解小城镇，即兼具城与乡特点的过渡型社区，对上承接城市的部分职能，对下服务和辐射乡村地区，是一定范围内乡村地区经济、政治、文化和服务中心。在具体范围划分上，由于本书的研究内容是浙江省“美丽城镇建设”背景下的绿色建筑，因此本书主要参考浙江省相关政策对小城镇的界定，即以建制镇为主体（不含城关镇），向下延伸至乡（集镇）、向上延伸至独立于城区的街道，且聚焦镇区范围内，而非镇域（图 1.8）。其中，由于县城作为特殊类型的镇统一管理，其资源支配能力、财政资金、土地资源等与一般镇差异较大，故本书对小城镇的界定中不含城关镇。

1.2.4 控制论视野下系统的“导”与“控”

从文字释义上，“导”本字是“導”，上面的“首”表示人，下面的“寸”表示脚，外面的“辶”表示路口；合在一起的意思是，人走到路口时，需要得到引导、引领；在现代汉语中，广义的“导”指通过用某种手段或方法去带动某事物的发展。“控”，形声字，“手（扌）”表意，“空”表声，表穷尽义；“控”原义为穷尽力气开拉弓弦，引申为控制、操纵、驾驭。

在控制论中，“控制”（Control）指根据一定的原理或方法，引导系统向预期目标发展的操纵过程[⑤]；控制理论引入管理学后，控制也成为管理的重要职能之一，指激励人们为实现

① 费孝通.小城镇四记[M].北京：新华出版社，1985：10.
② 费孝通.论中国小城镇的发展[J].小城镇建设，1996(3)：3-5.
③ 何兴华，张立.小城镇发展战略的由来及实际效果[J].小城镇建设，2017(4)：100-103.
④ 晏群.小城镇概念辨析[J].规划师，2010，26(8)：118-121.
⑤ 王雨田.控制论、信息论、系统科学与哲学[M].2 版.北京：中国人民大学出版社，1988：36-47.

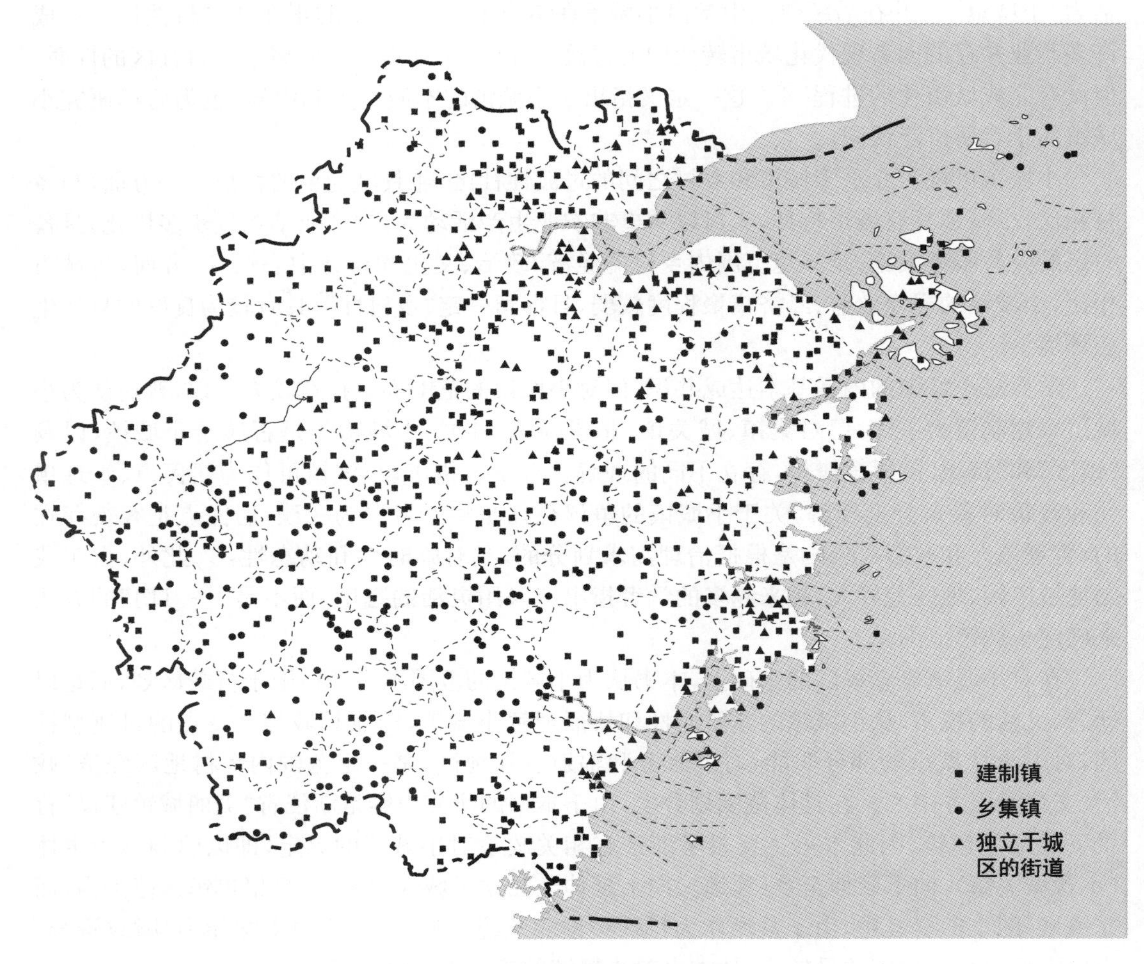

图 1.8 浙江省小城镇分布图

(图片来源：作者自绘，数据来源于浙江省民政厅公布的《2019 年浙江省行政区划统计表》，以及各市区公布的美丽城镇建设名单)

组织的目标而进行各项活动的过程，同时也是一个发现、纠正各种失误和偏差的过程①；在公共行政学中，"行政指导"(Administrative Guidance)指行政主体运用非强制性手段，获得相对人的同意或协助，以实现一定行政目的行为，具有主动补充性、行为引导性、方法多样性、柔软灵活性等特点②。

从中可以得出，"导""控"的重点在于目的与过程、主体与客体，两者的差别在于强制力的不同。本书将"导控"理解为：以控制和引导为主要手段，对系统的过程实施调控作用，以实现预期目标。

---

① 裴文华，杭锋，施以正，等.管理控制的性质[J].管理世界，1986(5)：115-125.

② 莫于川.行政指导比较研究[J].比较法研究，2004(5)：80-92.

1.3 研究目的与意义

1.3.1 研究目的

1）探寻对绿色建筑设计进行有效引导和控制的方法

建筑设计阶段很大程度上决定了建筑最终的绿色性能，但目前绿色建筑评价大多基于环境学角度，存在面面俱到、指标控制的倾向，且与建筑设计过程严重脱节。在解析目前绿色建筑评价体系与设计实践的作用机制的基础上，通过建立着眼于设计过程的绿色建筑设计导控体系，探索如何对绿色建筑设计进行有效的引导和控制。

2）探索建立绿色建筑设计导控的认知框架和构建方法

以绿色建筑设计实践和评价标准的矛盾为切入点，结合多学科的理论基础，提出“绿色建筑设计导控”的概念，建立绿色建筑设计导控的认知框架，明晰导控的核心概念、内在机制和运作方式，为绿色建筑设计和评价的理论研究，提供了一些有益的补充。此外，本书试图提出构建绿色建筑设计导控体系的原则、方法与策略，为不同地区构建绿色建筑标准与导则提供程序性的参考。

3）提供具有地域适宜性的绿色建筑设计指导

绿色建筑天然具有地域属性，但目前绿色建筑标准普遍存在地域性欠缺的现象。本书试图明晰地域特征对绿色建筑设计导控体系的影响，进而提出融入地域属性的绿色建筑设计导控体系的建构方法。最后，以浙江省小城镇为例，通过“研选-整合”机制建立适应浙江省小城镇特征的绿色建筑设计导控体系，以期为浙江省小城镇绿色建筑设计提供支持与依据。

4）引导因地制宜、科学合理的绿色建筑设计观

绿色建筑设计导控的研究，不但有助于支持绿色建筑设计实践，同时对构建科学合理的绿色建筑设计观具有理论意义。正确认识和理解绿色建筑设计的原理和原则，有助于建筑设计从业人员更科学地把握绿色建筑的内在规律性问题，从地域条件和实际情况出发，将绿色建筑理念融入设计各阶段，重视被动式措施和适宜技术的运用，进而提高全寿命周期内建筑的绿色性能。

1.3.2 研究意义

1）理论层面意义

提出“绿色建筑设计导控”的概念，指出了导控区别于传统的绿色建筑评价，是当前绿色建筑设计实践困境下的一种应对手段；以多学科视角，明确了绿色建筑设计导控背后的理论支撑，建立绿色建筑设计导控的认知框架，为今后绿色建筑设计导控相关理论研究提供了一些有益的补充；提出了建立绿色建筑设计导控体系的生成路径与构建策略，拓宽了绿色建筑设计与评价理论的研究维度。

2）实践层面意义

澄清绿色建筑的认知误区，对“评价导向”“达标应对”绿色建筑设计起到一定的纠偏作

用。一方面，协助以建筑师为主导的设计团队正确理解和认识绿色建筑内涵，并化繁为简，提供绿色建筑设计的关键要素，帮助其把握设计过程的重点；另一方面，面向建设主管部门，协助其对绿色建筑设计的管理。通过编制《浙江省小城镇绿色建筑设计导则》进行实证研究，为我国绿色建筑设计导控提供了新方法、新工具。

1.4 研究框架

1.4.1 研究内容

本书共七个章节，由三部分内容构成。第一部分为绪论，阐述研究背景等相关内容，为研究视角的确立和后续的论述奠定基础。第二部分为主体部分，由第2～6章构成，通过“实践问题—认知框架—建构路径—实证研究”共四个方面形成逐层推进的研究路径。第三部分为结语，对全书的研究内容进行了总结与反思。具体的章节组织如下：

第1章 绪论 阐述了当前绿色建筑进入常态化发展阶段，指出当前绿色建筑设计中存在的“误区”以及小城镇建设中发展绿色建筑的重要性，提出研究问题“如何结合地域性对绿色建筑设计进行有效的导控”，并对研究中涉及的概念作出说明，进而阐述了研究的目的、意义、技术、方法等基础性内容。

第2章 国内外绿色建筑设计导控相关研究解析 梳理了国内外绿色建筑设计导控的研究脉络，并从导控特点和地域性等视角出发，对国内外绿色建筑标准与导则进行解析，归纳出绿色建筑设计导控的发展趋势，以挖掘相关研究与实践的不足与启发。

第3章 绿色建筑设计导控体系的研究价值与相关理论基础 通过基于扎根理论的质性研究①和基于问卷调查的量化研究，剖析评价导向下绿色建筑设计的实践困境与导控需求，同时在借鉴系统控制论等理论的核心概念的基础上，确立了基于导控的研究视角。

第4章 绿色建筑设计导控的概念建立与认知框架 通过对导控体系的建构目的、“导”“控”内涵、主导因素等进行解析，明确绿色建筑设计导控实施的逻辑基础，并从导控角色和导控手段等方面出发，阐释绿色建筑设计导控运作的内在机制，最后从信息流动的视角阐释导控体系与绿色建筑设计过程的作用机制，从而建立绿色建筑设计导控的认知框架。

第5章 “研选-整合”机制下地域适宜性绿色建筑设计导控体系建构策略与方法 明确绿色建筑设计导控体系应以整体协调性、目标多维性、刚弹性结合和动态调整性为建构原则，提出从目标设定、内容推导、成果表达和程序架构等四个方面进行导控体系的建构，并针对建构过程中的核心问题——地域导控要素研选、导控框架建立等提出建构策略。

第6章 实证研究：《浙江省小城镇绿色建筑设计导则》的体系建构与内容编制 在从

① 质性研究，也称质的研究，是指以研究者本人作为研究工具，在自然情景下，采用多种资料收集方法，对研究现象进行深入的整体性探究，从原始资料中形成结论和理论，通过与研究对象互动，对其行为和意义建构获得解释性理解的一种活动。质性研究与定性研究并不完全一致，相较而言质性研究更强调研究的过程性和情境性，定性研究偏向结论性、抽象性和概括性。其中，扎根理论是质性研究的重要方法之一。引自陈向明.质的研究方法与社会科学研究[M].北京：教育科学出版社，2000：22-23.

自然环境、经济技术和社会文化维度解读浙江省小城镇的地域因子的基础上，从国内外绿色建筑标准规范、小城镇相关政策导向等角度提取导控要素，从而建立绿色建筑设计导控要素库，然后将导控要素与地域因子进行关联耦合，得出地域适宜性导控要素，再结合专家咨询法和探索性因子分析等方法，对导控要素进行精炼和结构优化。最后，将导控框架和要素转译为具有实践意义的《浙江省小城镇绿色建筑设计导则》。

第7章 结语 对全书进行了总结，提炼了地域适宜性绿色建筑设计导控的核心思想和建构方法，并且分析其中的不足和问题，同时思考了未来研究值得深化的部分以及研究拓展的可能性。

1.4.2 研究方法

1）文献研究法与比较分析法相结合

在研究前期阶段，本书梳理了绿色建筑设计导控模式、地域性绿色建筑标准建构的相关研究，为后续研究方向提供依据。此外，通过对国内外绿色建筑设计标准与导则的比较分析，归纳出国外绿色建筑设计导控的多种路径，以及国内绿色建筑设计导控的特点与问题，从而总结出绿色建筑设计导控的发展动态、趋势与需求。

2）定性与定量相结合的混合研究方法

在混合研究方法(Mixed Method)①和三角互证测量②理念的指导下，本书在资料收集、分析推论等多阶段将定性研究路径与定量研究路径相整合，主要涉及：在问题剖析阶段，基于深度访谈、扎根理论的质性方法与基于调查问卷、数理统计的量化研究方法相结合，以解析绿色建筑设计实践问题与导控需求；在导控要素研选阶段，以定性分析得出的导控要素为基础，结合 Climate Consultant、Weather Tool、Ladybug Tools 等模拟软件的定量分析，研选地域适宜性绿色建筑设计导控要素；在导控手段确定阶段，以专家咨询法的调查问卷为基础，结合探索性因子分析，筛选和提炼绿色建筑设计的关键导控要素。

3）实地调研法

本书所涉及的实地调研包含三方面：一是对一线建筑师进行半结构化深度访谈与调查问卷，以了解绿色建筑设计实践的实际情况；二是对浙江省小城镇进行实地考察，作为归纳总结浙江省小城镇建设特征与问题的基础；三是对来自高校与科研机构、建筑设计院、政府部门等绿色建筑设计专家进行问卷调查，收集对绿色建筑设计导控要素相对重要性的意见。

4）实证研究法

本书从我国当前绿色建筑设计实践和相关研究出发，提出地域适宜性绿色建筑设计导控体系的建构策略与方法，并将研究成果运用于建立浙江省小城镇绿色建筑设计导控体系，

① 20世纪末，在质性和量化研究的争论中，产生了将两者相结合的混合研究方法，指通过研究程序的设计，整合量化和质性研究方法，以有效发挥其各自优势。引自[美]约翰·W.克雷斯维尔.混合方法研究导论[M].李敏谊，译.上海：格致出版社，2015：1-10.

② 三角互证测量指将量化和质性分析的结果进行比较，用质性分析的结果来验证或扩充量化分析中无法解释的信息。引自张绘.混合研究方法的形成、研究设计与应用价值：对“第三种教育研究范式”的探析[J].复旦教育论坛，2012，10(5)：51-57.

通过《浙江省小城镇绿色建筑设计导则》的编制，验证建构方法的有效性和适用性。

1.4.3 技术路线

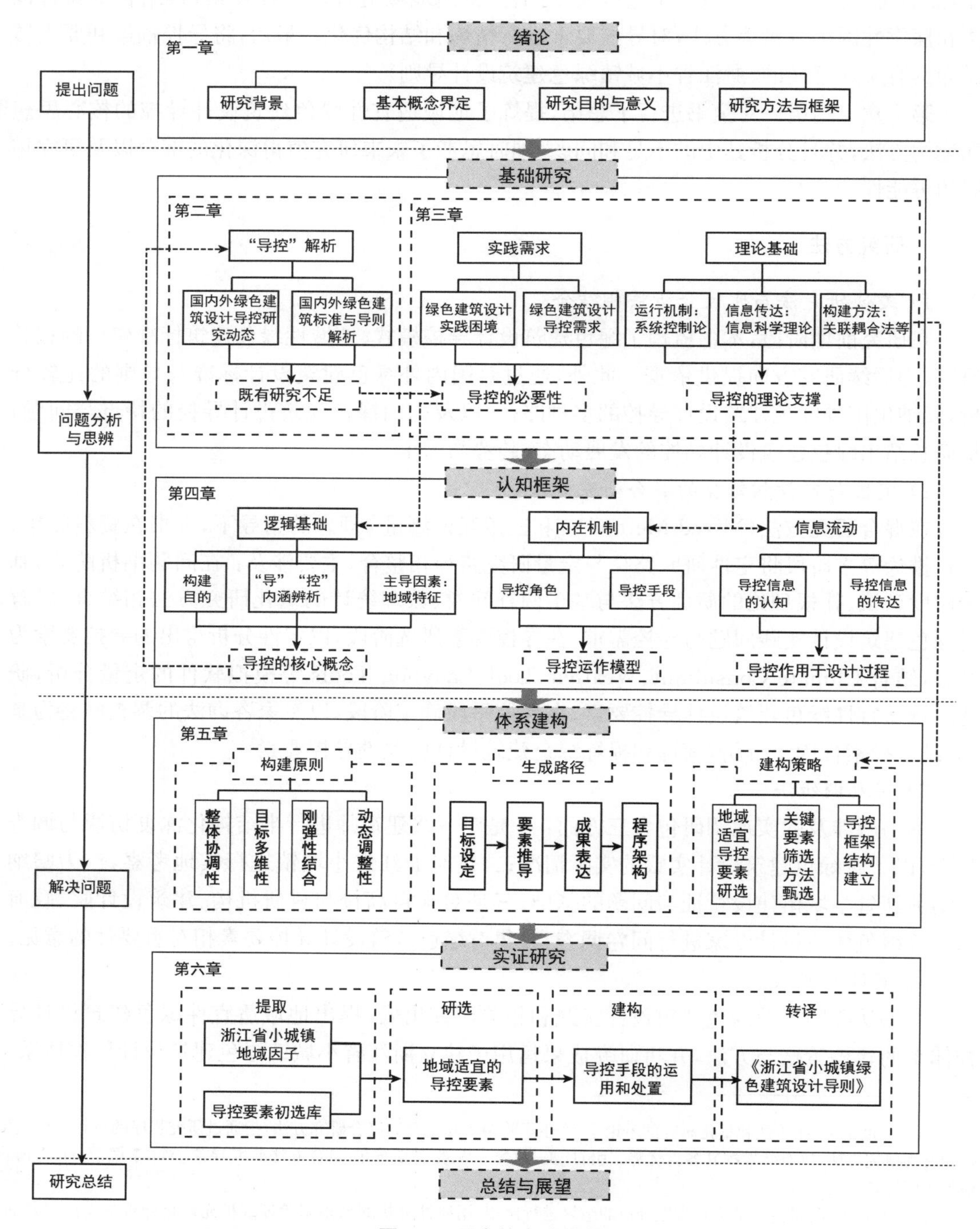

图 1.9 研究技术路线图

（图片来源：作者自绘）

1.4.4 研究的创新点

与已有研究相比，本书的研究的拓展之处可概括为以下三方面：

1）提出并诠释绿色建筑设计“导控”体系

针对当下绿色建筑设计实践缺少有效引导的行业瓶颈，本书在剖析绿色建筑设计实践困境与需求的基础上，明确提出了绿色建筑设计“导控”体系，并认为绿色建筑设计导控是理解和解决当下绿色建筑设计实践问题的一种求解，通过建立面向设计过程、强调地域适宜性和刚弹性结合的导控体系，对绿色建筑设计过程和成果进行引导和控制。

2）建构绿色建筑设计导控体系的认知框架

基于国内外绿色建筑设计导控的解析，在借鉴系统控制论等理论核心概念的基础上，对绿色建筑设计导控的逻辑基础、内在机制与信息运作方式进行解析，从而建立绿色建筑设计导控的认知框架。这一研究聚焦设计过程，区别于既有的针对结果的绿色建筑评价的研究，拓宽了绿色建筑设计与评价的研究维度。

3）生成地域适宜性绿色建筑设计导控体系的建构路径

本书提出“研选-整合”机制为核心，提出了建构地域适宜性绿色建筑设计导控体系的原则、方法与策略，从而明晰了针对特定地区建立绿色建筑设计导控体系的基本路径。最后以浙江省小城镇为例，阐明绿色建筑设计导控体系的具体建构过程，用以指导地域性绿色建筑设计与建造。

2 国内外绿色建筑设计导控相关研究解析

2.1 国内外绿色建筑设计导控的研究动态

“设计导控”一词源于城市设计领域①,目前还广泛应用于乡村规划、城镇风貌、街道景观等领域中,本文聚焦绿色建筑领域的设计导控。现阶段对绿色建筑设计进行引导和控制的研究尚属于探索阶段,主要导控思路分为以下三种:以评价为核心、聚焦设计决策,以及建筑性能导向(图 2.1)。

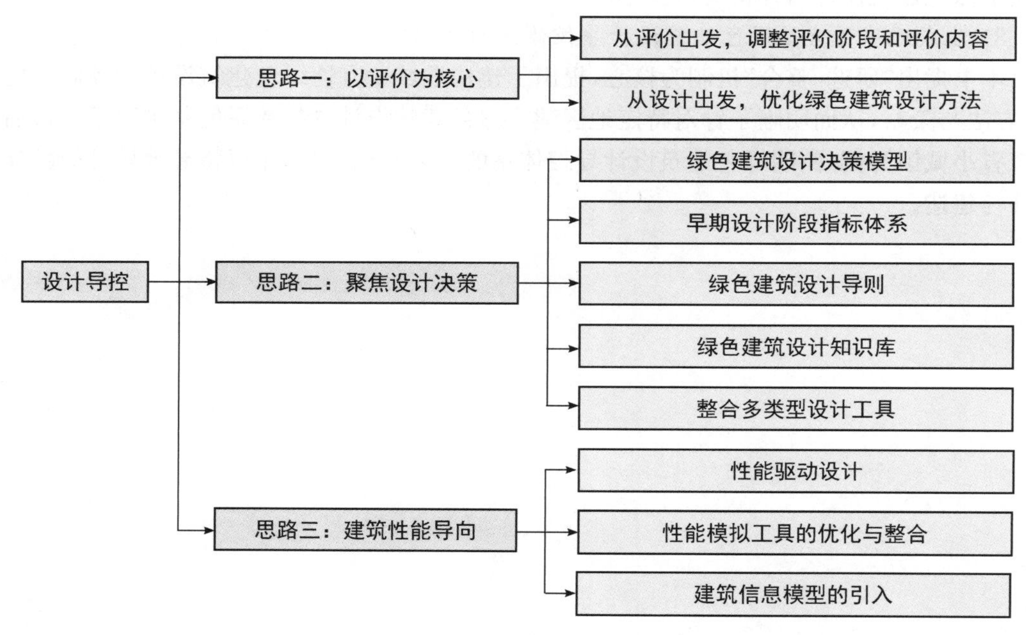

图 2.1 绿色建筑设计导控主要思路示意图

(图片来源:作者自绘)

2.1.1 以评价为核心的模式研究

自 1990 年全球首个绿色建筑评价方法——“建筑研究所环境评估法”(Building Research Establishment Environmental Assessment Method, BREEAM)诞生起,至今全球范围内绿

---

① 林隽.面向管理的城市设计导控实践研究[D].广州:华南理工大学,2015.

色建筑评价工具数量多达 600 个①,涵盖绝大多数发达国家和部分发展中国家。

这些评价标准将各自对“绿色”的理解转译为由系列指标构成的评分框架,根据建筑项目的情况,通过模拟预测的结果或直观判断的方法,对相应指标进行评分并进行汇总定级,大多属于“事后评价”②,即在设计或建造完成后对建筑整体性能进行评价。尽管绿色建筑评价工具的制定目的是衡量和评估建筑性能,但在国内外实践中,事实上承担着设计指导的作用③④⑤。为此,不少研究聚焦于如何增强绿色建筑评价工具对设计过程的指导作用,主要包括以下两类研究视角:

(1) 从评价出发,优化、调整评价工具,使之适应设计过程特点。在评价阶段上,提前至早期设计阶段或拓展至全设计周期,如斯洛文尼亚学者马克尔吉(Markelj)等提出适用于早期设计阶段的“简化的建筑可持续性评价方法”⑥、我国学者夏海山和姚刚提出基于过程性评价模式的导控体系框架⑦。在评价内容上,进行简化,使之作为设计决策的依据,如姚刚和张宏提出“绿色性能综合指数”,作为既有建筑改造中优选设计策略与措施的依据⑧。还有学者认为需要从结构层面,对评价工具进行重新架构,如李冬提出以绿色建筑评估体系为核心的“设计导控机制”⑨。

(2) 从设计出发,通过将评价与设计过程相结合,优化绿色建筑设计方法。美国学者马金特(Magent)等将设计过程理解为决策网络,提出“可持续建筑设计过程评估方法(DPEM^{SB})”⑩。在此基础上,褚冬竹进一步将评价视为设计过程的重要且显性工具,提出“可持续建筑设计生成与评价一体化机制”(IMGE^{SB}),并构建以 IMGE^{SB} 为核心的设计方法论⑪。此外,还有国内学者提出基于《绿色建筑评价标准》的设计流程优化⑫⑬。

对于评价工具能否有效地指导绿色建筑设计,学界一直存在争议。一方面,有学者认为绿色建筑评价标准可承担指导设计的作用,因为绿色建筑评价标准通过提供结构化的方法,

---

① Kang H, Lee Y, Kim S. Sustainable building assessment tool for project decision makers and its development process[J]. Environmental Impact Assessment Review, 2016, 58: 34-47.

② 褚冬竹.可持续建筑设计生成与评价一体化机制[D].重庆:重庆大学,2012.

③ Crawley D, Aho I. Building environmental assessment methods: Applications and development trends[J]. Building Research & Information, 1999, 27(4): 300-308.

④ Cole R J. Building environmental assessment methods: Clarifying intentions [J]. Building Research & Information, 1999, 27(4): 230-246.

⑤ 黄一翔,栗德祥.关于国内生态住宅评价标准的指导性分析:从《中国生态住宅技术评估手册》到《绿色建筑评价标准》[J].华中建筑,2006,24(10): 107-109.

⑥ Markelj J, Kitek Kuzman M, Grošelj P, et al. A simplified method for evaluating building sustainability in the early design phase for architects[J]. Sustainability, 2014, 6(12): 8775-8795.

⑦ 夏海山,姚刚.绿色建筑设计的过程性评价导控模式[J].华中建筑,2007,25(11): 23-25.

⑧ 姚刚,张宏.既有居住类建筑改造的绿色评价导控模式研究[J].生态经济,2013,29(4): 170-173.

⑨ 李冬.绿色建筑评估体系的设计导控机制研究[D].济南:山东建筑大学,2010.

⑩ Magent C S, Korkmaz S, Klotz L E, et al. A design process evaluation method for sustainable buildings[J]. Architectural Engineering and Design Management, 2009, 5(1): 62-74.

⑪ 褚冬竹.可持续建筑设计生成与评价一体化机制[M].北京:科学出版社,2015: 161.

⑫ 刘凯英,田慧峰.基于《绿色建筑评价标准》的绿色建筑设计流程优化[J].施工技术,2014,43(4): 60-62.

⑬ 李纪伟,王立雄,郭娟利,等.基于《绿色建筑评价标准》的程序化设计研究[J].建筑节能,2018,46(10): 48-54.

将性能目标和标准纳入设计过程①，并能促进设计团队之间、设计团队与业主之间的交流与协作②③。另一方面，不少学者认为，绿色建筑评价标准不足以指导设计，甚至造成负面影响，理由包括：评估通常在设计已完成时进行，无法及时反馈至设计过程；“凑分数”(Point Hunting)和“唯指标”的倾向；被动式措施由于难以量化评估，处于被忽视状态；整合设计的价值被忽视等④⑤⑥⑦。刘煜等进一步指出，现有绿色建筑评价体系大多将涉及建筑本身属性的“性能因素”与涉及建筑活动、建筑参与者的“决策因素”混合并列，导致追求“方式”而非“结果”的建筑⑧。与之类似，可持续建筑环境国际倡议组织(International Initiative for a Sustainable Built Environment，iiSBE)的尼尔斯·拉尔森(Nils Larsson)在分析性能因素、设计因素、评价标准和环境影响作用的基础上，指出现有绿色建筑评价体系兼具评估和设计指导功能是不成功的妥协⑨。

2.1.2 聚焦设计决策的工具研究

为了更好地指导与辅助绿色建筑设计，不少学者从多角度就如何建构绿色建筑设计决策工具进行研究。

1) 绿色建筑设计决策模型

自2005年加拿大学者王伟民(Weimin Wang，音译)等引入多目标遗传算法，将生命周期分析法用于寻求绿色建筑设计阶段重要参数的最优解⑩后，不少学者引入多种的数学模型与算法，以支持绿色建筑设计决策，如基于计算机试验设计与分析(Design and Analysis of Computer Experiments，DACE)的多阶段绿色建筑决策框架⑪、基于多标准决策的绿色

---

① Crawley D，Aho I. Building environmental assessment methods：Applications and development trends[J]. Building Research & Information，1999，27(4)：300-308.

② Sev A. A comparative analysis of building environmental assessment tools and suggestions for regional adaptations[J]. Civil Engineering and Environmental Systems，2011，28(3)：231-245.

③ Cole R J. Building environmental assessment methods：Redefining intentions and roles[J]. Building Research & Information，2005，33(5)：455-467.

④ Soebarto V I，Williamson T J. Multi-criteria assessment of building performance：Theory and implementation [J]. Building and Environment，2001，36(6)：681-690.

⑤ Chen X，Yang H，Lu L. A comprehensive review on passive design approaches in green building rating tools[J]. Renewable and Sustainable Energy Reviews，2015，50：1425-1436.

⑥ 傅筱，陆蕾，施琳.基本的绿色建筑设计：回应气候的形式空间设计策略[J].建筑学报，2019(1)：100-104.

⑦ Ding G K C. Sustainable construction—The role of environmental assessment tools[J]. Journal of Environmental Management，2008，86(3)：451-464.

⑧ Liu Y，Prasad D，Li J，et al. Developing regionally specific environmental building tools for China[J]. Building Research & Information，2006，34(4)：372-386.

⑨ Larsson N，Macias M. Overview of the SBTool assessment framework[J]. The International Initiative for a Sustainable Built Environment (iiSBE) and Manuel Macias，UPM Spain，2012.

⑩ Wang W M，Zmeureanu R，Rivard H. Applying multi-objective genetic algorithms in green building design optimization[J]. Building and Environment，2005，40(11)：1512-1525.

⑪ Kung P，Chen V C P，Robinson A. Multivariate modeling for a multi-stage green building framework[C]// Proceedings of the 2011 IEEE International Symposium on Sustainable Systems and Technology. May 16-18，2011，Chicago，Illinois. New York：IEEE，2011：1-6.

建筑材料优选模型①、基于能量元模型的早期设计指导工具②等。

相较而言,国内绿色建筑设计决策模型的研究起步较晚,且聚焦绿色建筑设计方案的比选,如基于三角模糊数与 TOPSIS 的绿色建筑设计方案决策模型③、从成本出发的绿色建筑优选决策模型④、基于遗传算法的绿色建筑优化设计模型⑤等。

绿色建筑设计决策模型有助于建筑师进行绿色建筑设计参数、建筑材料、技术措施等的比对与决策,但由于涉及较为复杂的数学模型和决策方法,建筑设计团队难以理解,因此较少直接用于绿色建筑设计实践中。

2) 早期设计阶段指标体系

国内外学者从不同角度研究和筛选绿色建筑设计关键因素,以建立早期设计阶段的绿色建筑指标体系,包括:从建筑从业人员的共识出发,如通过层次分析法对半干旱气候条件下的绿色建筑设计策略和技术进行排序⑥、通过因子分析法确定绿色建筑中场地规划与设计关键因素⑦;从已有文献出发,建立基于证据的绿色建筑设计因素排序⑧;从形体空间气候适应性出发,归纳出关键绿色建筑设计指标⑨;从建筑设计过程出发,构建面向建筑师的绿色建筑方案设计阶段导控指标的基本原则和思路⑩。

面向早期设计阶段的绿色建筑指标体系的研究远少于绿色建筑评价指标的研究,且偏重某一类别指标的研究,缺少整体性、系统性的指标体系研究。

3) 绿色建筑设计导则

绿色建筑设计导则针对设计过程,提供绿色建筑设计策略和技术信息,但国内外的研究都相对较少,主要关注点包括建筑从业人员需求和偏好⑪、导则特征和内容结构⑫、地

---

① Yang J L, Ogunkah I C B. A multi-criteria decision support system for the selection of low-cost green building materials and components[J]. Journal of Building Construction and Planning Research, 2013, 1(4): 89-130.

② Hester J, Gregory J, Kirchain R. Sequential early-design guidance for residential single-family buildings using a probabilistic metamodel of energy consumption[J]. Energy and Buildings, 2017, 134: 202-211.

③ 高蓓超.绿色建筑方案设计评价与决策体系研究[D].南京:南京林业大学,2015.

④ 韩笑,李百毅,付晓慧.基于全寿命周期的绿色建筑优选决策模型研究[J].四川建筑,2012,32(3): 61-62.

⑤ 李涛,林尧林,杨薇.基于遗传算法的绿色建筑优化设计[J].建筑节能,2016,44(06): 53-57.

⑥ Ahmad T, Thaheem M J, Anwar A. Developing a green-building design approach by selective use of systems and techniques[J]. Architectural Engineering and Design Management, 2016, 12(1): 29-50.

⑦ Huo X S, Yu A T W, Darko A, et al. Critical factors in site planning and design of green buildings: A case of China[J]. Journal of Cleaner Production, 2019, 222: 685-694.

⑧ Alwisy A, BuHamdan S, Gül M. Evidence-based ranking of green building design factors according to leading energy modelling tools[J]. Sustainable Cities and Society, 2019, 47: 101491.

⑨ 连璐,张悦,程晓喜,等. 绿色公共建筑的形体空间气候适应性机理及其若干关键指标研究综述[J]. 世界建筑, 2019(12): 121-125.

⑩ 刘煜. 绿色建筑方案设计阶段导控指标构建分析[J]. 建筑技艺, 2019(1): 19-21.

⑪ Han J, Kim S. Architectural professionals' needs and preferences for sustainable building guidelines in Korea[J]. Sustainability, 2014, 6(12): 8379-8397.

⑫ Tomoeda R, Takeshita T, Ikezoe M. Study of green building design guideline by Japan's government groups [C]//Japanese Ministry of Land, Infrastructure and Transport. Proceedings of the 2005 World Sustainable Building Conference. Tokyo, 2005: 1798-1805.

域适宜性[①②]等角度的分析对比，以及针对特定情境或特殊建筑类型的导则建构，如：向科等从夏热冬暖的气候特征出发，探讨该气候区下的绿色建筑设计模式和设计导则[③]；薄力之通过“汇总—筛选—体系化”构建世博会可持续建筑设计导则[④]；班淇超等构建的我国绿色医疗建筑环境的设计辅助工具，提供设计策略指导和循证设计参考信息[⑤]。

4）绿色建筑设计知识库

近年来，不少学者将案例推理、文本挖掘等信息技术运用到绿色建筑知识库的建立上，如绿色建筑经验挖掘模型[⑥]、绿色建筑案例集成系统[⑦]、绿色建筑植物资源信息系统[⑧]等，提高设计团队查找绿色建筑设计案例和相关资料的效率。此类研究偏知识库技术的开发和优化，研究者背景多为计算机专业，对绿色建筑设计的认知不深，与建筑设计团队的需求可能存在差异。

5）整合多类型设计工具

绿色建筑设计工具种类较多，分类方法各异，且尚未达成共识，国内外不少研究关注多类型设计工具。德国学者托马斯·吕茨肯多夫（Thomas Lützkendorf）和大卫·洛伦茨（David Lorenz）提出采用“工作分担方法”（Job-Sharing Approach），将检查清单、设计导则、案例分析、标准规范、评估报告等多种设计与评估工具整合至建筑全寿命周期中[⑨]；韩国学者康海永（Hyeyon Kang）等提出可持续建筑评估工具的“三层开发过程框架”（3-Layer Development Process Framework），实现可持续建筑评估工具从检查清单、设计导则到交互式软件的迭代推进[⑩]；我国学者张志勇和姜涌等将绿色建筑设计工具分为材料手段、性能手段和设计策略手段，指出绿色设计手册和核查表是我国现阶段比较适用的绿色建筑设计工具[⑪⑫]；刘煜提出对面向建筑师的成套绿色建筑设计决策支持工具[⑬⑭]。此类大多属于早期

① 王晋，刘煜，任娟. 我国绿色建筑地方设计标准的对比分析[J]. 华中建筑，2017，35(10)：28-31.

② 王焯瑶，钱振澜，王竹，等. 长三角地区绿色建筑设计规范性文件解析：基于内容分析法[J]. 新建筑，2020(5)：98-103.

③ 向科，胡显军，胡炜，等. 适应夏热冬暖气候的绿色公共建筑设计模式及其技术路线研究[J]. 建筑技艺，2019(1)：14-18.

④ 薄力之. 世博会重要场馆可持续设计导则研究[D]. 上海：同济大学，2008.

⑤ 班淇超，陈冰，格伦，等. 医疗建筑环境设计辅助工具与可持续评价标准的研究[J]. 建筑学报，2016(11)：99-103.

⑥ Xiao X, Skitmore M, Hu X. Case-based reasoning and text mining for green building decision making[J]. Energy Procedia, 2017, 111: 417-425.

⑦ Shen L Y, Yan H, Fan H Q, et al. An integrated system of text mining technique and case-based reasoning (TM-CBR) for supporting green building design[J]. Building and Environment, 2017, 124: 388-401.

⑧ 张明丽，秦俊，王丽勉，等. 绿色建筑植物资源信息系统的构建及应用[J]. 生态与农村环境学报，2010，26(4)：323-328.

⑨ Lützkendorf T, Lorenz D P. Using an integrated performance approach in building assessment tools[J]. Building Research & Information, 2006, 34(4): 334-356.

⑩ Kang H, Lee Y, Kim S. Sustainable building assessment tool for project decision makers and its development process[J]. Environmental Impact Assessment Review, 2016, 58: 34-47.

⑪ 张志勇，姜涌. 绿色建筑设计工具研究[J]. 建筑学报，2007(3)：78-80.

⑫ 姜涌，张志勇，宋晔皓，等. 建筑师的生态设计工具[J]. 时代建筑，2008(2)：12-17.

⑬ 刘煜. 绿色建筑工具的分类及系统开发[J]. 建筑学报，2006(7)：36-40.

⑭ 刘煜. 面向建筑师建立绿色建筑设计决策支持工具的思考[J]. 南方建筑，2010(5)：14-16.

研究，提出原则性、框架性的构建思路，还需进一步结合实践进行深化。

总的来说，针对设计决策的绿色建筑导控研究相对较少，且处于探索阶段，虽然提出的构建思路、方法和角度非常多样化，但大部分偏理论层面，与建筑设计团队的实际需求存在一定的差距。

2.1.3 建筑性能导向的方法研究

近年来，计算机技术的快速发展推动了建筑性能模拟、建筑信息模型（Building Information Model，BIM）等工具的完善，也涌现了一批从不同角度探索这些新技术与绿色建筑设计导控相结合的研究。

1）“性能驱动设计”的提出

“性能驱动设计”（Performance-Driven Design），也称“性能优化设计”（Performance Optimization Design）、“基于性能设计”（Performance-Based Design）等，指以建筑性能需求为导向，通过性能模拟与评价，不断优化建筑设计，直至达到预期目标①。早在 20 世纪 80 年代，有学者将建筑设计视为帕累托优化（Pareto Optimization）问题，通过动态规划求解满足热、光、成本和空间效率等目标的设计参数②，被视为最早建立设计与优化关系的研究。2000 年以来，得益于建筑性能模拟技术的不断开发与完善，性能驱动设计进入快速发展时期，相关研究也不断增多，集中在性能模拟软件的优化、集成平台的开发、算法的优化、具体项目的使用等方面③，较为偏重技术研发。

近年来，国内学者试图将性能驱动设计与绿色建筑相结合研究，探讨性能驱动设计的概念、原理、技术和工作流程等，如性能化方案优化设计流程的建立④、性能驱动绿色建筑设计方法的建构⑤、基于性能模拟的绿色建筑优化设计模式的归纳⑥等。此外，有学者在性能驱动设计基础上，提出“循证设计”（Evidence-based Design），强调以科学、客观证据指导绿色建筑设计⑦⑧⑨。

---

① Shi X, Tian Z C, Chen W Q, et al. A review on building energy efficient design optimization Rom the perspective of architects[J]. Renewable and Sustainable Energy Reviews, 2016, 65: 872-884.

② D'cruz N, Radford A D, Gero J S. A Pareto optimization problem formulation for building performance and design[J]. Engineering Optimization, 1983, 7(1): 17-33.

③ Shi X, Tian Z C, Chen W Q, et al. A review on building energy efficient design optimization Rom the perspective of architects[J]. Renewable and Sustainable Energy Reviews, 2016, 65: 872-884.

④ 杨文杰. 性能化建筑方案优化设计的概念、目标和技术[J]. 南方建筑，2013(1)：62-67.

⑤ 程光，宋德萱. 性能驱动绿色建筑优化设计研究[J]. 住宅科技，2016，36(10)：41-46.

⑥ 周浩，王月涛，邓庆坦. 基于性能模拟的绿色建筑优化设计模式研究[J]. 城市住宅，2020，27(2)：236-238.

⑦ Hamilton D, Watkins D H. Evidence-based design for multiple building types[M]. New Jersey: John Wiley & Sons, 2016.

⑧ 王一平. 为绿色建筑的循证设计研究[D]. 武汉：华中科技大学，2012.

⑨ 陈冰，张华，尹金秋，等. 循证设计原理及其在绿色建筑领域的应用[J]. 动感(生态城市与绿色建筑)，2016(2)：35-41.

性能驱动设计的相关研究尚属起步阶段，侧重技术开发和整合、与设计流程的结合，但缺少系统性的设计方法总结，尤其是从建筑师视角出发，如何将性能设计优化技术与设计流程相结合，以指导绿色建筑设计实践。

2）性能模拟工具的优化与整合

建筑性能模拟工具提供相对快速且动态的性能模拟结果，协助建筑师进行设计参数和方案的比对和优选，但用于早期设计阶段，存在试错耗时长且效率低、难以及时反馈等问题。针对上述问题，不少研究通过引入新的算法或技术，以加强性能模拟与建筑设计的结合，如基于知识的启发式规则（Heuristic Rule）①、基于实验设计方法（Design of Experiments，DOE）②、灵敏度分析模型③、遗传算法（Genetic Algorithm）④、智能知识库⑤等。

建筑性能模拟工具的相关研究聚焦于技术层面的优化和整合，但由于技术本身不成熟，目前以用于性能评估为主，难以直接与快速、灵活的绿色建筑设计相结合。因此，建筑性能模拟工具更多起到一个辅助设计的作用，需要与设计决策工具或评价工具相结合才能更好地发挥作用。

3）建筑信息模型的引入

建筑信息模型的引入可将碎片化、多学科的设计信息整合至一个模型中，并与建筑性能模拟分析、绿色建筑评价等相衔接，以便建筑师做出更合理的设计决策。国外有不少研究聚焦于 BIM 与知名绿色建筑认证标准的整合，如美国学者萨勒曼·阿扎尔（Salman Azhar）提出将基于 BIM 的绿色建筑设计与 LEED 认证相关联的概念框架，以简化认证过程⑥；土耳其学者巴赫里耶·伊尔汉（Bahriye Ilhan）和哈坎·亚曼（Hakan Yaman）开发了基于 BIM 的绿色建筑评估工具，以实现英国 BREEAM 认证的数据自动处理⑦；美国学者佩拉亚·伊尼姆（Peeraya Inyim）等将 BIM 与建筑环境影响模拟相结合，以协助设计阶段的多维目标下的决策过程⑧。

国内也有不少研究探讨 BIM 与绿色建筑设计、评价相结合的模式。张雷等建立基于

① Shaviv E, Yezioro A, Capeluto I G, et al. Simulations and knowledge-based computer-aided architectural design (CAAD) systems for passive and low energy architecture[J]. Energy and Buildings, 1996, 23(3): 257-269.

② Chlela F, Husaunndee A, Inard C, et al. A new methodology for the design of low energy buildings[J]. Energy and Buildings, 2009, 41(9): 982-990.

③ Attia S, Gratia E, de Herde A, et al. Simulation-based decision support tool for early stages of zero-energy building design[J]. Energy and Buildings, 2012, 49: 2-15.

④ 周潇儒，林波荣，朱颖心，等. 面向方案阶段的建筑节能模拟辅助设计优化程序开发研究[J]. 动感（生态城市与绿色建筑），2010(3): 50-54.

⑤ 陈文强. 建筑节能优化设计技术平台中智能知识库的研究及开发[D]. 南京：东南大学，2017.

⑥ Azhar S, Carlton W A, Olsen D, et al. Building information modeling for sustainable design and LEED ® rating analysis[J]. Automation in Construction, 2011, 20(2): 217-224.

⑦ Ilhan B, Yaman H K. Green building assessment tool (GBAT) for integrated BIM-based design decisions[J]. Automation in Construction, 2016, 70: 26-37.

⑧ Inyim P, Rivera J, Zhu Y M. Integration of building information modeling and economic and environmental impact analysis to support sustainable building design[J]. Journal of Management in Engineering, 2015, 31(1): A4014002.

BIM、针对前期设计的绿色建筑预评估方法①;任娟等建立基于 BIM、针对绿色办公建筑的早期设计决策观念模型②;陈虹宇等通过 BIM 平台整合绿色建筑信息化设计、环境影响分析和绿色度评价③。值得注意的是,当前 BIM 仍不能同时分析建筑的所有绿色性能,因此无法为绿色建筑设计决策与认证提供集成的解决方案。

总的来说,绿色建筑评价标准是最早出现、应用最广,并事实上起到设计导控的作用,但大多属于"事后评价",可能与设计过程不相适应;继而出现聚焦设计决策的导控方法,对绿色建筑设计的指导更为直接,相关研究角度更为多样,如设计决策模型、早期设计指标、设计导则建构等,但相关研究相对较少,尚属起步阶段;信息技术的发展带来建筑设计与评价工具的升级,计算机辅助建筑性能模拟、BIM 等新技术使得性能设计成为可能,但目前此类工具和设计方法在实践应用上仍有限。

2.1.4 地域性绿色建筑标准建构

1) 国外地域性绿色建筑标准建构研究

尽管美国 LEED 等绿色建筑标准在世界范围内有重要影响,但不少研究指出,几乎所有绿色建筑标准都是基于某一特定国家或地区建立,可能不适用于其他区域④。气候条件、地理特征、资源禀赋、政策法规、社会文化等地域因素会影响各绿色建筑标准的总体目标、框架模型和权重体系。

建立地方绿色建筑标准的基本思路大致可以分成两类:第一类是对成熟绿色建筑标准进行本土化的修改和调整,如基于 SBTool 的葡萄牙绿色建筑评价标准(SBTool^{PT}-H)⑤、基于 BREEAM 的立陶宛文娱建筑可持续建筑评价模型⑥、基于 LEED 的北塞浦路斯可持续酒店建筑模型⑦等;第二类是在借鉴和综合多个绿色建筑标准的基础上,结合地方情况,建立本地绿色建筑标准。由于多数发达国家已建立本国的绿色建筑标准,如美国的 LEED、英国的 BREEAM 等,地域性绿色建筑标准的研究多集中在发展中国家,如中东地区、东南亚地区等,部分重要的文献如表 2.1 所示。

---

① 张雷,姜立,叶敏青,等. 基于 BIM 技术的绿色建筑预评估系统研究[J]. 土木建筑工程信息技术,2011,3(1):31-36.

② 任娟,刘煜,郑罡. 基于 BIM 平台的绿色办公建筑早期设计决策观念模型[J]. 华中建筑,2012,30(12):45-48.

③ 陈虹宇,徐刚,吴贤国,等. 基于 BIM 绿色建筑信息化设计和绿色度评价研究[J]. 建筑技术,2019,50(8):996-1000.

④ Todd J A, Geissler S. Regional and cultural issues in environmental performance assessment for buildings[J]. Building Research & Information, 1999, 27(4): 247-256.

⑤ Mateus R, Bragança L. Sustainability assessment and rating of buildings: Developing the methodology SBTool^{PT}-H[J]. Building and Environment, 2011, 46(10): 1962-1971.

⑥ Raslanas S, Kliukas R, Stasiukynas A. Sustainability assessment for recreational buildings[J]. Civil Engineering and Environmental Systems, 2016, 33(4): 286-312.

⑦ Abokhamis Mousavi S, Hoşkara E, Woosnam K. Developing a model for sustainable hotels in northern Cyprus[J]. Sustainability, 2017, 9(11): 2101.

表 2.1 构建地域性绿色建筑标准的重要文献列表

作者与年份	国家/地区	建筑类型	主要研究内容	研究方法
Ali H H，Al Nsairat S F(2009 年)	约旦	住宅建筑	在研究国际绿色建筑评估工具和约旦的当地环境基础上，确定主要评价类别和指标，通过层次分析(AHP)法确定权重体系，从而构建适用于约旦住宅建筑的 SABA 绿色建筑评价体系①	AHP 法
Alyami S H 等(2012 年、2013 年)	沙特阿拉伯	多类型建筑	在对比分析 BREEAM、LEED、SBTool、CASBEE 等绿色建筑评价体系的基础上，提出沙特阿拉伯绿色建筑评价框架和螺旋式的建构方法，通过排序德尔菲(Ranking Delphi)法筛选适用于沙特阿拉伯的评价类别和指标，最后通过 AHP 法建立权重体系，从而建立沙特阿拉伯绿色建筑评价体系②③	排序德尔菲法和 AHP 法
Chandratilake S R，Dias W P S(2013 年)	斯里兰卡	多类型建筑	通过直接排序法和 AHP 法，确定斯里兰卡绿色建筑评价体系的权重，然后将结果与其他八个国家的评价体系进行比较，并通过权重体系与国家统计指标的相关性分析，指出地域差异会影响评价体系中的权重④	直接排序法和 AHP 法
Vyas G S，Jha K N(2016 年)	印度	多类型建筑	通过对国际绿色建筑评价体系的对比分析，指出这些评价体系应用于印度时具有局限性。基于印度情况，通过对专家的问卷调查和主成分分析法，建立印度可持续建筑评价框架⑤	主成分分析法
Al-Gahtani K，Alsulaihi I，El-Hawary M 等(2016 年)	沙特阿拉伯	行政办公建筑	提出了甄选沙特阿拉伯的行政办公建筑的关键可持续要素的方法，首先从国内外绿色建筑评价体系与研究文献中提取要素，以建立要素池(Parameters Pool)，然后通过调查问卷获取行业意见，最后通过重要系数(Severity Index)和探索性因子分析，确定关键可持续要素⑥	重要系数法和探索性因子分析

① Ali H H，Al Nsairat S F. Developing a green building assessment tool for developing countries — Case of Jordan [J]. Building and Environment，2009，44(5)：1053-1064.

② Alyami S H，Rezgui Y. Sustainable building assessment tool development approach[J]. Sustainable Cities and Society，2012，5：52-62.

③ Alyami S H，Rezgui Y，Kwan A. Developing sustainable building assessment scheme for Saudi Arabia：Delphi consultation approach[J]. Renewable and Sustainable Energy Reviews，2013，27：43-54.

④ Chandratilake S R，Dias W P S. Sustainability rating systems for buildings：Comparisons and correlations[J]. Energy，2013，59：22-28.

⑤ Vyas G S，Jha K N. Identification of green building attributes for the development of an assessment tool：A case study in India[J]. Civil Engineering and Environmental Systems，2016，33(4)：313-334.

⑥ Al-Gahtani K，Alsulaihi I，El-Hawary M，et al. Investigating sustainability parameters of administrative buildings in Saudi Arabia[J]. Technological Forecasting and Social Change，2016，105：41-48.

（续表）

作者与年份	国家/地区	建筑类型	主要研究内容	研究方法
Salzer C，Wallbaum H，Lopez L 等（2016 年）	菲律宾	竹制社会福利房	以菲律宾为例，开发了一个基于竹子的建筑系统的多角度开发过程。通过文献综述、实地观察和对三个利益相关者群体的访谈，定义了可持续发展评估标准，并提出四种实施策略①	定性方法
Shad R，Khorrami M，Ghaemi M（2017 年）	伊朗	办公建筑	根据相关文献、专家意见和调查问卷确定初始评价类别和指标，然后结合采用层次分析法、加权调和均值法和信息熵法（Shannon's Entropy）等方法进行加权，建立伊朗绿色建筑评价工具（IGBT），并将 IGBT 与地理信息系统、多准则决策方法相结合，对伊朗马什哈德市的 48 个办公建筑进行案例研究②	赋权：AHP 法、加权调和均值法、信息熵法 运用：与 GIS 结合
Shari Z，Soebarto V（2017 年）	马来西亚	办公建筑	通过混合方法建立马纳西亚办公建筑综合评价框架（MyOSBA），通过文献综述、深度访谈和焦点小组法提取基本的评价指标，通过综合相对重要系数（Relative Importance Index）、方差和标准差对评价指标的重要性进行分级③	综合相对重要系数、方差和标准差
Meiboudi H，Lahijanian A，Shobeiri S M 等（2018 年）	伊朗	学校建筑	基于专家和伊朗绿色学校校长的共识，采用改良的 Delphi 法、焦点小组法、Thurstone Case V 法、在线调查法、联合分析法等定性和定量方法相结合，建立全球标准的伊朗绿色学校评价标准④	改良的 Delphi 法、Thurstone Case V 法、在线调查法、联合分析法等
Alawneh R，Ghazali F，A li H 等（2019 年）	约旦	非居住建筑	采用德尔菲法确定约旦可持续非住宅建筑的评估类别和指标，运用层次分析法和相对重要系数法，根据约旦可持续发展问题的重要性和对实现联合国可持续发展目标的贡献程度，建立了评价指标的综合权重体系，最后通过焦点小组讨论，验证框架的可行性⑤	筛选指标：德尔菲法 赋权：AHP 法、相对重要系数法

① Salzer C，Wallbaum H，Lopez L，et al. Sustainability of social housing in Asia：A holistic multi-perspective development process for bamboo-based construction in the Philippines[J]. Sustainability，2016，8(2)：151.

② Shad R，Khorrami M，Ghaemi M. Developing an Iranian green building assessment tool using decision-making methods and geographical information system：Case study in Mashhad City[J]. Renewable and Sustainable Energy Reviews，2017，67：324-340.

③ Shari Z，Soebarto V. Development of an office building sustainability assessment framework for Malaysia[J]. Pertanika Journal of Social Science and Humanities，2017，25(3)：1449-1472.

④ Meiboudi H，Lahijanian A，Shobeiri S M，et al. Development of a new rating system for existing green schools in Iran[J]. Journal of Cleaner Production，2018，188：136-143.

⑤ Alawneh R，Ghazali F，Ali H，et al. A Novel framework for integrating United Nations Sustainable Development Goals into sustainable non-residential building assessment and management in Jordan[J]. Sustainable Cities and Society，2019，49：101612.

（续表）

作者与年份	国家/地区	建筑类型	主要研究内容	研究方法
Zarghami E, Fatourehchi D, Karamloo M（2019 年）	伊朗	多户住宅建筑	在对比分析现有绿色建筑评价体系的基础上，考虑伊朗的特点，通过收集 112 位当地专家的意见，采用模糊层次分析法确定权重，建立伊朗多户住宅可持续评价体系①	模糊 AHP 法
Akhanova G, Nadeem A, Kim J R 等（2020 年）	哈萨克斯坦	多类型建筑	在借鉴其他绿色建筑评价体系、吸收本地专家意见基础上，确定适用于哈萨克斯坦的评价类别和评价指标，然后通过逐步权重评估比率分析（Stepwise Weight Assessment Ratio Analysis, SWARA）法确定权重体系，最后结合 BIM 技术，实现评价项目的自动认证②	筛选指标：德尔菲法； 赋权：SWARA 法 应用：与 BIM 结合

（表格来源：作者自绘）

2）国内地域性绿色建筑标准建构研究

我国疆域辽阔，各省市自然环境、经济条件、社会文化等情况差异很大，我国绿色建筑标准主要由国家标准《绿色建筑评价标准》和《民用建筑绿色设计规范》，以及各省市的绿色建筑评价和设计标准共同组成。在构建地域性绿色建筑标准的相关研究中，可分为以下三类：

第一类，地方绿色建筑标准的优化建议。此类研究大多基于地域特征的分析和国内外相关经验的借鉴，从宏观层面的框架体系和程序管理③④，以及微观层面的具体条文地域性适应⑤⑥⑦等角度，对地方绿色建筑评价或设计标准提出修订建议。

第二类，特定地区绿色建筑标准的构建。部分研究聚焦地区的拓展和建筑类型的细化，如西北荒漠化乡村⑧、豫西南的保障房⑨、严寒地区体育馆⑩等；引入新方法，如引入神经元

① Zarghami E, Fatourehchi D, Karamloo M. Establishing a region-based rating system for multi-family residential buildings in Iran: A holistic approach to sustainability[J]. Sustainable Cities and Society, 2019, 50: 101631.

② Akhanova G, Nadeem A, Kim J R, et al. A multi-criteria decision-making framework for building sustainability assessment in Kazakhstan[J]. Sustainable Cities and Society, 2020, 52: 101842.

③ 林大宾. 香港地域性绿色建筑评价体系研究[D]. 广州：广州大学，2013.

④ 徐拓. 基于对比分析的广东省绿色建筑评价标准优化路径研究[D]. 广州：华南理工大学，2019.

⑤ 刘煜，王军，任娟，等. 青海省地域适宜性绿色建筑设计标准的构建研究[J]. 建筑学报，2016(2)：43-46.

⑥ 刘菁杰. 绿色建筑设计导则的地域性研究：以合肥市为例[D]. 合肥：安徽建筑大学，2019.

⑦ 黄杰. 基于中国《绿色建筑评价标准》构建地域适宜性绿色建筑评价指标的研究：以青海省为例[D]. 西安：西北工业大学，2015.

⑧ 梁锐，成辉，张群，等. 西北荒漠化乡村绿色建筑评价研究[J]. 西北大学学报(自然科学版)，2017，47(1)：132-136.

⑨ 赵敬辛，张喜雨，刘丛红. 适合豫西南的保障房绿色建筑设计评价体系研究[J]. 建筑学报，2015(10)：92-95.

⑩ 王凯. 严寒地区体育馆气候适应性评价体系研究[D]. 哈尔滨：哈尔滨工业大学，2019.

网络概念、模糊思维、无量纲法等建立长江三角洲绿色住居可持续发展评价方法①；引入重要度的概念量化地域特征②等。此外，石磊和陈楚琳从生态环境和地域文脉两方面，构建基于地域文化传承的绿色建筑评价体系，并对湖南长沙安沙镇美村创客项目进行实证研究③。

第三类，对绿色建筑标准的地域性进行理论探讨。刘启波和周若祁基于绿色建筑体系的基本概念，从“继承历史”“融入地域”“活化地域”角度出发，建构绿色住区地域性评价指标体系④。尹杨和董靓指出绿色建筑评价标准应以地域特征为基础构建评价条款和权重，总结了影响绿色建筑评价的主要地域特征，并对一些受地域因素影响的典型评价条款和权重进行阐述⑤。翁季和蔡坤妤提出构建绿色建筑评价标准的地域性研究框架，包含子域的地域特征体系、绿色建筑地方标准体系和综合作用权重体系三部分⑥。此类研究偏理论层面，数量最少。

3）地域性绿色建筑标准的构建方法归纳

通过对国内外构建地域绿色建筑标准的文献的整理和分析，对其的一般过程与常用方法归纳为如图 2.2 所示，由五个主要步骤构成：①对象与目的明确，从多属性角度确定对象，包括建筑类型、尺度、评价阶段等，以及根据对象的特点，确定标准的构建目的；②指标提取与筛选，基于地域特点的分析和指标选取原则，通过既有绿色建筑标准的对比分析、实地调研总结现状和问题、收集专家和利益相关者意见等途径，提取和筛选评价指标；③权重体系建立，通过 AHP 法、专家打分法、主成分分析法等赋权方法确定指标的相对重要性；④成果转译输出，通过建立计分方法和选择工具形式，将指标体系转化为可操作的评价标准、设计导则等形式；⑤验证与调整，通过案例分析、与既有标准的比较分析、专家会议法等方法，验证其适用性和有效性。其中，指标提取与筛选、权重体系建立为核心步骤。

此外，从国内外研究中可归纳出在建构地域性绿色建筑标准中的研究趋势：①评价目的的多维性，由关注建筑的环境性能，逐渐增加经济、社会、文化等方面的考虑；②建构方法的多元化，指标提取方法和权重确定方法由单一方法转向多方法结合、定性方法与定量方法结合；③评价对象的多样化，由早期的住宅建筑、公办建筑为主，逐渐细化为学校、医院等建筑类型。

---

① 裘晓莲. 长江三角洲地域绿色住居可持续发展评价方法探讨研究[D]. 杭州：浙江大学，2004.

② 尹杨. 四川地区绿色建筑评价体系研究[D]. 成都：西南交通大学，2010.

③ 石磊，陈楚琳. 基于地域文化传承的绿色建筑评价体系研究：以长沙安沙镇美村创客项目为例[J]. 西北大学学报(自然科学版)，2019，49(5)：772-780.

④ 刘启波，周若祁. 论绿色住区建设中的地域性评价[J]. 建筑师，2003(1)：44-47.

⑤ 尹杨，董靓. 绿色建筑评价在中国的实践及评价标准中的地域性指标研究[J]. 建筑节能，2009，37(12)：37-39.

⑥ 翁季，蔡坤妤. 绿色建筑评价标准的地域性研究[J]. 新建筑，2016(2)：110-113.

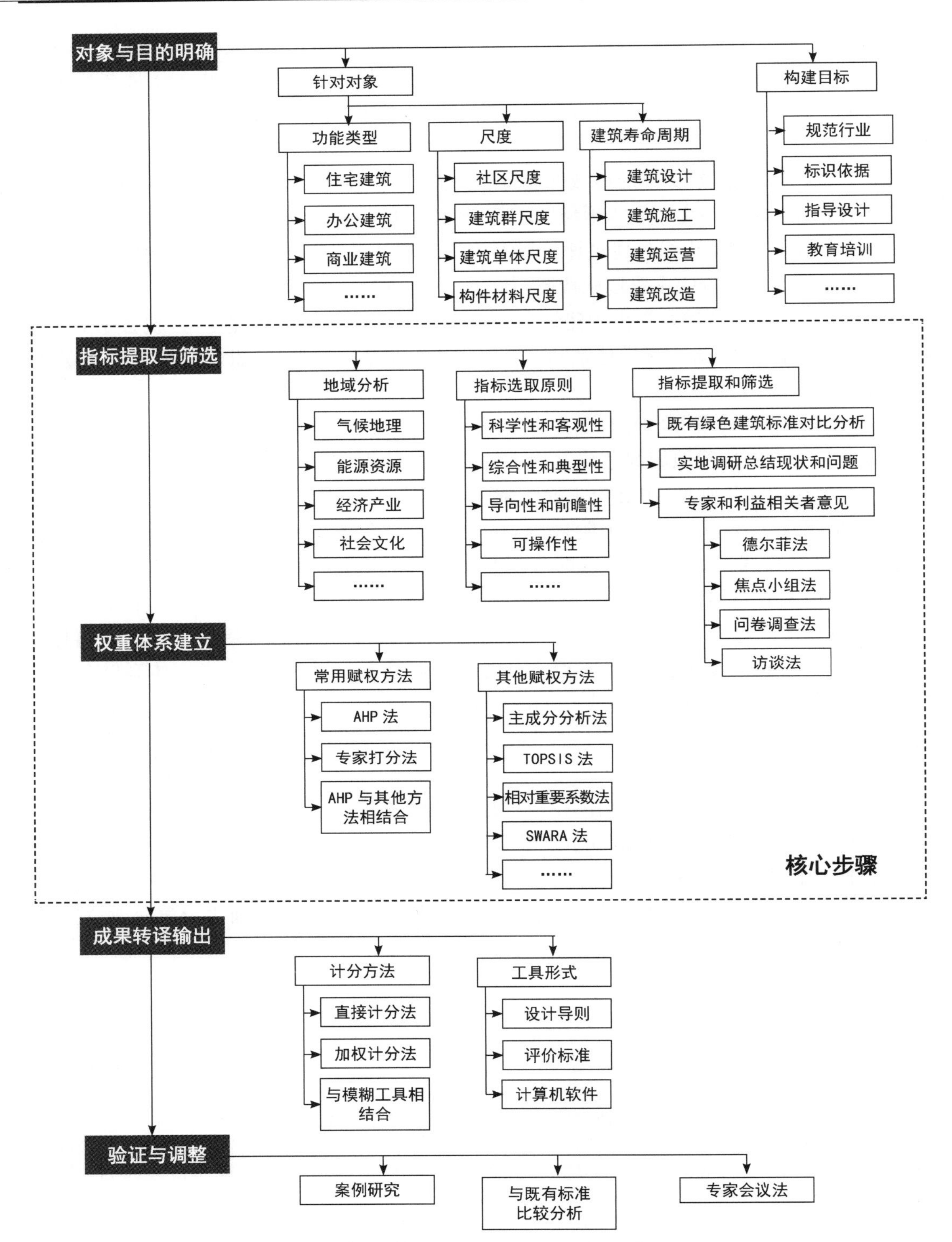

图 2.2 构建绿色建筑评价体系的一般过程与方法

（图片来源：作者自绘）

2.2 基于导控视角的国内外绿色建筑标准与导则

2.2.1 国外绿色建筑标准与导则经验：多样化的路径借鉴

各国由于具体国情和绿色建筑发展阶段的不同，对绿色建筑设计进行引导和控制的方式存在较大的差异，所涉及的绿色建筑工具种类繁多。本书聚焦对绿色建筑设计影响较大的、从整体性角度出发的绿色建筑标准与导则。

根据使用范围的不同，可将绿色建筑标准与导则分为国际通用型和地域专用型两大类。国际通用型绿色建筑导则具有较大的国际影响力，广泛应用于世界各地，如美国的 LEED、英国的 BREEAM 等。地域专用型绿色建筑导则是基于当地气候特征、地理条件、资源禀赋、经济水平、社会制度等情况制定，如新加坡的 Green Mark、德国的可持续建筑评价体系(Deutsche Guetesiegel Nachhaltiges Bauen，DGNB)、日本的建筑综合环境性能评价体系(Comprehensive Assessment System for Building Environmental Efficiency，CASBEE)等，适用于具体地区，但由于在基本框架、导向内容等方面都存在很大差异，难以进行跨地区的绿色建筑对比。

根据对设计过程的作用方式不同，可将绿色建筑标准与导则分为评价型(Assessment Guideline)和指南型(Handbook Guideline)两大类[①]。其中，评价型侧重绿色性能的衡量，往往通过建立评价指标体系，对建筑所表现的绿色性能进行评价与分级，同时也对绿色建筑的设计成果起到约束性作用；指南型侧重设计过程的指导，对绿色建筑设计中的重要环节和具体操作提出建议或规定，但无法衡量建筑的绿色程度。评价型和指南型互为补充，往往同时存在于各国的绿色建筑标准或导则中，但在主导作用或具体操作上存在差异。

为此，本书将从导控特点和地域适用性两个角度出发，对国外有广泛影响力或有较大借鉴意义的绿色建筑标准与导则进行解析，以期归纳多种路径下绿色建筑设计导控的特点，作为下一步研究的基础。

1) 英国 BREEAM：最早的绿色建筑评价标准

BREEAM 由英国建筑研究所(Building Research Establishment，BRE)于 1990 年推出，成为世界范围内最早、应用最为广泛的绿色建筑标准之一，直至 2022 年 3 月，认证项目多达 60 万个，且应用于 93 个国家[②]。BREEAM 旨在通过评估建筑的整体性能，为全寿命周期内对环境影响较低的建筑提供市场认可。

BREEAM 兼具评价和设计指导的功能，其导控特点为：

一是采用清单列表式的评估框架，分为管理、健康与福利、能源、水资源等十大类别，采取权重体系与“平衡计分卡”(Balanced Scorecard)相结合的计分方式，即某些类别的不达标

---

① 薄力之.世博会重要场馆可持续设计导则研究[D].上海：同济大学，2008.

② Building Research Establishment. BREEAM：the world's leading sustainability assessment method for master planning projects，infrastructure and buildings [EB/OL]. (2020-12-29)[2022-03-16]. https://www.breeam.com/.

可用另一类别的达标来抵消，同时部分关键类别设定了最低性能标准，以此体现“导”与“控”。

二是评分项中既包括针对建成成果的性能评价，也包括针对设计过程的策略和措施，为建筑师提供设计决策依据和指导。

三是提倡尽早考虑绿色建筑理念，并通过预评价、中期设计认证和最终施工后认证等多阶段的评价，对绿色建筑设计全过程进行导控。

四是提供多种配套工具辅助绿色建筑设计，如供设计核对的 BREEAM 检查表格、提供设计策略和参考案例的 BREEAM 维基、提供全面参考信息的 BREEAM 知识库等。

为了适应不同地区的特点，BREEAM 允许各地区基于当地专家共识调整权重体系，以明确在当地情况下各绿色建筑要素的相对优先级。同时，BREEAM 提供多种数据库，作为调整性能基准的参考，如气候分类地图、降水分区图等。

2）美国 LEED：市场导向、商业化运作

LEED 由美国绿色建筑委员会（United States Green Building Council，USGBC）于 1998 年创建，是目前全球应用最广、知名度最高的绿色建筑评价体系之一。LEED 以市场为驱动，采用自下而上的全开放式运作模式①，以商业化方式进行产品研发和推广，形成具有巨大市场影响力的绿色建筑认证品牌，截至 2022 年 3 月，LEED 已应用于超过 14 万个项目，遍布 160 多个国家②。LEED 偏向“指南型”导则，其导控特点为：

一是由于以市场化为导向，LEED 中的评价内容、技术方案、技术指标等都充分体现业主、使用者、设计方、建设方等利益相关者的要求。

二是采用清单列表式的评价框架，不直接设置权重体系，简洁清晰，方便利益相关者理解与运用。分为必须满足的先决条件和可选的评分项，先决条件数量较少且并未设置不同类别的最低得分要求，控制性相对较弱，可能导致参评项目在某一方面性能过低的情况。

三是提出“整合设计”概念和设计流程，强调在方案设计完成前进行能源和水资源的调研分析，选择适宜策略，并作为后续建筑设计决策的基础信息。

四是配套种类丰富的技术支撑工具，既有《LEED 参考指南》和 LEED 评价指标数据库等设计辅助工具提供评价标准的深入解释和说明，也有“LEED online”和检查清单等工具协助绿色建筑设计的管理。

LEED 的地域适应性是较弱的。一方面，其权重体系是基于美国建筑行业情况确定，如 LEED v3 版本的权重体系是根据美国国家标准与技术研究所（National Institute of Standards and Technology，NIST）的建筑环境和经济可持续性（Building for Environmental and Economic Sustainability，BEES）寿命周期分析软件建立的，LEED v4 版本中的权重体系则基于美国建筑行业专家共识③。另一方面，其评价指标和权重体系并不会根据地方变化做出相应调整，主要通过“地域优先”类别适应不同地区气候、地理、经济等情况的差异，而

---

① 沈丹丹.LEED 与《绿色建筑评价标准》认证体系的比较[J].建设科技，2018(6)：40-43.

② United States Green Building Council. Project| U.S. Green Building Council [EB/OL]. (2021-02-01)[2022-03-16]. https://www.usgbc.org/projects.

③ Suzer O. A comparative review of environmental concern prioritization: LEED vs other major certification systems[J]. Journal of Environmental Management, 2015, 154: 266-283.

“地域优先”类别最多能获得 4 分，仅占总分的 3.6%。

3）SBTool：性能评价、多国通用

SBTool(Sustainable Building Tool)是多国共同开发的国际通用的绿色建筑评价体系。1996 年，绿色建筑挑战(Green Building Challenge，GBC)由加拿大自然资源部发起并领导，包括德国、日本、美国等在内的 14 个国家和地区参与①，旨在通过推动绿色建筑环境评估方法的建立、促进建筑环境研究界与建筑从业者之间的交流。经过两年的研究与测试，绿色建筑挑战在 1998 年建立了绿色建筑工具(Green Building Tool，GBTool)。随着对绿色建筑内涵认识的深入和拓展，GBTool 改名为可持续建筑工具(Sustainable Building Tool，SBTool)。SBTool 属于“评价型”导则，其主要特点为：

一是评价内容全面，综合多个国家对绿色建筑的认识，包含广泛的绿色建筑要素，涵盖生态、经济、社会等方面。

二是以建筑性能为导向，重点关注建筑性能指标，避免直接对设计策略和措施的选择进行评价。

三是整体架构灵活，可根据实际情况调整评价条目的数量，如适用于快速且要点突出评估的最小模式(Minimum Scope)、使用于全面或专业评估的最大模式(Maximum Scope)②。

四是建立在 Excel 平台上，并设有整合设计工作表格，作为指导整合设计的辅助工具。

SBTool 具有很强的地域适应性，提供通用的、灵活的绿色建筑评价框架，各国和地区可以在此基础上，调整评价条款、权重系数和性能基准。此外，SBTool 研发了一套“准客观”的、基于专家共识的赋权方法，以平衡准确性和可用性。

4）德国 DGNB：多元目标、LCA 工具配套

在分析总结美国 LEED、英国 BREEAM 等绿色建筑标准与导则的优势和局限性的基础上，德国于 2001 年发布《可持续建筑导则》(Leitfaden Nachhaltiges Bauen，LFNB)，提出了可持续建筑的基本原则、要求、初步标准，并于 2008 年推出德国可持续建筑评价体系(Deutsche Guetesiegel Nachhaltiges Bauen，DGNB)，DGNB 被誉为“第二代绿色建筑评估体系”③。DGNB 属于“评价型”导则，其主要特点如下：

一是拓宽了可持续建筑内涵，其制定思路如图 2.3 所示，基于可持续性的生态、经济和社会文化三个层面的理念，确定可持续建筑的“保护体”(Schutzgüter)和“保护目标”(Schutzziele)，同时为了确保可持续建筑的有效实施，还需要对技术质量、过程质量和场地质量进行评价，最终形成涵盖生态质量、经济质量、社会文化和功能质量、技术质量、过程质量和基地条件六个方面的评价内容。

二是关注建筑整体性能，而非简单考察是否采用具体技术措施，并能展示采用不同技术体系的利弊关系。

---

① Cole R J，Larsson N K. GBC'98 and GBTool：Background[J]. Building Research & Information，1999，27(4)：221-229.

② Larsson N，Macias M. Overview of the SBTool assessment framework[J]. The International Initiative for a Sustainable Built Environment (iiSBE) and Manuel Macias，UPM Spain，2012.

③ 卢求.德国 DGNB：世界第二代绿色建筑评估体系[J].世界建筑，2010(1)：105-107.

三是建立建筑全寿命周期成本(Life Cycle Cost, LCC)计算和全寿命周期环境评价(Life Cycle Assessment, LCA)方法，以科学计算涵盖建筑建造、运营和拆除回收阶段的经济投入成本和碳排放、臭氧层消耗潜能等环境排放影响。

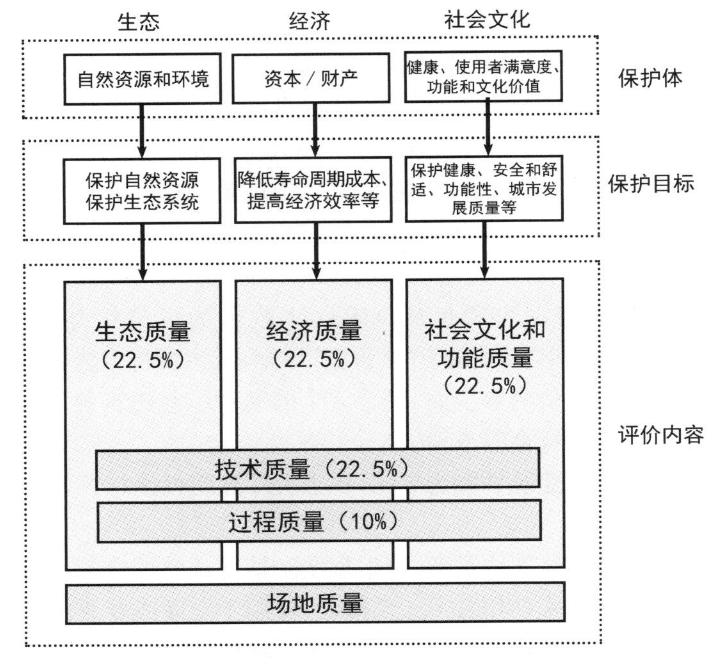

图 2.3 德国 DGNB 的制定思路及评价内容

(图片来源：翻译改绘自德国《可持续建筑导则》2018 年版本)

四是配备庞大的数据库和多功能的计算机软件，如建筑产品寿命周期影响数据库(ÖKOBAUDAT)、基于互联网的生态建筑材料信息系统(WECOBIS)、环保产品声明(EDP)、建筑全寿命周期电子计算工具(eLCA)、全寿命周期成本分析工具(PLAKODA)、可持续建筑信息集成平台、项目管理工具(eBNB)等，适应建筑设计不同阶段、不同使用主体的需求。

DGNB 的建立得益于德国成熟的工业基础和产品体系，评价方式较为科学、严谨，但其全寿命周期计算是基于德国的相关标准和市场情况，并需要大量的基础数据采集和输入，难以在其他国家快速推广和应用。

5) *日本 CASBEE：以建筑物环境质量与性能为核心*

日本的建筑综合环境性能评价体系(Comprehensive Assessment System for Building Environmental Efficiency, CASBEE)由政府、企业、学术界共同开发，并于 2003 年推出。CASBEE 兼具评价和设计指导的功能，其导控特点为：

一是针对既有评价体系中评价对象的边界不清的问题，CASBEE 提出“假想边界”，将建筑综合环境性能分成边界内的“建筑环境品质和性能 Q(Quality)”，以及边界外的“建筑环境负荷 L(Load)”，在此基础上定义“建筑环境效率指标”(Building Environmental Efficiency, BEE)，其中 $BEE=\frac{Q}{L}$，充分体现可持续建筑的理念“通过最少的建筑外部环境负荷达到最大的建筑环境质量”①②(图 2.4)。

---

① Murakami S, Iwamura K, Cole R J. CASBEE, A decade of Development and Application of an environmental assessment system for the built environment[M]. Tokyo: Institute for Building Environment and Energy Conservation, 2014: 46-49.

② 日本可持续建筑协会.建筑物综合环境性能评价体系：绿色设计工具[M].石文星，译.北京：中国建筑工业出版社，2005：12-13.

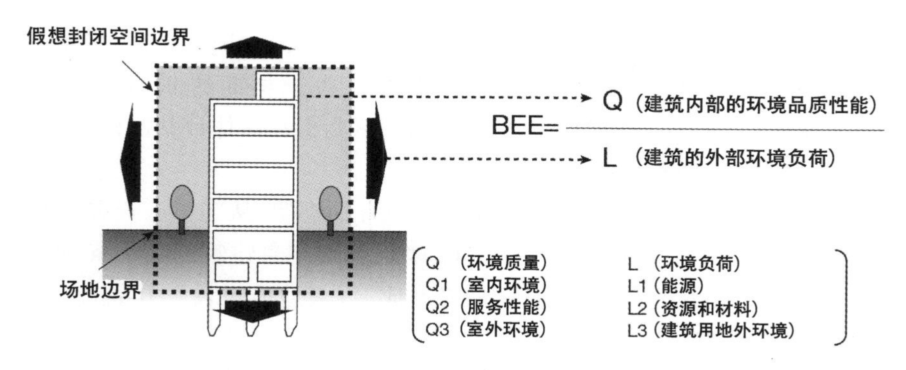

图 2.4 CASBEE 中，假想边界与 Q、L 评估类别的划分

［图片来源：翻译改绘自 CASBEE 官网（http://www.ibec.or.jp/CASBEE/english/overviewE.htm）］

二是为适应不同设计阶段的需求，CASBEE 分成四种基本工具——前期设计工具 CASBEE-PD（研发中）、新建建筑工具 CASBEE-NC、既有建筑工具 CASBEE-EB 和翻修建筑工具 CASBEE-RN（图 2.5），这些工具既可作为设计工具，也可作为自评工具，促使建筑师、工程师在建筑设计过程中考虑建筑环境品质性能和环境负荷。

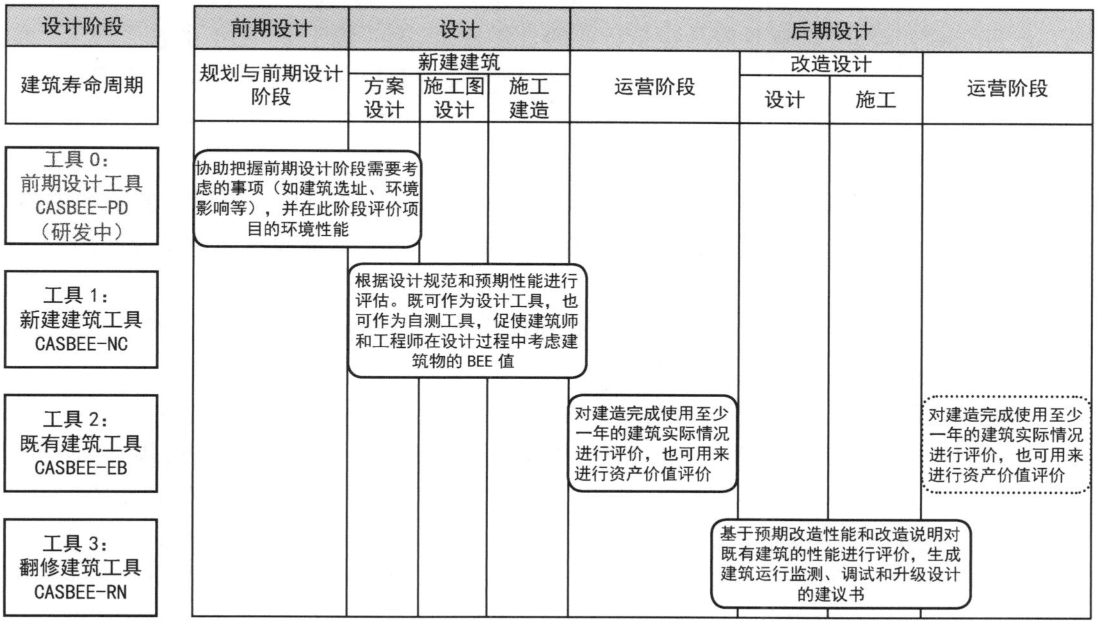

设计阶段	前期设计	设计			后期设计			
		新建建筑				改造设计		
建筑寿命周期	规划与前期设计阶段	方案设计	施工图设计	施工建造	运营阶段	设计	施工	运营阶段
工具 0：前期设计工具 CASBEE-PD（研发中）	协助把握前期设计阶段需要考虑的事项（如建筑选址、环境影响等），并在此阶段评价项目的环境性能							
工具 1：新建建筑工具 CASBEE-NC		根据设计规范和预期性能进行评估。既可作为设计工具，也可作为自测工具，促使建筑师和工程师在设计过程中考虑建筑物的 BEE 值						
工具 2：既有建筑工具 CASBEE-EB					对建造完成使用至少一年的建筑实际情况进行评价，也可用来进行资产价值评价			对建造完成使用至少一年的建筑实际情况进行评价，也可用来进行资产价值评价
工具 3：翻修建筑工具 CASBEE-RN						基于预期改造性能和改造说明对既有建筑的性能进行评价，生成建筑运行监测、调试和升级设计的建议书		

图 2.5 建筑设计过程和 CASBEE 工具的对应关系

［图片来源：翻译改绘自 CASBEE 官网（https://www.ibec.or.jp/CASBEE/english/overviewE.htm）］

在地域性方面，地方政府可结合地区实际情况，通过调整指标的加权系数等方式，开发适应于本地的环境评价工具，如 CASBEE-东京、CASBEE-横滨、CASBEE-大阪等。

6）新加坡 Green Mark：基于地方气候和地域特点

2005 年，新加坡建设部(Building and Construction Authority，BCA)发布 Green Mark 绿色建筑评价标准，以推动绿色建筑设计和建造。由于早期的 Green Mark 是在美国 LEED 基础上建立的，其评价框架和计分方式非常相似，但在具体评估时以新加坡本土气候为测评标准，因此被称为“热带地区的 LEED”①。

在 2015 年修订的版本中，Green Mark 打破原有的框架，从“气候、资源、健康、生态”的理念出发②，创新性地整合了条文内容。以针对新建非住宅建筑的 Green Mark for Non-residential Buildings (NRB)：2015 为例，最终形成“气候适应设计”“建筑能源表现”“资源管理”“智能健康建筑”“杰出绿色努力”等五大类别。作为地域特色大类，“气候适应设计”整合了气候相关条文，围绕如何在绿色建筑设计中应对新加坡的高温高湿气候展开，内容综合而全面，既包括从建筑细部构造、建筑单体设计、景观设计到城市设计等不同尺度的设计导控，也涉及设计流程、设计管理和后期运营管理等指引。此外，Green Mark for Non-residential Buildings (NRB)：2015 不仅在每个类别下设置了一定数量的先决条件，还根据不同认证等级，对关键的指标和措施给出相应最低的得分标准，以加强对建筑最终性能的控制。

7）澳大利亚 Your Home：信息丰富、动态更新的设计导则

Your Home：Australia's Guide to Environmentally Sustainable Homes(以下简称“Your Home”)是澳大利亚政府与建筑行业的合作成果，第一版于 2001 年由悉尼理工大学的可持续未来研究所(Institute for Sustainable Futures，ISF)编制，后续版本由 ISF 联合其他机构和代表政府部门的专家共同修订，澳大利亚环境和能源部管理。Your Home 属于“指南型”导则，其导控特点为：

一是内容丰富充实，提供绿色建筑设计和建造的信息，包括绿色建筑设计原理和策略、绿色生态技术和细部构造、优秀案例、平立面图纸参考等，能有效指导绿色建筑设计，但不具约束性，无法控制设计和建成成果。

二是图文并茂，通俗易懂，具有科普教育和推广作用，帮助业主和公众了解绿色建筑相关概念、原理和生态技术措施。

三是采用网站、书籍、电子手册相结合的方式(图 2.6)，具有查找方便、动态更新等特点。

Your Home 强调绿色建筑设计的地域适宜性。基于澳大利亚建筑法规(Australia Building Code)，Your Home 将澳大利亚分成 8 个气候区(图 2.7)，在“适应气候设计”小节，针对每个气候分区，明确主要设计目标，并给出回应气候的关键设计策略，并在“标准”(Specification)小节中列出不同气候区的围护结构构造标准。此外，其他章节也会给出不同生态绿色技术的适用气候区，如被动制冷措施适用于除分区 1 以外的气候区。

---

① 冀媛媛，Paolo Vincenzo Genovese，车通.亚洲各国及地区绿色建筑评价体系的发展及比较研究[J].工业建筑，2015，45(2)：38-41.

② Building and Construction Authority. Green Mark for Non-Residential Buildings (NRB)：2015[S]. Singapore，2015.

图 2.6 澳大利亚 Your Home: Australia's Guide to Environmentally Sustainable Homes 网页、纸质书和电子书的不同形式

（图片来源：https://www.yourhome.gov.au/）

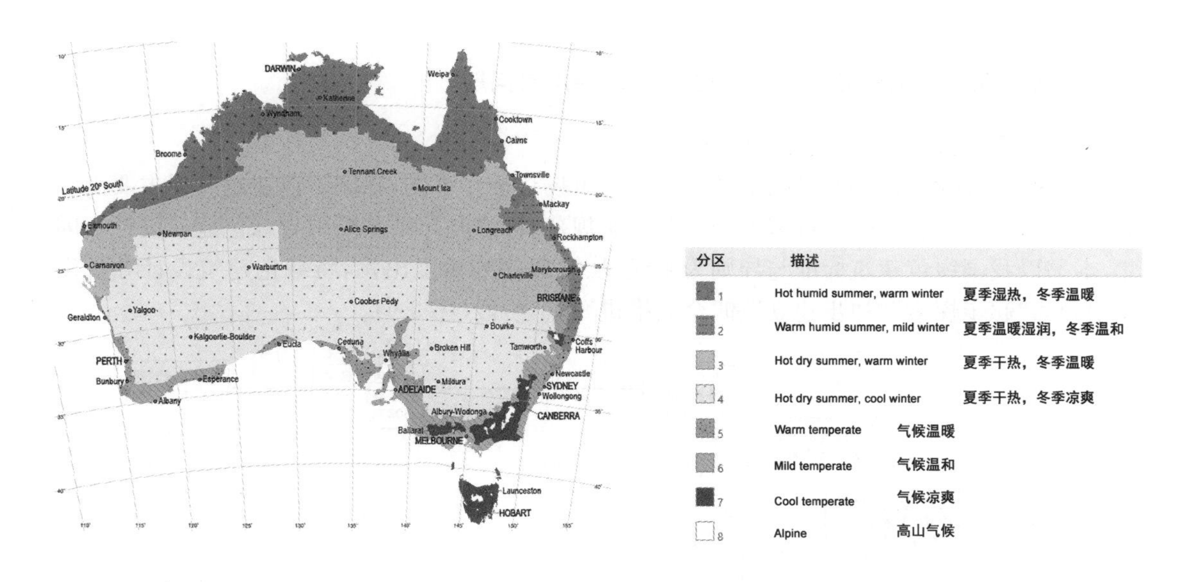

图 2.7 Your Home 导则的气候分区图

（图片来源：翻译改绘自 https://www.yourhome.gov.au/introduction/australian-climate-zones）

8）归纳与启发

总的来说，发达国家的绿色建筑发展起步较早，绿色建筑设计导控的方法与路径更为多元。以使用范围（地域专用—国际通用）为纵坐标，以导控特点（设计指导—结果评价）为横坐标，将上述绿色建筑标准与导则放入坐标系中，如图 2.8 所示。其多样化的路径与发展经验，能够为我国的绿色建筑设计导控的研究与实践提供丰富的参考。

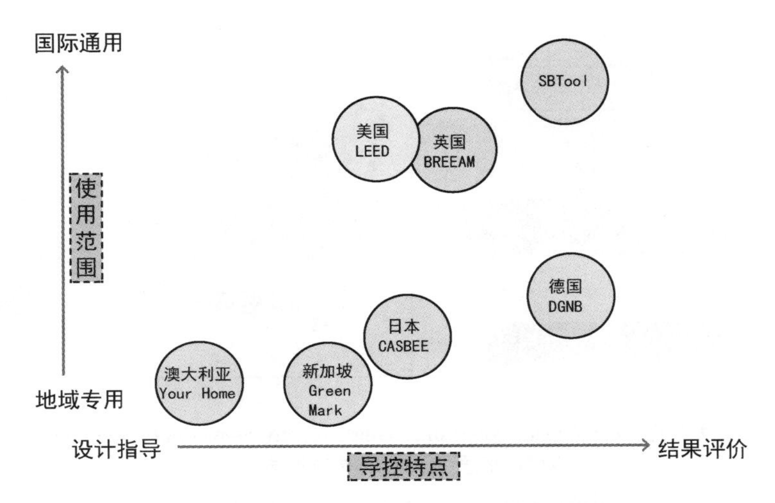

图 2.8 按使用范围和导控特点划分国外绿色建筑标准与导则

（图片来源：作者自绘）

2.2.2 我国绿色建筑标准与导则实践：发展、特点与问题

1）我国绿色建筑设计导控的发展历程

与国外以民间机构为主导、推动绿色建筑市场化运作不同，我国绿色建筑发展主要由国家和地方政府部门主导，通过多类型绿色建筑规范、标准和导则共同引导绿色建筑设计。因此，本书以我国绿色建筑标准与导则为主线，从时间序列角度出发，将绿色建筑设计导控发展划分为“起步探索”“初步建立”和“全面推进”三个阶段(图 2.9)。

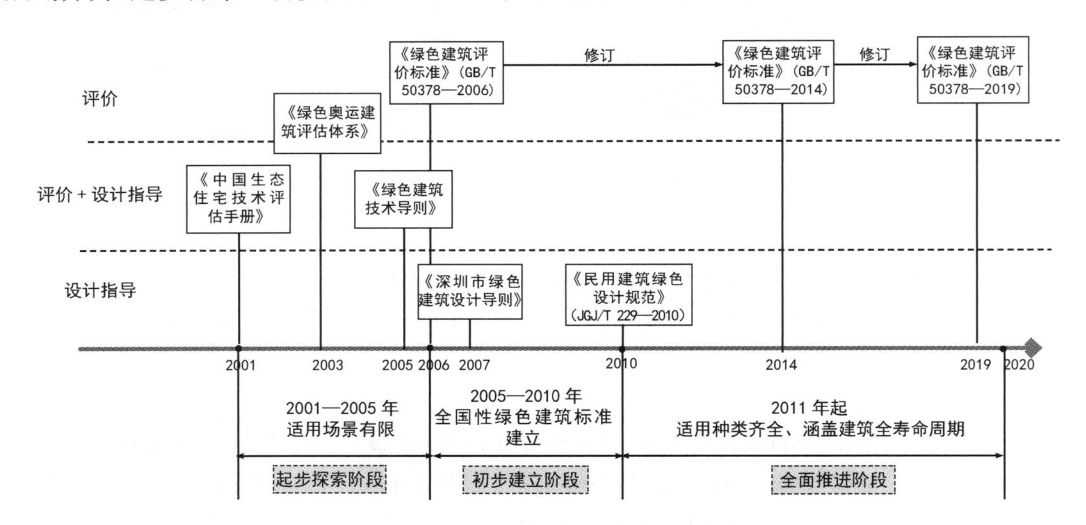

图 2.9 我国绿色建筑导控的发展历程

（图片来源：作者自绘）

我国的绿色建筑设计导控探索始于2001年，制定了《中国生态住宅技术评估手册》和《绿色奥运建筑评估体系》等绿色建筑导则。这一阶段的绿色建筑导则建构思路明显受到国外知名绿色建筑评价体系的影响，如《绿色奥运建筑评估体系》的评价思路与日本CASBEE基本一致，将评价指标分成环境质量(Q)和环境负荷(L)两类，追求在消耗最小的L下获得最大的Q①。此外，由于尚属起步阶段，使用场景有限，评价方法和计分方式等并不完善，大多采用“评价＋设计指导”的体系结构，即同时起到评价和设计指导的作用。

2005年，《绿色建筑技术导则》颁布，界定了绿色建筑的含义和基本原则，提出了绿色建筑指标体系和技术要点；2006年，原建设部颁布我国首部绿色建筑综合性评价标准——《绿色建筑评价标准》(GB/T 50378—2006)；同年，深圳市规划局率先编制全国第一部绿色建筑设计规范文件——《深圳市绿色建筑设计导则》；2010年，住房和城乡建设部颁布《民用建筑绿色设计规范》(JGJ/T 229—2010)(以下简称《设计规范》)，明确了绿色建筑设计的基本内容和要求。上述导则和标准的颁布实施，标志着我国绿色建筑设计导控体系的初步建立。

自2011年起，我国绿色建筑设计导控体系进入全面推进时期，绿色建筑标准与导则的数量大幅度增加，类型和内容在不断地丰富，具体表现为：建筑类型的细化，涵盖办公建筑、医院建筑、商店建筑、博览建筑、农房建筑等典型建筑类型；空间尺度的延伸，从建筑单体逐步拓展到建筑群，乃至区域层级，如绿色住区、绿色校园、绿色小城镇、绿色生态城区等；过程阶段的深化，逐渐建立涵盖建筑设计、施工、运营、改造等建筑全寿命周期的标准体系(表2.2)；面向范围的扩展，不少省、市、区制定了地方性绿色建筑评价与设计标准。

表2.2 我国绿色建筑标准与导则汇总表

分类	标准/导则名称
建筑类型	《绿色超高层建筑评价技术细则》(建科〔2012〕76号)
	《绿色办公建筑评价标准》(GB/T 50908—2013)
	《绿色工业建筑评价标准》(GB/T 50878—2013)
	《绿色保障性住房技术导则》(建科〔2013〕190号)
	《绿色农房建设导则(试行)》(建村〔2013〕190号)
	《绿色铁路客站评价标准》(TB/T 10429—2014)
	《绿色医院建筑评价标准》(GB/T 51153—2015)
	《绿色商店建筑评价标准》(GB/T 51100—2015)
	《绿色饭店建筑评价标准》(GB/T 51165—2016)
	《绿色博览建筑评价标准》(GB/T 51148—2016)
	《绿色仓库要求与评价》(SB/T 11164—2016)
	《绿色航站楼标准》(MH/T 5033—2017)

① 绿色奥运建筑研究课题组.绿色奥运建筑评估体系[M].北京：中国建筑工业出版社，2003：9.

（续表）

分类		标准/导则名称
特定区域		《低能耗绿色建筑示范区技术导则》(建科〔2015〕179 号)
		《绿色校园评价标准》(CSUS/GBC 04—2013)
		《绿色住区标准》(CECS 377：2014)
		《绿色小城镇评价标准》(CSUS/GBC 06—2015)
		《绿色生态城区评价标准》(GB/T 51255—2017
过程阶段	设计阶段	《民用建筑绿色设计规范》(JGJ/T 229—2010)
	施工阶段	《建筑工程绿色施工规范》(GB/T 50905—2014)
	改造阶段	《既有建筑绿色改造评价标准》(GB/T 51141—2015)
		《既有社区绿色化改造技术标准》(JGJ/T 425—2017)
	运营阶段	《绿色建筑运行维护技术规范》(JGJ/T 391—2016)
		《绿色建筑运营后评估标准》(T/CECS 608—2019)

（表格来源：作者自绘）

2）国内绿色建筑设计导控特点

经过近二十年的发展，我国已建立较为全面的绿色建筑标准和导则体系，其对绿色建筑设计的导控呈现以下特点：

（1）评价标准起主导作用

对绿色建筑设计起到导控作用的可分为评价标准与设计标准两大类。相较而言，绿色建筑设计标准对设计过程的指导更为直接，但其完善程度、修订频率均落后于评价标准。正如前文所述，国家标准《绿色建筑评价标准》自 2006 年发布以来已经过两轮修订，而《设计规范》至今尚未修编，地方绿色建筑标准也呈现类似情况。较慢的更新速度，导致设计标准中的绿色建筑理念、具体要求与技术细节相对滞后，与快速发展的绿色建筑实践相脱节。因此，在绿色建筑实践中，实质上起到设计导控的作用是《绿色建筑评价标准》。

《绿色建筑评价标准》的主要作用在于衡量并评估建筑的绿色性能，其评价方式一般可分为措施、标准、效果和性能四类①。如图 2.10 所示，现行《绿色建筑评价标准》以措施评价为主，在 110 项评价条文(其中控制项 40 项，评分项 60 项，加分项 10 项)中，采用措施评价方式的条文共 64 项，占比达 58.2%。以采用技术措施的数量作为标准的主要考核内容，在绿色建筑的起步阶段能较好地引导工程实践，但也容易引起绿色建筑的“技术堆砌”问题。当绿色建筑步入常态化发展阶段，直接评价标准进行设计导控可能会导致目标偏差等问题，将在第 3 章中详细阐述。

① “措施”指评价是否采用某项具体的技术或管理措施，“标准”指引用或基于相关标准评价进行评价；“效果”和“性能”指在我国相关标准之外对建筑的表现进行评价，不同之处在于前者定性、后者定量。引自叶凌，程志军，王清勤，等.国家标准《绿色建筑评价标准》的评价指标体系演进[J].动感(生态城市与绿色建筑)，2014(3)：29-34.

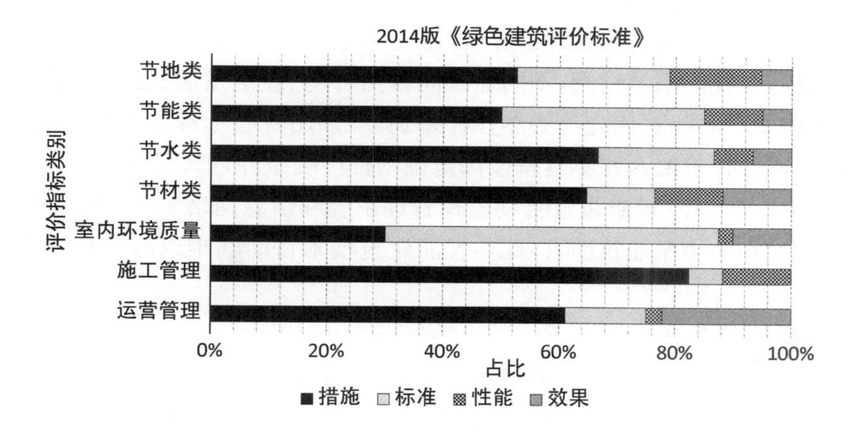

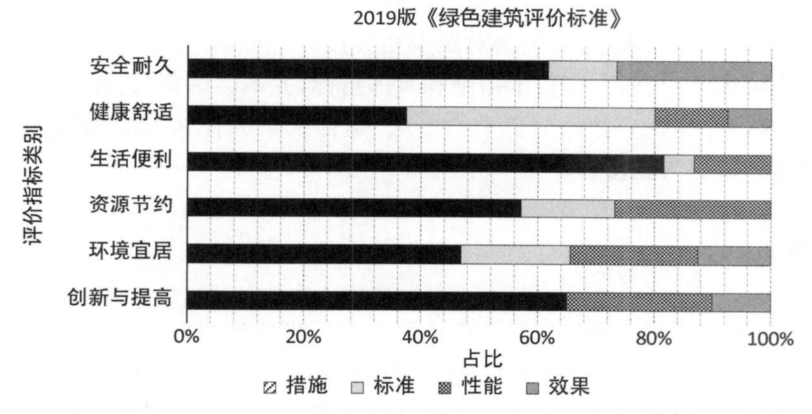

图 2.10 2014 版和 2019 版《绿色建筑评价标准》不同评价方式统计图

（图片来源：作者自绘）

(2) 内容全面，缺少重点把控

我国绿色建筑标准与导则所涵盖的绿色建筑要素非常全面、丰富，不仅关注建筑对生态环境的影响、对资源和能源的消耗，还从人的需求出发，强调建筑的安全耐久、环境的健康舒适、生活的便利宜居等方面，并试图推广建筑工业化、建筑信息模型、海绵城市、垃圾资源化利用等新技术。面面俱到的内容、繁杂的绿色建筑，也导致对“什么是绿色建筑的关键”这一问题失去聚焦，使得从事一线设计工作的建筑师难以快速把握绿色建筑的设计重点。

(3) 强调通用，缺乏地域性指导

根据住房和城乡建设部于 2021 年 1 月颁布的《绿色建筑标识管理办法》，对于新建民用建筑，三星级绿色建筑标识认定必须采用国家标准《绿色建筑评价标准》，二星级、一星级标识认定可采用国家标准或地方标准；同时规范了地方标准的编制，将其限定为“可细化国家标准要求，补充国家标准中创新项的开放性条款，不应调整国家标准评价要素和指标权重”①。

① 住房和城乡建设部.绿色建筑标识管理办法[EB/OL].(2021-01-15)[2022-03-16]. http://www.mohurd.gov.cn/gongkai/fdzdgknr/202101/20210115_248842.html.

此管理办法强调了国标《绿色建筑评价标准》在全国范围内的通用性，并限制了地方标准的调整和细化范围，但我国幅员辽阔，不同地区间自然环境、经济发展、技术水平等差异很大，绿色建筑的具体要求和相对优先项必然存在差别，难以用一套标准加以相同的权重体系进行衡量。此外，部分评价要素并不具备全国范围内推广的条件，如《绿色建筑评价标准》中的控制项条文 6.1.5 和 6.1.6 要求设置自动监控管理系统和信息网络系统，对于经济欠发达地区、广大乡镇区域和中小型建筑而言，此类智能建筑技术目前既难以落实和推广，其必要性也相对较弱。

(4) 形式单一，以条文表达为主

目前我国绿色建筑标准与导则的形式较为单一，基本沿用建筑规范的条文式表达形式，即通过专业、严谨、简洁的文字，对逐项绿色建筑要素进行说明，必要时辅以表格，具有条理清晰、内容明确的优点，但也存在阅读时较为枯燥、容易造成歧义的问题。同时，绿色建筑标准与导则中含有不少专业术语，可能会对缺少相关设计经验的建筑师造成理解的障碍。此外，条文式侧重阐述“怎么做”，即技术措施和具体指标，并不会解释“为什么”。与之相对，不少国外绿色建筑设计导则会对每个要素给出从“是什么”“为什么”到“怎么做”的解释和指导，导控信息传达得更为到位。

2.3 本章小节

本章对国内外绿色建筑设计导控的理论研究与标准实践进行了评述与解析，以获取启示、发现不足。在理论研究方面，本章归纳出三种绿色建筑设计导控的研究思路——以评价为核心、聚焦设计决策和建筑性能导向，并总结出其研究成果和局限性；同时，通过对建立地域性绿色建筑标准的研究进行梳理，归纳出其构建的一般过程与方法。在标准实践方面，本章对国外绿色建筑设计标准与导则进行评述与解析，总结出多样化的导控路径，如英国的 BREEAM 关注建筑环境性能、新加坡 Green Mark 的注重气候适宜性、澳大利亚的 Your Home 关注建筑设计全过程等。继而，本章对我国绿色建筑设计标准与导则的发展历程、导控特点与问题进行了解析，指出我国目前绿色建筑设计导控以《绿色建筑评价标准》为主导，存在强调通用性、缺少地域性指导等问题。

从上述研究与实践中，可归纳出目前绿色建筑设计导控的整体发展趋势：①在绿色建筑的价值认知上，从早期侧重建筑与自然环境的关系，逐渐纳入经济、社会、文化等方面的考虑；②地域适宜性被日益重视，各地区相继构建地域专用的绿色建筑标准与导则，国际通用型导则也试图通过调整权重与条文等方式以适应不同地区的特点；③绿色建筑评价呈现从措施评价转向性能评价的趋势，但面向设计过程的导控方式与工具尚未取得共识，仍在起步阶段。

3 绿色建筑设计导控体系的研究价值与相关理论基础

绿色建筑在全国范围内迅速推广的同时，绿色建筑设计实践中的一些问题也凸显出来，但如何对绿色建筑设计进行引导与控制仍处于探索阶段。因此，本章通过实地调研，获取一手资料，以剖析绿色建筑设计的实践困境与导控需求。进而，对绿色建筑设计导控的相关理论基础和技术支撑进行研究，明确绿色建筑设计导控体系的可行性，完成从问题到方法的认知与应对。

3.1 当前我国绿色建筑设计实践问题与导控需求

为了深入了解绿色建筑设计实践的现状与问题，本书的研究采用扎根理论的质性方法与调查问卷的量化研究方法相结合，以建筑师作为调查对象，重点关注以下三方面内容：①绿色建筑设计实践情况，包括绿色建筑设计的工作流程和方法、不同专业之间的协作情况、所遇到的困难等；②绿色建筑设计实践受哪些因素影响，并着重分析绿色建筑评价标准是如何影响设计实践；③建筑师对设计导控的需求，包括导控方式、导控手段、导控特点等。

因此，此部分研究可分成两个阶段（图 3.1）：第一阶段，通过半结构化的深度访谈获取

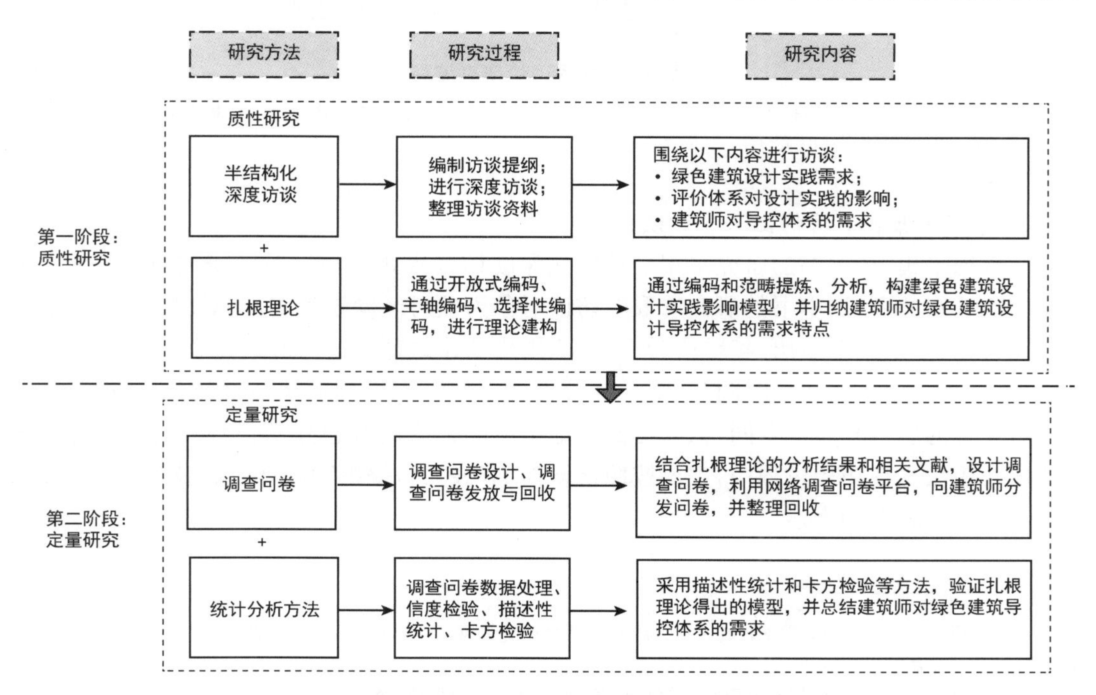

图 3.1 绿色建筑设计导控与设计实践关系的研究框架

（图片来源：作者自绘）

绿色建筑设计实践和评价体系的访谈材料，并运用扎根理论对访谈材料进行整理和编码，构建绿色建筑设计实践与评价体系的关系模型；第二阶段，通过调查问卷的量化研究，采用卡方检验等方法验证扎根理论所构建的关系模型，并归纳建筑师对绿色建筑导控体系的需求特点。

3.1.1 基于扎根理论的质性研究

1）扎根理论

扎根理论(Grounded Theory)是质性研究方法之一，旨在以经验资料为基础建构理论。扎根理论由社会学家巴尼·格拉斯(Barney Glaser)和安塞尔姆·斯特劳斯(Anselm Strauss)于1967年提出，提供了一整套从原始资料中归纳、建构理论的方法和步骤，使质的研究方法超越描述性研究，进入解释性理论框架的领域[①][②]。扎根理论强调研究者从原始资料入手，而不是从预想的逻辑推演假设出发，以持续比较(Constant Comparison)为分析思路，通过开放式编码(Open Coding)、主轴编码(Axial Coding)、选择性编码(Selective Coding)的主要步骤，进行理论建构，直至达到“理论饱和”(Theoretical Saturation)，即新获取的信息开始重复，不再有新的概念、范畴出现，对理论建构没有新的贡献(图3.2)。

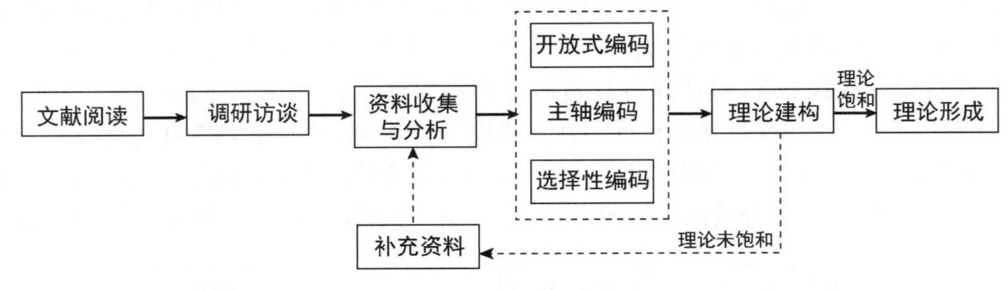

图3.2 扎根理论研究流程

(图片来源：改绘自[英]凯西·卡麦兹.建构扎根理论：质性研究实践指南[M].边国英，译.重庆：重庆大学出版社，2009：5-7.)

2）数据采集：半结构化深度访谈

在数据采集上，本书的研究采用半结构化深度访谈模式。根据质性研究对受访者具有先验理论认知的要求，本书的研究选取的访谈对象为项目经验较为丰富、对绿色建筑设计有一定了解、大学及以上学历、年龄段为25～45周岁的建筑师。访谈形式为个人访谈、面对面访谈，每位访谈对象的访谈时间为20～40分钟。一对一深度访谈灵活性较强，同时给受访者相对充分的思考和表达空间，从而更深入地了解受访者的绿色建筑设计和评价体系的态度和内在想法。在访谈过程中，主要按照访谈提纲(表3.1)提出问题，辅以追踪式提问，引导受访者进一步思考和表达。

① [美]朱丽叶·M.科宾，安塞尔姆·L.施特劳斯.质性研究的基础：形成扎根理论的程序与方法[M].朱光明，译.重庆：重庆大学出版社，2015：1.

② [英]凯西·卡麦兹.建构扎根理论：质性研究实践指南[M].边国英，译.重庆：重庆大学出版社，2009：5-7.

表 3.1 绿色建筑设计实践访谈提纲

序号	访谈内容
1	您是否了解绿色建筑设计?
2	您如何评价自己对绿色建筑设计相关知识和技能的熟悉程度?
3	您觉得绿色建筑重要吗?您对绿色建筑感兴趣吗?
4	您是否参与过绿色建筑设计项目?
5	该项目的基本情况和设计动机是怎样的?
6	绿色建筑设计实践的基本流程是怎样的?
7	在您的绿色建筑设计实践中,是否会遇到什么困难?
8	您是否了解绿色建筑评价体系?
9	您是否在设计实践中使用过绿色建筑评价体系? 如有,满意程度如何?如无,是什么因素阻碍了?
10	您觉得现有绿色建筑评价体系对设计实践的引导效果怎么样?
11	你觉得怎么样的绿色建筑引导是比较有效的?(包括方式、形式、内容等)

(表格来源:作者自绘)

访谈结束后,对访谈音频资料进行整理,最终形成 4.68 万字的访谈记录,作为研究的原始数据。同时,编码与访谈交替进行,即访谈一次,编码一次,然后根据"理论饱和"决定停止访谈采样的时机。在完成第 9 位访谈者的编码时,发现已无新的概念和范畴出现。此后,又进行了 2 次一对一访谈,仍无新的发现,判定已到达"理论饱和",并终止了访谈工作。

3) 编码阶段 1:开放性编码

开放性编码旨在将资料逐步概念化和范畴化,其主要步骤是通过对原始资料逐词、逐行或逐段地阅读和分析,识别出与研究相关的内容赋予标签,然后将相关标签进行归纳总结,形成概念,并进一步提炼出范畴。概念和范畴的命名,既有建筑领域的专业名词,也有使用受访者的原话,还有部分是笔者自己总结提炼的。在开放性编码阶段,笔者通过对访谈资料的整理和分析,贴标签 497 个,形成概念 77 个,提炼出范畴 28 个(用 a 表示),编码示例如表 3.2 所示,编码结果如表 3.3 所示。

表 3.2 开放式编码阶段概念、范畴形成过程示例

编号	原始语句示例	概念化	范畴化
a1	• 一般都是政策要求,尤其是政府投资的项目,很多都是要求绿色建筑两星以上的 • 设计任务书里面就有要求的 • 在投标时,很多时候,标书上要求就是做绿色建筑	• 政策规定 • 设计任务书要求 • 投标要求	外部条件约束
a2	• 我们想,当时觉得那个概念,就是那个学校悬浮在一个草坡之上,觉得它看起来比较绿色,我们应该趁热打铁,把它打造成一个绿色建筑 • 甲方是对它(项目)有一个希望,能够生态、绿色建筑这样一个理念	• 建筑师想法 • 业主自发要求	主观设计意愿

(续表)

编号	原始语句示例	概念化	范畴化
a3	• 这个(绿色建筑)说起来,就是也是一个建筑师的公德心 • 我认为这(绿色建筑)是必要的,这也是社会发展过程当中应该有的方向 • 我觉得现在环境真的挺恶劣的,绿色建筑是必要的 • 这种绿色建筑其实是以后国家的发展战略,都要那个节能节材,我觉得还是应该要普及的	• 职业责任心 • 社会责任感 • 环境问题认知 • 国家战略	绿色建筑理念认同
	……	……	……

(表格来源:作者自绘)

表 3.3 开放式编码得到的概念和范畴

编号	主范畴	初始概念
a1	外部条件约束	政策规定;设计任务书要求;投标要求
a2	主观设计意愿	建筑师想法;业主要求
a3	绿色建筑理念认同	职业责任心;社会责任感;环境问题认知;国家战略
a4	绿色建筑认识	节能环保;人的感受舒适;全寿命周期
a5	绿色建筑兴趣度	需要强主观性;兴趣较低;感觉枯燥
a6	绿色建筑设计便利程度	图方便;随大流;工作量增加
a7	绿色建筑知识储备	绿色建筑设计方法;绿色建筑技术;绿色建筑材料
a8	绿色建筑软件技能	Ecotect 软件;PKPM 软件;建筑性能模拟软件
a9	绿色建筑评价体系了解	对绿建星级的了解;对评分项和措施的了解;对背后原理的了解
a10	设计行业环境	设计周期短;设计任务重;话语权缺少
a11	相关制度支撑	评审机制待改善;缺少监督机制
a12	经济成本限制	控制造价成本;盈利为目标;降低技术成本
a13	技术研发滞后	担心技术不成熟;市场配套产品缺少;使用性能下降
a14	绿色意识薄弱	社会环境观念;业主绿色建筑意识;设计院绿色建筑意识
a15	技术为主导	偏向技术构造层面;建筑专业相关性较低;设备等专业相关性较高
a16	设计倾向性	方案阶段不考虑绿色建筑;注重功能经济美观等
a17	被动配合要求	配合其他专业的要求;满足咨询团队的要求
a18	绿建团队负责	找绿建咨询团队
a19	评价体系缺少整体性	打表格体系;打分数;缺少整体性;比较机械
a20	评价体系难度不合理	一星、二星容易满足;三星很难达到
a21	评价体系琐碎复杂	评分项琐碎;选项模棱两可;指标不直观
a22	评价体系指导性欠缺	对设计指导性较弱

（续表）

编号	主范畴	初始概念
a23	评价体系普及性欠缺	缺少培训；缺少宣讲
a24	达到星级要求	达到要求；通过评审
a25	技术堆砌	凑分数；凑技术措施
a26	形式化	走流程；流于表面；应付
a27	落实程度低	落地简单化；缺少验收
a28	导控体系期待	内容具体；细致化；可实施性；可读性；灵活性；地域性；整体性

（表格来源：作者自绘）

4）编码阶段 2：主轴编码

主轴编码主要通过挖掘开放性编码中得到的范畴之间的内在联系，梳理范畴之间的逻辑关系，并提炼出主范畴的过程。本书借鉴编码范式模式“因果条件—现象—脉络—中介条件—行动或互动策略—结果”①，提炼出的主范畴及其内容如表 3.4 所示。

表 3.4　主范畴释义及包含的内容

主范畴			释义与内容
A1	绿色建筑设计动机	概念	推动设计实践成为绿色建筑设计项目的主要原因和动力
		范畴内容	外部条件约束；主观设计意愿
A2	建筑师知识储备与技能	概念	建筑师的绿色建筑知识了解程度和技能掌握程度
		范畴内容	绿色建筑设计了解程度；绿色建筑软件技能；绿色建筑评价体系了解
A3	外部环境因素	概念	外部行业环境、社会环境、政治环境、经济环境、技术环境等因素
		范畴内容	设计行业环境；制度支撑不足；经济利益限制；技术研发滞后；绿色意识薄弱
A4	绿色建筑设计过程	概念	绿色建筑设计实践过程的特点
		范畴内容	技术为主导；设计倾向性；缺少主动性；咨询团队负责
A5	绿色建筑评价体系因素	概念	绿色建筑评价体系的特征，对绿色建筑设计实践可能造成影响
		范畴内容	打分数体系；难度不合理；评分琐碎复杂；指导性欠缺；普及性欠缺
A6	绿色建筑设计结果	概念	绿色建筑设计实践的结果，即可能达到星级，但未获得预期结果
		范畴内容	技术堆砌；落地简单化；形式化
A7	绿色建筑导控体系建议	概念	对绿色建筑导控体系的期待和建议
		范畴内容	内容具体；细致化；可实施性；可读性；灵活性；地域性；整体性

（表格来源：作者自绘）

① ［美］安塞尔姆·施特劳斯，朱丽叶·科宾.质性研究概论［M］.徐宗国，译.台北：巨流图书公司，1997：112-113.

5）编码阶段3：选择性编码

选择性编码是指在梳理主范畴关系的基础上，提炼出占据中心位置的核心范畴，以“故事线”的方式描述现象和脉络条件，从而构建理论框架。本书中主范畴的典型结构关系如表3.5所示。其中，由于“A7绿色建筑导控体系建议”独立于其他范畴，不将其放入“故事线”中，将另外讨论。

表3.5 主范畴的典型结构关系

典型关系	关系结构	关系结构内涵
设计动机→设计行为	因果关系	政策规定、业主要求、建筑师设计意愿等设计动机是绿色建筑行为的驱动因素，起到重要影响作用
设计行为→设计成果	因果关系	绿色建筑设计过程直接影响绿色建筑成果
评价体系→设计行为	因果关系	绿色建筑评价体系的评价指标、具体要求、评价阶段等直接影响绿色建筑设计行为
知识储备与技能→设计行为	因果关系	绿色建筑设计团队的知识储备与技能会直接影响绿色建筑设计行为
外部环境因素 ↓ 设计动机→设计行为	调节关系	外部环境因素，如设计行业环境、项目经济成本、图审制度支持等，会调节绿色建筑设计动机，从而影响绿色建筑设计行为
评价体系→设计动机	中介关系	绿色建筑评价体系会影响绿色建筑设计动机，进而影响绿色建筑设计行为
评价体系→设计结果	中介关系	绿色建筑评价体系对绿色建筑设计成果有导向作用，从而影响绿色建筑设计行为

（表格来源：作者自绘）

由于本书的研究旨在探寻绿色建筑设计实践的运行机制，尤其关注绿色建筑设计实践与评价体系之间的相互作用，因此，以“绿色建筑设计实践的关键影响因素及其作用机制”为核心范畴，通过“动机—行为—结果”这一主结构的归纳，形成“绿色建筑设计实践机制”的基本故事线(图3.3)。研究形成的故事线为：受外部约束条件(政策规定)和内在自主动力(建筑师设计意愿)等因素的驱动，在外部环境因素和设计团队因素的调节下，开展绿色建筑设计行为，并形成一定绿色建筑设计成果；绿色建筑评价标准对绿色建筑设计行为起主导影响作用，并对设计动机和设计成果有调节作用。

3.1.2 基于问卷调查的量化研究

本阶段主要研究目的是通过量化的方法，验证和深化上一阶段建立的绿色建筑设计实践故事线。为此，本阶段采用问卷调查方式，围绕绿色建筑设计实践的基本特征、主要影响因素和导控需求等三方面设计调研问卷，完整的调查问卷详见附录1。在统计分析方法上，运用SPSS统计软件辅助分析，采用描述性统计方法、卡方检验和Lambda系数进行相关性分析(图3.4)。

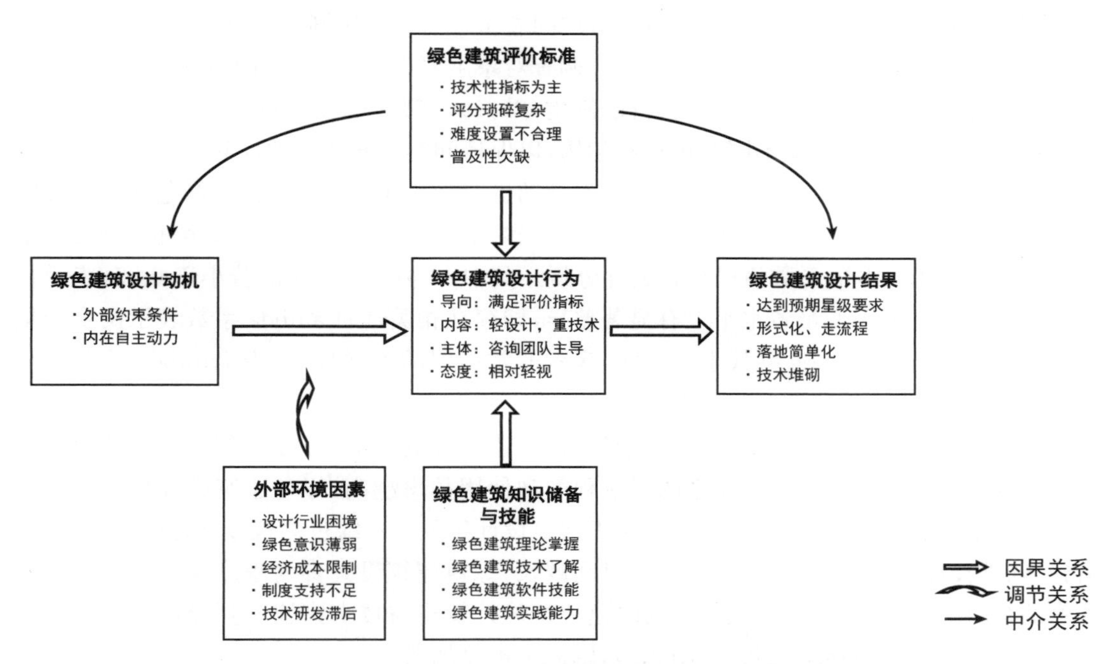

图 3.3 基于“动机—行为—结果”的绿色建筑设计实践故事线

（图片来源：作者自绘）

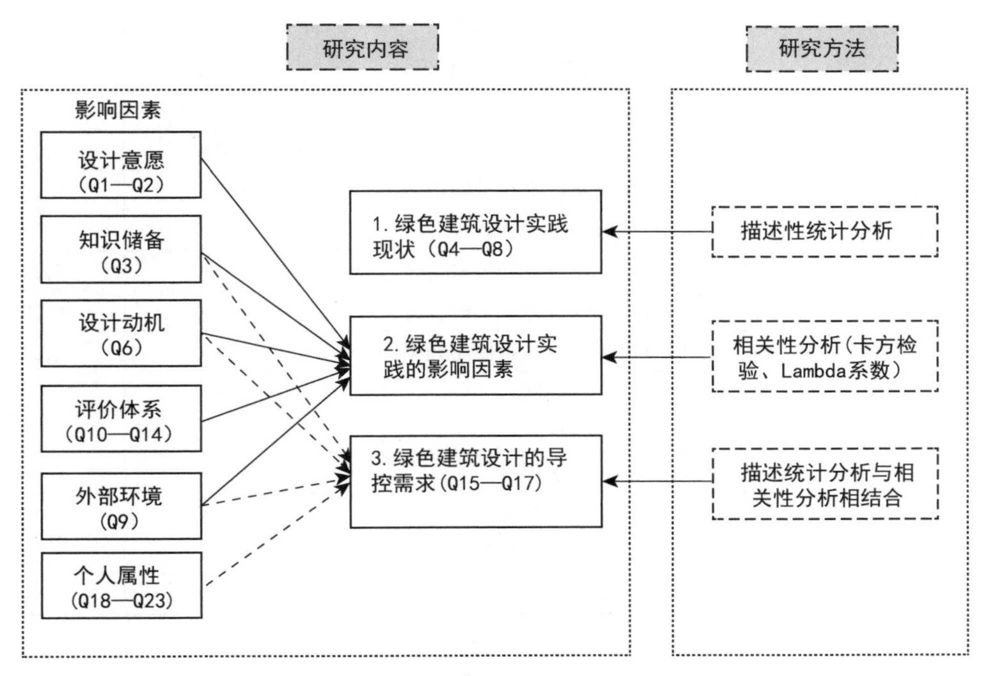

图 3.4 问卷调查阶段分析论证框架

（图片来源：作者自绘）

本次问卷调研时间为 2019 年 4 月，通过“问卷星”平台，采用网络发放的形式，一共回收问卷 185 份，收回的问卷全部为有效问卷。调查对象主要为浙江省杭州市的建筑师，主要来自建筑设计院/事务所(58%)和高校/科研机构(22%)，67%以上的调查对象从事建筑设计行业在五年以上，同时涵盖不同的年龄和学历，以保证问卷调研的有效性和可靠性。

以“绿色建筑设计参与度”为因变量，“设计动机”“绿色建筑设计意愿”“绿色建筑设计知识储备与技能”“绿色建筑评价体系的熟悉程度”和“个人属性”为自变量，采用针对分类变量的卡方检验和 Lambda 系数值进行相关性分析。其中，卡方检验 sig 值若小于 0.05，表示自变量各水平类别在因变量各水平上有显著差异，即存在相关性；Lambda 系数表示两个变量间的关联强度，当 Lambda 系数小于 0.20，表示非常微弱的关联程度，当 Lambda 系数在 0.20～0.40 之间，表示低度关联程度①。

由表 3.6 和表 3.7 可知，绿色建筑设计实践的重要影响因素包括：①绿色建筑评价体系的熟悉程度。对绿色建筑评价体系的了解程度和使用频率越高，绿色建筑设计参与程度越高。②绿色建筑设计知识储备与技能、从事建筑设计年限。对绿色建筑设计理论知识、技术措施、软件技能等越熟悉，从事建筑行业时间越长，绿色建筑设计参与程度越高。其中值得注意的是，在知识储备中，“地域适宜的绿色建筑设计策略与技术措施”与“绿色建筑设计参与度”相关性最强，但熟悉度较低(图 3.5)，因此更需要加强。

表 3.6 绿色建筑设计影响因素卡方 sig 值和 Lambda 系数值

类别	变量	卡方 sig 值	Lambda 系数值
设计动机	绿色建筑设计动机	0.002	0.044
绿色建筑设计意愿	绿色建筑设计感兴趣程度	0.012	0.106
	绿色建筑设计重要性认识	0.068	
绿色建筑设计知识储备与技能	绿色建筑设计理论与方法	0.000	0.050
	绿色建筑技术相关知识	0.000	0.150
	绿色建筑设计软件	0.000	0.155
	地域适宜的绿色建筑设计策略与技术措施	0.000	0.245
绿色建筑评价体系的熟悉程度	绿色建筑评价体系了解程度	0.000	0.220
	绿色建筑评价体系使用频率	0.000	0.219
个人属性	性别	0.433	
	年龄	0.062	
	学历	0.046	0.068
	工作单位	0.000	0.069
	从事建筑设计年限	0.000	0.206
	主要接触建筑类型	0.037	

注：当卡方 sig 值大于 0.05 或题目为多选题时，Lambda 值无法计算。
(表格来源：作者自绘)

① 吴明隆.问卷统计分析实务：SPSS 操作与应用[M].重庆：重庆大学出版社，2010：320-327.

表 3.7　绿色建筑设计实践影响因素统计分析图表

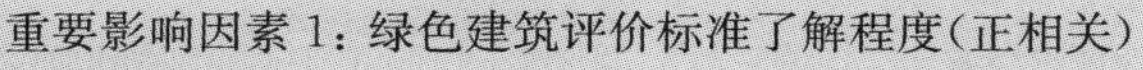
重要影响因素 1：绿色建筑评价标准了解程度(正相关)

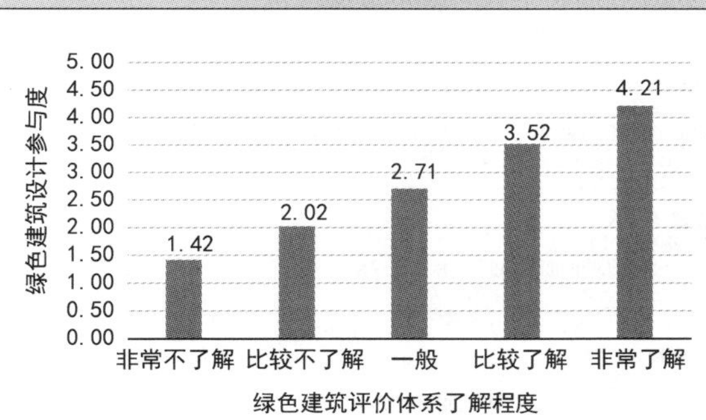

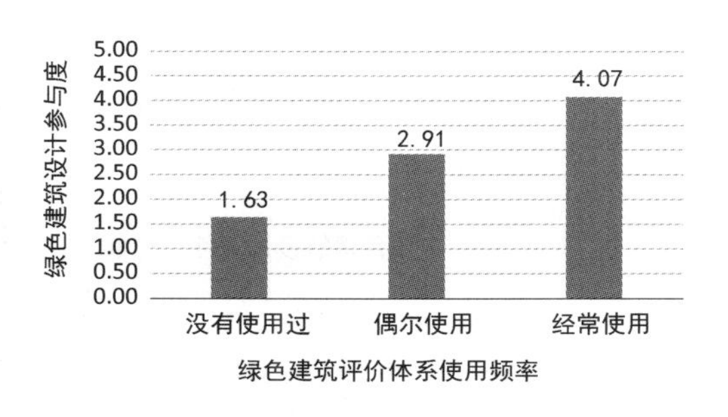

重要影响因素 2：绿色建筑知识储备与技能、工作年限(正相关)

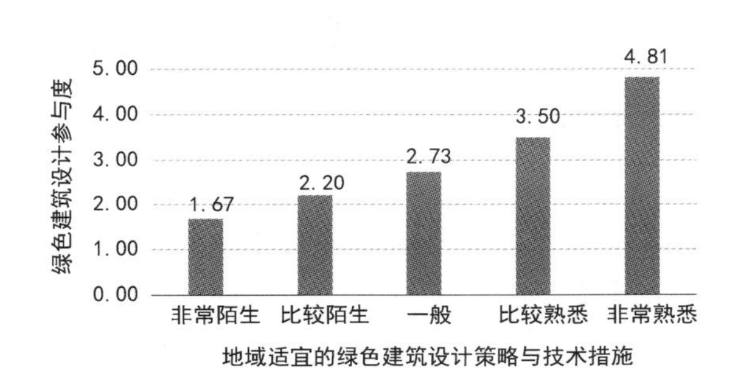

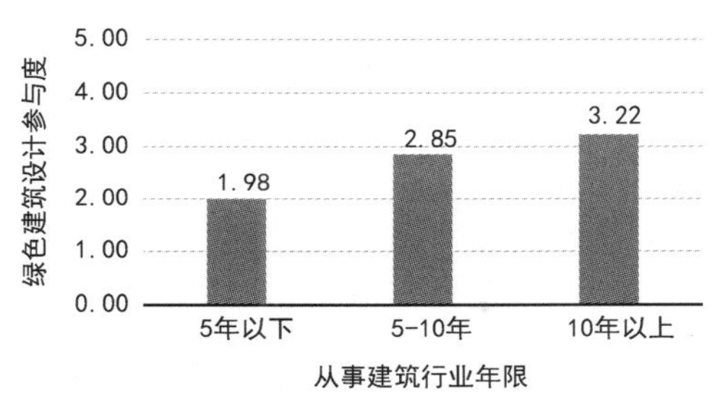

次要影响因素：绿色建筑设计动机、主要接触建筑类型

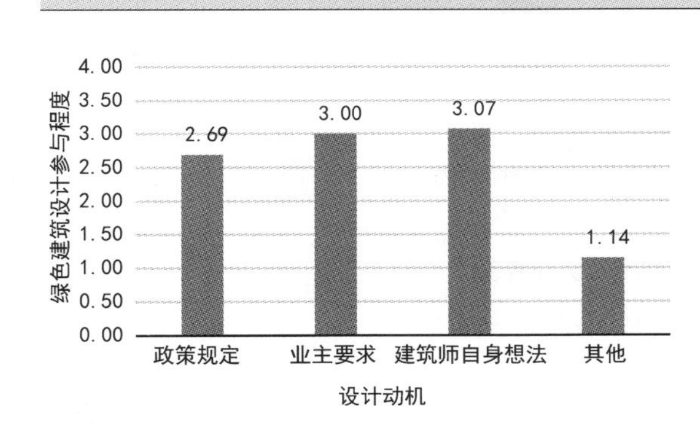

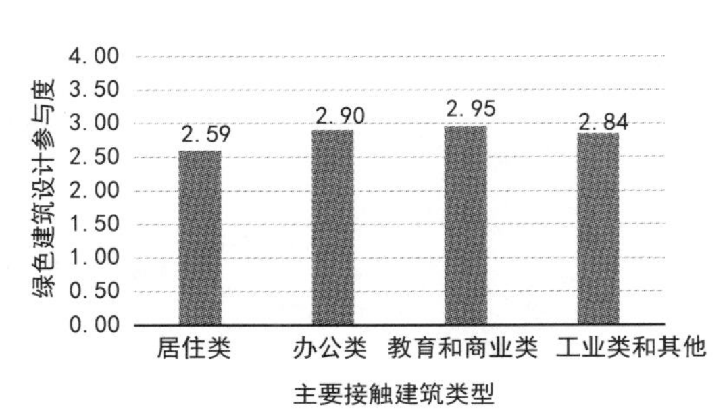

(表格来源：作者自绘)

绿色建筑设计实践的次要影响因素包括：①建筑类型。居住类建筑的绿色建筑设计参与度较低，办公类、教育和商业类等公共建筑的绿色建筑设计参与度较高。②绿色建筑设计动机。以建筑师自身想法和业主要求为设计动机的绿色建筑设计参与度类似，均高于以政策规定为设计动机的参与度。但在实践中，政策规定是绿色建筑设计的主要驱动力，占67.9%，其次是建筑师自身想法(23.9%)和业主出于经济成本等考虑的要求(4.3%)(图 3.6)。

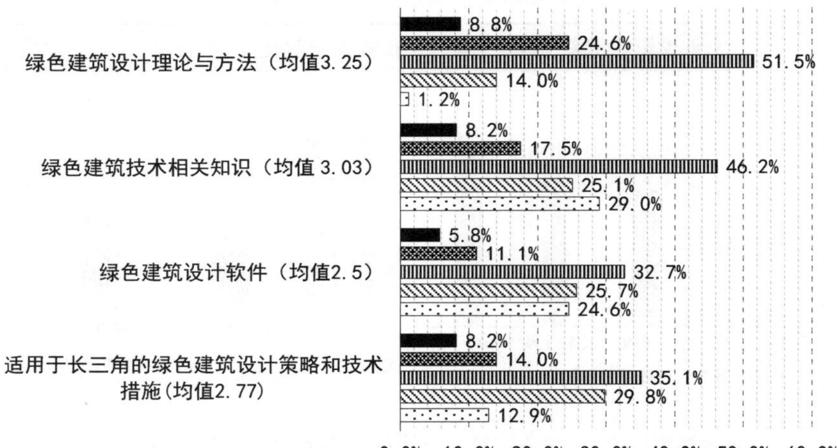

图 3.5 绿色建筑知识储备与技术熟悉程度分析图

（图片来源：作者自绘）

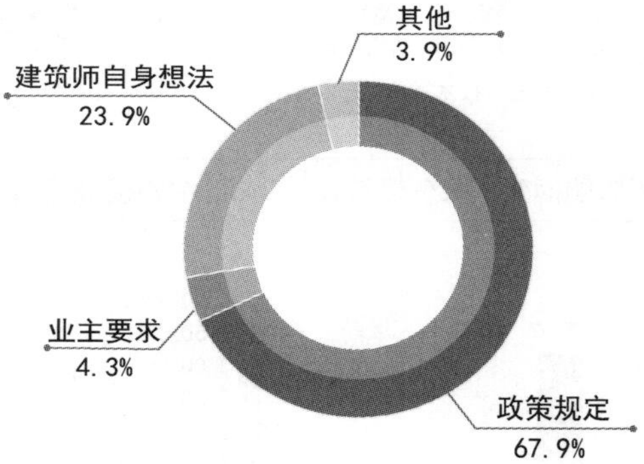

图 3.6 绿色建筑设计动机分析图

（图片来源：作者自绘）

虽然其他因素，如绿色建筑设计感兴趣程度、性别、学历、工作单位等在卡方检验和 Lambda 系数值分析中呈现一定相关性，但在后续的统计分析图表中并没有呈现有意义的相关，本节不再详细分析。

3.1.3 评价导向下的绿色建筑设计实践困境与导控需求

基于针对建筑师的问卷调研结果，对 3.1.1 节中“基于‘动机—行为—结果’的绿色建筑设计实践故事线”进行深化和完善，形成绿色建筑评价标准与设计实践作用机制，如图 3.7 所示。

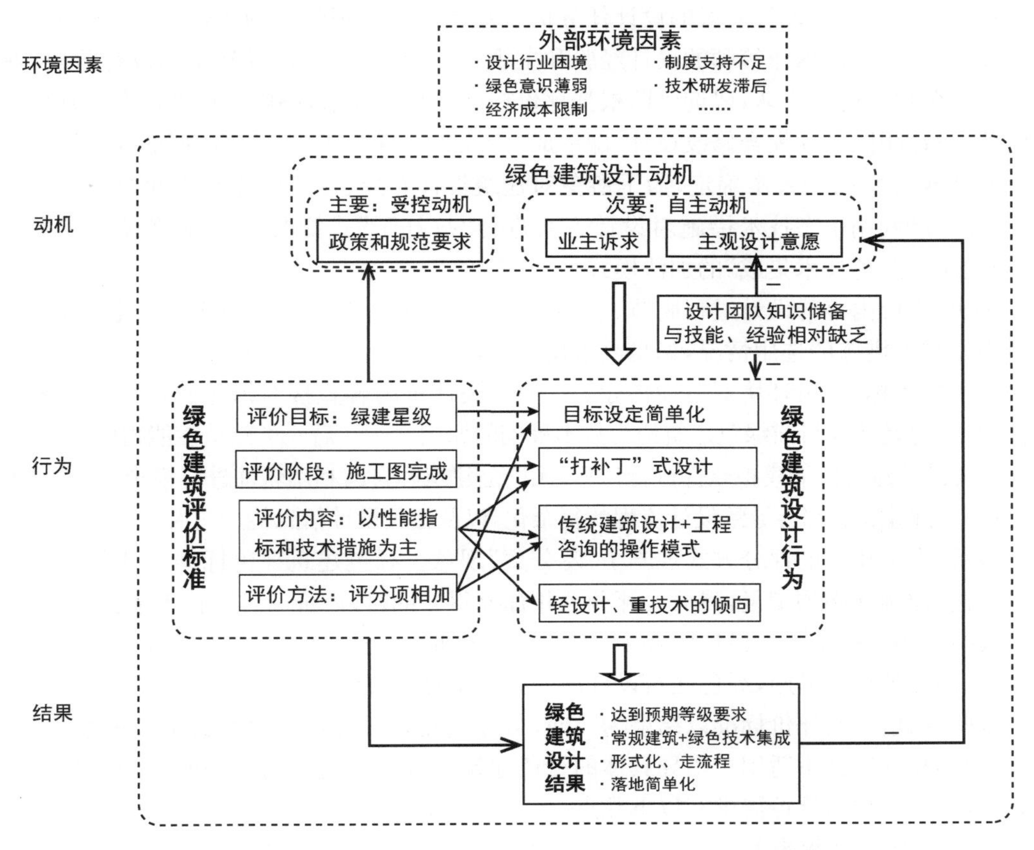

图 3.7　当前绿色建筑评价标准与设计实践作用机制示意图

（图片来源：作者自绘）

具体而言，在多方因素的综合作用下，当前绿色建筑设计实践容易演变为评价导向下的绿色建筑设计。其中，设计动机是前置因素，政策规定和规范要求成为绿色建筑设计的主要驱动力，导致设计目标的简单化，以及设计团队的绿色建筑设计意愿与设计参与度的降低；设计团队的绿色建筑知识储备、技能与经验是直接影响因素，知识储备、技能与经验相对缺乏既限制绿色建筑设计的开展，同时会削弱绿色建筑设计意愿；外部环境因素，如设计行业周期较快、建筑师话语权缺乏、绿色意识普遍薄弱、项目经济成本控制、相关制度支撑不足、技术研发滞后等也限制了绿色建筑设计的进行。同时，绿色建筑评价标准成为绿色建筑设计实践的主导因素，影响着设计目标、流程和方法，并对最终设计成果起着导向作用，但也由此引发一些问题：

首先是目标设定的简单化。绿色建筑目标被简化为达到一定星级的绿色建筑标识要求，致使对绿色建筑本质和内涵的忽视。由于绿色建筑评价标准是针对普遍情况制定的，简单地套用容易导致对气候、地理、经济等地域特征和场地特点、具体项目情况的忽视。

其次，评价阶段相对靠后，绿色建筑设计介入晚。在不同版本的评价标准中，设计评价都是对建筑工程施工图的审查和评价。结合前文调研，评价标准主要影响施工图阶段和扩初设计阶段。在方案设计阶段的设计任务仍以建筑功能美观经济为主，绿色建筑相关考量相对较少，且主要依据建筑师的设计经验和主观判断；在扩初设计或施工图设计阶段，业主会聘请绿色建筑咨询团队，咨询团队根据评价标准的相关要求，将修改意见按专业划分给设计团队，设计团队被动配合修改设计，即形成“传统的建筑设计＋工程咨询”的操作模式。由于此时建筑方案已经基本确定，为了避免对建筑群体布局、建筑形体和空间布局等进行大改，往往只能利用生态技术措施对设计方案进行“打补丁”式修改①，使最终设计成果变为“常规建筑＋绿色技术集成”的加法模式。

再次，评价内容与设计过程脱节。如前文所述，现行评价标准的内容主要包括两大类：一是生态技术措施的选用情况，如是否采用太阳能热水系统、雨水回收利用系统等；二是绿色建筑性能指标，如风环境舒适性指标等。前一类评价内容直接对绿色建筑技术方案起导向性影响，也是造成目前绿色建筑沦为技术堆砌的原因之一。后一类建筑性能指标并不直观，往往需要借助建筑性能模拟软件进行计算，无论是建筑师自己利用软件进行模拟，还是委托给绿色建筑咨询团队，都会导致设计流程的复杂化，以及相关设计信息传达的滞后和碎片化。

最后，直接相加的评分方式加剧了“凑分数”现象。绿色建筑评价标准的评分方式较为简单直接，控制性必须满足，得分由评分项相加而得。同时，评价内容以技术措施为主，涉及被动式措施相对较少。在设计实践中，为了达到预期的评价等级，建筑师往往根据评分项的需要，采用多种技术措施，绿色建筑设计演变为凑指标、凑措施。

因此，绿色建筑评价标准以结果为导向，与绿色建筑设计过程存在脱节的关系，其评价阶段、内容和方法都不适用于指导具体的绿色建筑设计。在梳理前文的问卷调查和访谈的基础上，本书归纳出导控需求有以下几点：

1）加强地域性指导

绿色建筑具有地域属性，受到气候情况、地理特征、经济技术、社会人文等因素的影响，但目前绿色建筑评价标准强调通用性，缺乏地域适宜性。通过前文的调研，建筑师对地域适宜的绿色建筑设计策略和技术措施了解程度越高，绿色建筑设计的参与程度越高。因此，绿色建筑设计导控体系有必要加强地域适宜性。

2）内容具体，可操作性强

绿色建筑设计导控体系需要针对设计过程的特点，提供具体而有效的信息，包括绿色建筑相关技术资料、绿色建筑设计方法和策略、绿色建筑相关案例和经验等，以引导绿色建筑设计全过程。同时，导控体系通过提供绿色建筑设计相关信息也可以丰富设计团队的绿色建筑知识储备，从而增进其在绿色建筑设计中的参与度。

3）形式多样，可读性强

目前，绿色建筑标准普遍以条文形式呈现，较为严谨，但可读性较差。因此，绿色建筑设计导控体系需要在信息呈现和传达上符合使用者的特点，即以建筑师为主导的设计团队的思维特征和习惯，采用更丰富和多样的表达形式，同时保证绿色建筑导控信息传达的准确性和易读性。

---

① 刘凯英，田慧峰.基于《绿色建筑评价标准》的绿色建筑设计流程优化[J].施工技术，2014，43(4)：60-62.

4）动态调整，及时更新

随着技术的进步和社会的发展，绿色建筑的设计重点和策略会随之改变。因此，绿色建筑设计导控需要建立动态调整的更新机制，根据设计实践的反馈不断地调整和完善，融入绿色建筑的新理念、新技术和新方法。

3.2 绿色建筑设计导控体系的相关理论基础

在明确对绿色建筑设计过程实施导控必要性的基础上，本书对绿色建筑设计导控体系的研究还需明确以下几个核心问题：

① 如何对绿色建筑设计进行导控？

② 绿色建筑设计导控信息是如何传达的？

③ 如何构建绿色建筑设计导控体系？

上述问题可进一步精炼为绿色建筑设计导控的运作模式、传达途径和构建方法，也是构建绿色建筑设计导控体系的重点。因此，本书通过跨学科的研究方式，立足绿色建筑设计，借鉴系统控制论、信息科学理论等相关理论的核心概念，试图解释绿色建筑设计导控体系中的关键问题，完成从问题到方法的认知与应对（图 3.8）。

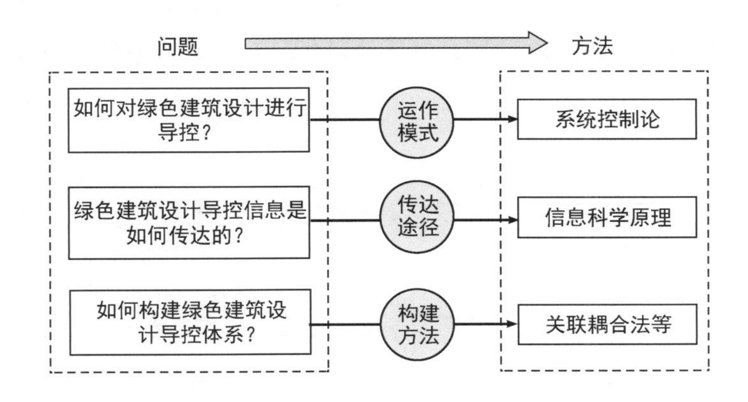

图 3.8 绿色建筑设计导控中核心问题及理论基础

（图片来源：作者自绘）

3.2.1 运作模式基础：系统控制论

系统控制论可视为控制论和一般系统论的有机结合，集中了两者的核心理念和思维方法[①]，即在认识系统的整体性、关联性、层次性、动态平衡性等基本特征和系统的运作规律的基础上，对系统施加控制作用，使之向预期目标变化或发展。

控制论（Cybernetics）理论诞生于 20 世纪 40 年代，是工程学、物理学、医学、统计学等多

① 宋健.系统控制论[J].系统工程理论与实践，1989，9(3)：1-5.

学科交叉的产物。1948 年，美国科学家罗伯特·维纳（Nobert Wiener）发表专著《控制论（或关于在动物和机器中控制和通信的科学）》，被视为控制论诞生的标志。控制论是一门研究各种系统中信息调节和控制规律的学科①，主要思路是通过对系统施加控制作用，使之向预期目标变化或发展，其实质是对系统多种发展可能性的选择。实施控制的核心在于反馈，指系统输出的信息反过来作用于输入端，对系统进行调节；反馈分为正反馈和负反馈，控制论主要研究负反馈，其作用是调节系统在运行过程中受到干扰产生的目标偏离（图 3.9）。

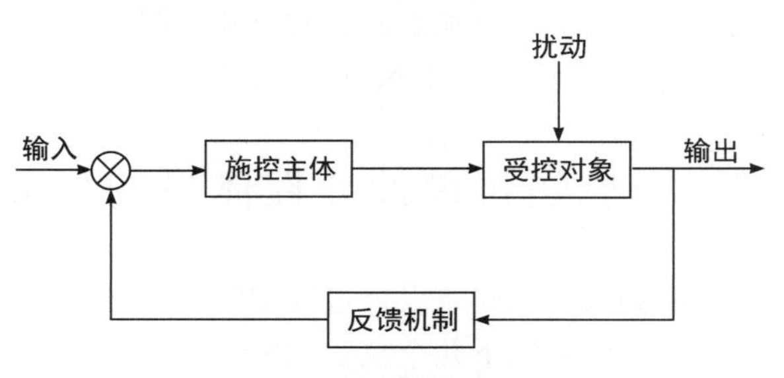

图 3.9 控制系统的基本架构

（图片来源：改绘自王雨田.控制论、信息论、系统科学与哲学[M].2 版.北京：中国人民大学出版社，1988：50.）

早期的控制论主要用于工程系统，研究者聚焦稳态系统的负反馈机制和循环因果，以量化的、客观的角度看待系统。20 世纪 70 年代，海因茨·冯·福尔斯特（Heinz von Foerster）等学者提出“二阶控制论”（Second Order Cybernetics），将观察者角色和效应纳入控制系统中，尤其在社会系统和组织中，观察者自身的立场、观点和理念难以完全独立，很有可能会对系统产生影响②（图 3.10）。90 年代后，社会控制学（Social Cybernetics）开始兴起，在吸取控制论的核心概念的基础上，发展出退馈、自反性、自繁殖、自组织系统等理论③，应用于研究社会系统中。

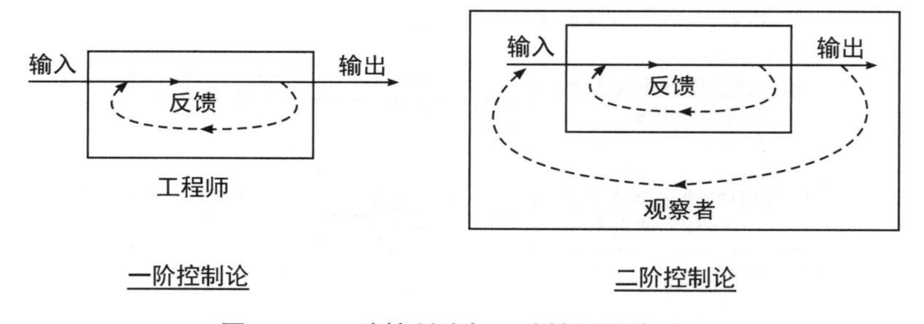

图 3.10 一阶控制论与二阶控制论的对比

（图片来源：万百五.二阶控制论及其应用[J].控制理论与应用，2010，27(8)：1053-1059.）

至此，控制论相关原理广泛应用于工程领域和经济社会等领域。有学者认为，早在 20 世纪 60 年代，控制论的一些理念通过生态科学等学科渗透到绿色建筑领域中，如伊恩·麦克哈格（Ian McHarg）的生态学设计方法可视为一阶控制论的具体体现，他认为在景观设计中应通过生态演替模型来控制景观变化，最终实现生态系统“演替顶级”的平衡状态④。近

① 李传翘.控制论、信息论及其哲学思考[J].广东机械学院学报，1995(2)：91-95.
② 万百五.二阶控制论及其应用[J].控制理论与应用，2010，27(8)：1053-1059.
③ 万百五.社会控制论及其进展[J].控制理论与应用，2012，29(1)：1-10.
④ 张子豪，刘浔.控制与不确定性：对原型思维范式的展望[J].景观设计学，2020，8(4)：10-25.

年来，绿色建筑领域引入控制论，用以研究绿色建筑适应外部环境的原理①、探索地域绿色建筑设计②等。本书将绿色建筑视为“高度复杂的系统工程”③，通过系统控制论的引入，解释绿色建筑设计导控的运作模式和内在机制。

3.2.2　信息传达原理：信息科学理论

控制论的作用对象是信息，信息运作是控制的关键④。绿色建筑设计导控的实质是绿色建筑设计导控信息的传达和反馈过程。因此，本书引入信息科学原理中信息过程模型、信息传达原理等核心概念，将其作为分析绿色建筑设计导控信息的运作方式和内在规律的理论支撑。

1）信息过程模型

信息过程模型主要用于解释信息运动的基本规律，可概括为“利用信息、通过控制、优化系统”⑤，分为本体论信息产生、信息获取、信息传递、信息认知、信息再生和信息施效等六个子过程（图3.11）。具体来说，主体通过信息的感知和识别等环节获取信息，经过信息的传递和各种信息处理手段，形成对对象的基本认知，在此基础上“再生”策略信息（第二类认识论意义的信息⑥），通过信息的施效作用于对象上。其中，信息再生是整个信息过程模型的核心，主要通过对相关信息、知识、目标的综合操作，形成应对问题的策略；信息施效则是执行策略信息的环节，往往会产生控制行为，通过发挥策略信息的效用，调整对象状态变化方式，从而引导系统达到目的状态。

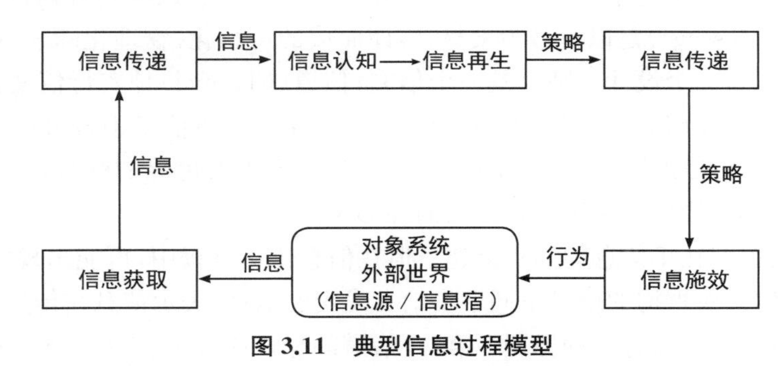

图3.11　典型信息过程模型

（图片来源：钟信义.信息科学原理[M].3版.北京：北京邮电大学出版社，2002：19.）

2）信息传达原理

传达，译自“communication”，指收、发信人之间信息或符号的交换。如图3.12所示，信

① 夏博，宋德萱，史洁.绿色建筑中的控制原理[C]//建设部，科学技术部，等.第二届国际智能、绿色建筑与建筑节能大会论文集.北京：中国建筑工业出版社，2006：6.

② 魏秦.地区人居环境营建体系的理论方法与实践[M].北京：中国建筑工业出版社，2013：83-84.

③ 王竹，王玲.绿色建筑体系的导衡机制[J].建筑学报，2001(5)：58-59.

④ 王玮，董靓.基于控制论的社区参与公共空间设计方法研究[C]//住房和城乡建设部，国际风景园林师联合会.和谐共荣：传统的继承与可持续发展：中国风景园林学会2010年会论文集.北京：中国建筑工业出版社，2010：3.

⑤ 钟义信.信息科学原理[M].3版.北京：北京邮电大学出版社，2002：15-19.

⑥ 信息科学原理中，将被主体感知到的信息称为第一类认识论意义的信息，由主体视为产生的信息称为第二类认识论意义的信息.引自钟义信.信息科学原理[M].3版.北京：北京邮电大学出版社，2002：15-19.

息传达过程以信道为中介，连接着发信人端的编码过程和收信人端的解码过程。发信人以既可感知、又可承载内容的符号为媒介，按照双方认可的规则将信息转换为信文，通过特定的信道传至收信人。收信人通过同样的规则对信文进行解码，重构出发信人端的信息。

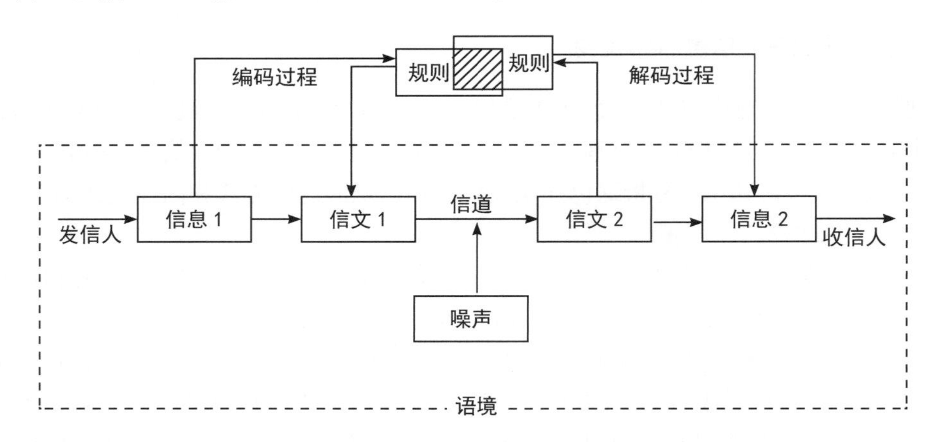

图 3.12　信息传达的基本过程

（图片来源：改绘自张宪荣.计符号学[M].北京：化学工业出版社，2004：23.）

从图 3.12 中可见，信息传达的构成要素包括发信人、收信人、编码规则、信文、信道和语境。其中，信文(Message)是以符号为素材，转译而成的可感化、物理化的表现体，如一份设计文件是一个信文，一个设计导则也是一个信文；信道(Channel)是实行信文传递和复制的通道，如书(信文)对应印刷媒体(信道)；编码规则(Code)是指信息中符号所有编码规则的总和；语境(Context)是指符号所构成的虚拟世界与客观现实世界的联系，可作为约束解码或帮助解码过程尽可能接近编码原始意图的外部条件①。

信息传达的关键在于信息的如实重建。但在信息传达过程中，可能出现“信息 1≠信息 2”的现象，即收信人所重构的信息不同于发信人发出的信息，表示信息在传达过程中出现了信息失真。信息失真往往有两种原因：第一，信道的噪声引起的信文失真；第二，收信人和发信人在解码或编码过程中使用的规则不同。

总的来说，信息过程模型和信息传达原理的引入，有助于分析和解释绿色建筑设计导控信息在不同主体之间和不同阶段之中的流动过程和作用方式，以作为明晰导控信息的具体内容和表达方式的基础。

3.2.3　建构方法借鉴：关联耦合法等

1）关联耦合法

绿色建筑设计可视为一个高度复杂的系统，本书引入关联耦合法，以揭示地域因子与绿色建筑设计导控要素之间的相互作用机制，从而建构具有地域适宜性的绿色建筑设计导控

① 林隽.面向管理的城市设计导控实践研究[D].广州：华南理工大学，2015.

内容。

"耦合(Coupling)"概念来源于物理学,指两个或两个以上的系统之间通过相互作用而彼此影响以至联合起来的现象①。耦合现象广泛存在于多种自然、人工和社会系统中,尤其在复杂系统中,要素之间的关联往往是耦合关系。"关联耦合法"源于城市设计领域,源于"linkage theory",也被译为"联系理论"或"连接理论",用于研究城市结构中各要素及其相互作用关系对城市设计的影响②。关联耦合法指遵循各要素之间的作用规律,探索相应的设计方法,其中"关联"指要素之间的关系,强调系统性和关联性;"耦合"指各要素之间的作用规律,强调作用法则的复杂性和作用结果的综合性③。关联耦合法由三个基本步骤构成:一是找寻耦合要素,梳理相互联系、相互作用的要素;二是确定耦合方式,探讨要素之间的相互关系和作用机制;三是表达耦合结果,以适当的方法将要素经过耦合作用的结果表达出来。

2) 生物气候设计

气候特征是影响绿色建筑设计的重要因素,生物气候设计(Bioclimate Design)方法有助于解析气候因子对绿色建筑设计的作用机制。生物气候设计的核心理念是建立气候条件、人体舒适与建筑设计的关系,借助生物气候学方法模型,针对气候提出相应的建筑设计策略,以合理利用太阳辐射、风等气候资源。自 1963 年维克多·奥戈雅(Victor Olgyay)首次提出"生物气候地方主义"理论和生物气候图法起,多位学者对生物气候分析法进行优化和改进,如吉沃尼(Givoni)和米尔恩(Milne)的 G-M 生物气候图、沃特森(Watson)生物气候图、埃文斯(Evans)的"热舒适三角法"、伦敦建筑协会提出的马霍尼(Mahoney)生物气候列表法等。同时,一些建筑师结合建筑设计实践,提出类似的基于气候的设计方法和理论,如印度建筑师查尔斯·柯里亚(Charles Correa)提出的"形式追随气候"设计方法论、马来西亚生态建筑师杨经文提出的"生物气候摩天楼"理论和实践等。

建筑气候分析理论和方法在 21 世纪初引入国内,并得到快速的发展,具体研究思路包括建筑气候设计方法与流程的探讨、具体地区与实际项目中的应用、传统民居建筑气候适应性分析、被动式设计气候分区等。

近年来,随着 Weather Tool、Climate Consultant 等建筑气候分析软件的成熟,以及建筑气候数据库的建立,生物气候设计方法得到更广泛和便捷的应用。需要注意的是,生物气候设计方法主要应用于早期设计阶段,提供原则性的设计策略和方向,对深化设计和细部设计的指导意义较弱,且难以评价和判断设计过程中措施的有效程度。

3) 价值工程理论

价值工程(Value Engineering, VE)是一种管理思想和方法论,最早由美国工程师劳伦斯·麦尔斯(Lawrence Miles)于 20 世纪 40 年代创立。价值工程以功能分析为核心,以价值提升为目的,力图以最低的全寿命周期成本实现必要功能④。

① 成玉宁,袁旸洋,成实.基于耦合法的风景园林减量设计策略[J].中国园林,2013,29(8):9-12.

② 宋代军,杨贵庆."关联耦合法"在城市设计中的运用与思考[J].城市规划学刊,2007(5):65-71.

③ 同②.

④ 贾小艾.夏热冬冷地区绿色办公建筑适宜性技术评估[D].南昌:华东交通大学,2012.

价值工程理论认为，提高价值的先决条件是可靠地实现使用者的功能需求，在此基础上追求最低的全寿命周期成本，此时对应的功能为“最适宜功能水平”。按此最低点进行设计，并非面面俱到地追求全面的功能实现，而是通过减少不必要或过剩的功能，有效降低全寿命周期成本。绿色建筑全寿命周期与建筑功能之间也存在类似的关系。按价值工程理论的观点，绿色建筑的功能是指绿色建筑所体现的生态效益、经济效益和社会效益等满足人们需求的属性；全寿命周期则是涵盖建筑的前期策划、设计、施工、使用到拆除的全过程。绿色建筑设计需要从整体性和系统性出发，对成本和功能做出平衡和取舍，实现最大化的“价值”。

4）螺旋开发模型

为明确绿色建筑设计导控体系的构架程序，强调其动态调整、迭代优化特点，本书引入螺旋模型(Spiral Model)加以诠释。螺旋模型是软件开发模型之一，最早由巴利·玻姆(Barry Boehm)于1988年提出，其主要特点是螺旋上升、逐步演进、快速迭代，尤其适用于大型复杂系统的开发。螺旋模型将开发过程分为逐渐细化的螺旋周期序列，从中心线开始，顺螺旋线往外走，逐步细化和完善系统①②。每个螺旋周期由四个基本步骤组成：制定计划、评估分析、设计开发和用户反馈。上一个螺旋周期中的用户反馈成为下一个周期制定计划、评估分析的依据，不断反复迭代，直至达到预期效果(图3.13)。

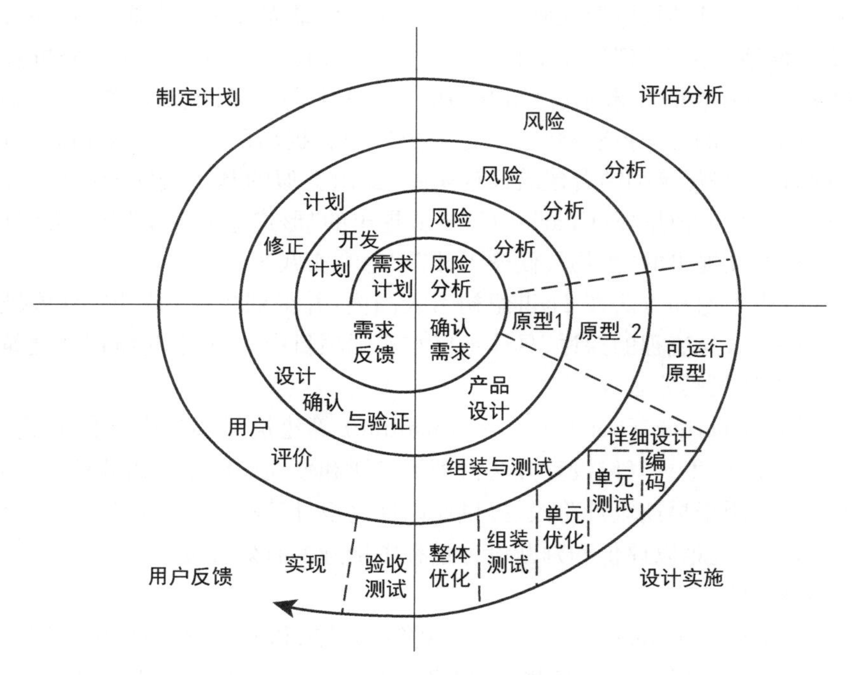

图3.13 螺旋开发模型

(图片来源：陆惠恩，陆培恩.软件工程[M].2版.北京：电子工业出版社，2002：10-11.)

① 齐瑀，王春森，孙宇辉.螺旋模型在开发专家系统中的应用[J].计算机工程，1997，23(4)：53-55.

② 李章兵.用螺旋模型开发多媒体CAI课件[J].电化教育研究，2001，22(3)：65-67.

3.3 本章小结

本章通过基于扎根理论的质性研究和基于问卷调查的量化研究相结合，揭示当下绿色建筑评价标准与设计实践作用机制，指出评价标准是影响目前绿色建筑设计实践的重要因素，但评价导向下的绿色建筑设计实践存在目标简单化、“凑分数”等问题。通过上述分析，本章指出绿色建筑设计导控的必要性，并从导控内容、形式和特点等方面总结了导控需求。

在明确导控的必要性的前提下，本章引入系统控制论、信息科学理论等作为建立绿色建筑设计导控体系的基础。其中，系统控制论作为绿色建筑设计导控体系的运作模式基础，引入系统、控制、反馈等概念，以阐释绿色建筑设计导控的可行性和作用方式；信息科学理论用于揭示绿色建筑设计导控体系中信息传达的作用机制。此外，本章通过借鉴关联耦合法、价值工程理论、螺旋开发模型等相关理论，明确绿色建筑导控体系的构建方法。

4　绿色建筑设计导控的概念建立与认知框架

通过前述的分析可知，绿色建筑评价标准与设计过程的脱节，是引发目前绿色建筑设计实践中“技术堆砌”“凑分数”等问题的根源之一。本书认为，绿色建筑设计导控是理解和解决当下绿色建筑设计实践困境的一种求解，通过建立面向设计过程、强调地域适宜性和刚弹性结合的导控体系，对绿色建筑设计过程和成果进行引导和控制。在借鉴系统控制论、信息科学理论等理论的基础上，本章试图建立绿色建筑设计导控的认知框架，明晰绿色建筑设计导控的核心概念、内在机制，并从信息流动的角度阐释导控体系与绿色建筑设计过程的作用机制。

4.1　绿色建筑设计导控实施的逻辑基础

4.1.1　导控体系的构建目的：调控结果，引导设计

1）形成“指导—反馈”闭合路径

绿色建筑设计导控体系的构建目的之一是打破绿色建筑研究与设计实践的隔阂，形成由“研究”指导“设计”的反复迭代过程，以提高绿色建筑设计的科学性和合理性。一方面，绿色建筑设计导控体系是在绿色建筑相关研究的基础上建立的，为绿色建筑设计实践提供科学的、可验证的决策依据；另一方面，绿色建筑设计实践的过程与成果可以验证导控体系中内容的有效性，进而提炼和归纳出适宜的设计策略、技术措施等，作为导控体系的循证数据库和知识库，以完善和更新导控体系。至此，形成了从导控体系到设计实践的“指导—反馈”闭合路径(图 4.1)。

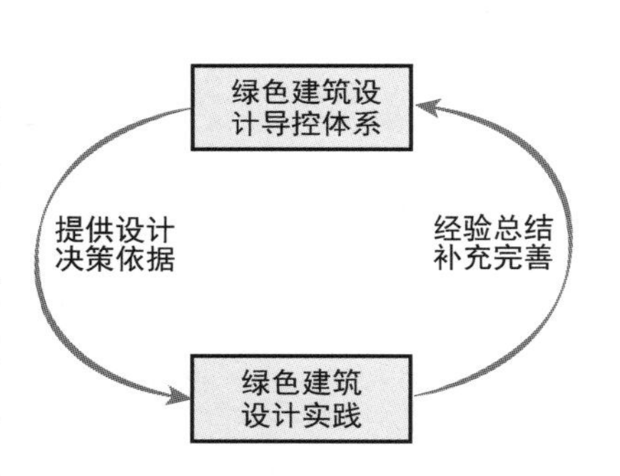

图 4.1　从绿色建筑导控体系到设计实践的闭合路径

(图片来源：作者自绘)

2）过程引导，成果调控

借鉴控制论的观点，绿色建筑设计导控是一个“在矛盾与冲突中寻求整体最优解”的过程，其实质是通过多种手段和方式，对绿色建筑设计过程进行调控，使之朝预期方向发展变化的作用过程。因此，绿色建筑设计导控不仅面向设计成果，明确绿色建筑设计的目标与方向，更着眼于设计过程，服务于建筑设计团队，通过对关键设计要素的导控，不断纠正出现偏差的设计要素，保证建筑设计走在达成预期绿色性能目标的道路上。

3）整合多专业、多学科，普及绿色建筑设计理念

绿色建筑设计涉及物理学、环境学、心理学、美学等诸多学科(图 4.2)，需要建筑、结构、

暖通、电气、景观等多个专业的设计人员配合。针对现阶段绿色建筑设计中专业相对割裂的现状，绿色建筑设计导控体系提供整合的导控信息，以促进多专业、多学科的合作。

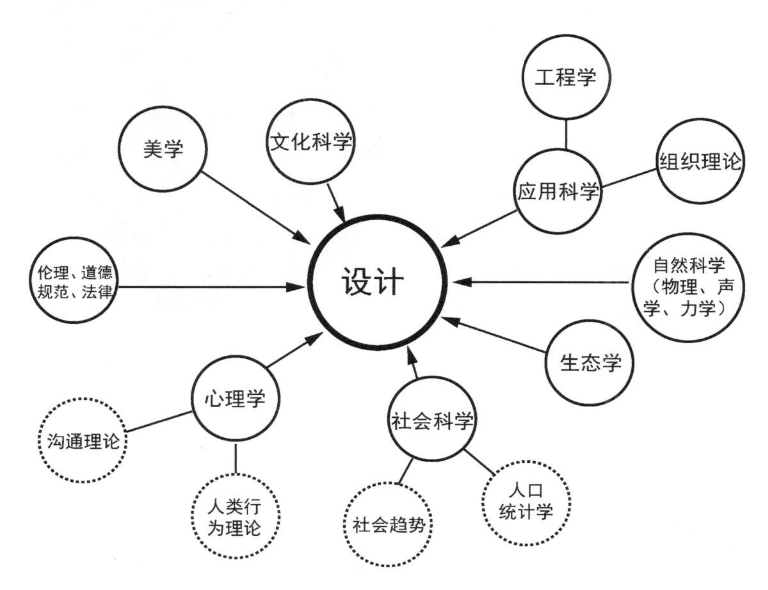

图 4.2 设计学科知识结构的复杂性示意图

（图片来源：[德]沃尔夫 · 劳埃德.建筑设计方法论[M].孙彤宇，译.北京：中国建筑工业出版社，2012：27.）

对业主和公众而言，绿色建筑设计导控体系提供了解绿色建筑意义、价值与原理的一种渠道，可提高业主和公众的意识，消除绿色建筑等同于高技术、高投入等认识误区，提高业主和公众选择绿色建筑和生态技术的意愿，从而推动绿色建筑的发展。

4.1.2 “导”与“控”的内涵辨析：把握重点，刚弹性结合

“导”和“控”是绿色建筑设计导控体系的核心概念和实现手段。“导”，即引导，通过建议、鼓励、引导等非强制性手段引导事物向预期方向发展，目的在于引导正面效应；“控”，即控制，通过强制性手段促使受控对象达到控制目标，目的在于避免和降低负面效应（表 4.1）。

表 4.1 “导”与“控”的关系

	“导”	“控”
释义	通过建议、鼓励等非强制手段引导事物的发展	通过强制性手段促使受控对象达到预期目标
特点	指导性、弹性	控制性、刚性
目的	引导正效应	控制负效应

（表格来源：作者自绘）

有学者曾建立城市设计的导控模型，以阐释刚弹性相结合的导控方式（图 4.3），绿色建筑设计的“导”“控”基本理念也与之相似。将绿色建筑设计所需要关注的内容看作一个球

面，绿色建筑设计导控模型可视为“由弹性材料与刚性节点共同编织成的网状球体”①。其中，弹性材料对应“导”，表示提供弹性的约束，允许一定范围内的变动，具体内容上一般从绿色建筑的内涵出发，给出原则性、方向性的指导和信息，既包括针对性的设计策略和具体措施，也包括绿色建筑的新理念、新趋势；刚性节点对应“控”，表示对关键要素的制约，具体内容上大多从绿色建筑的性能出发，对绿色建筑最终实现的效果和过程的措施提出要求；镂空部分属于普通元素，与绿色建筑设计关联性较弱，因此无需做出限定。这也是绿色建筑设计导控的基本思路：刚性控制和弹性引导相结合的导控方式，有的放矢地把握关键要素。

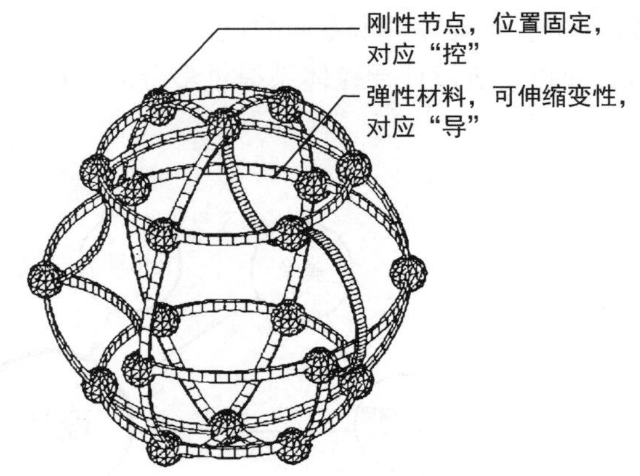

图 4.3 刚弹性结合导控方式示意图

（图片来源：改绘自高源.美国现代城市设计运作研究[D].南京：东南大学，2005.）

在界定“导”与“控”的作用范畴上，本书认为可从以下三个角度进行分析：

1）影响效益

绿色建筑涉及的设计内容复杂繁多，不同设计要素对建筑的生态效益、经济效益和社会效益可能产生正面或负面的影响，影响程度差异也较大。某些设计要素一旦不达标，会对自然生态环境、人体健康安全、能源资源利用等方面造成较大的负面效应，严重影响建筑的绿色性能，需要采用“控”的方式进行底线控制，如选址应避开生态环境脆弱区、室内空气污染物浓度的限制等。对于影响效应一般，或存在较大可替代性的设计要素，可采取“导”的方式，为建筑设计提供宽松的决策空间。

2）规范衔接

绿色建筑导控内容与相关建筑设计规范和标准存在一定的交叉重复，如日照条件的满足、室内外噪声的控制等。对于其他建筑设计规范和标准的强制性内容，在绿色建筑设计导控中也需要采用“控”的方式。

3）可度量性

为了保证绿色建筑导控信息传达的准确性，需要尽可能使得发信人使用的编码规则和收信人使用的解码规则一致。相较而言，易于度量的对象比不易于度量的对象在编码和解码过程时更容易取得一致②，因为不易于度量的对象通常采用定性的描述方式，编码规则的自由度较大。在绿色建筑设计领域，通常涉及建筑空间尺度、建筑物理环境质量、设施设备性能等内容的对象易于度量，可定量描述，如窗墙比、噪声等级、电梯节能效率等，可以形成明确的衡量标准和依据，适用“控”的方式；涉及人文社会效益的对象，如城镇风貌协调、历史

① 高源.美国现代城市设计运作研究[D].南京：东南大学，2005.

② 林隽.面向管理的城市设计导控实践研究[D].广州：华南理工大学，2015.

文化传承等通常难以度量，适用“导”的方式，通常给出方向性的原则和策略，但不限定具体的设计手段。

值得注意的是，因建筑功能或所处环境的不同，或因导控目标和重点的不同，同一要素的“导”和“控”属性可能相互转化，如：对于居住建筑、幼儿园、疗养院等建筑类型，日照采取控制性手段；对于办公建筑和商业建筑，日照采取引导性手段。

4.1.3 建立导控的主导因素：地域特征

我国幅员辽阔，不同地区在气候条件、资源禀赋、经济水平、文化习俗等方面存在较大差异，但目前我国绿色建筑标准普遍对地域适宜性关注不足，导致评价导向下的绿色建筑项目逐渐呈现趋同化特点①。罔顾地域特点的建筑营造会对自然环境和建成环境造成极大的危害，比如，“双层玻璃幕墙技术”适用于温带地区，能降低冬季室内取暖能耗，但简单套用在亚热带地区，会导致幕墙中空气间层温度上升，增加夏季空调能耗，反而导致全年能耗增加。

为此，绿色建筑设计需要适应地域环境已逐渐成为学界和行业共识。绿色建筑天然具有地域属性，因为绿色建筑的诞生是为了解决建筑与生态环境、资源能源消耗之间的矛盾，其基本准则与设计方法都与环境息息相关。一方面，绿色建筑依赖于一定范围内的自然环境进行物质、能量与信息的交换②，需要对自然环境中太阳辐射、风速、光照、地形等要素作出回应；另一方面，绿色建筑的技术选择、建筑空间形式等跟地方的经济水平、绿色技术等息息相关，还要考虑地方独特的文化传统、社会习俗等。因此，绿色建筑设计导控必须根植于地方环境，具体体现在以下三个方面：

第一，地域特征决定特定地区中绿色建筑设计的导控重点。不同地区面临的环境、资源与建设问题不尽相同，导致不同地区绿色建筑设计的主要目标和优先项排序存在差异，比如西北干旱地区水资源相对匮乏，因此当地绿色建筑设计中节水策略与措施的优先级更高。把握地方绿色建筑设计中的主要矛盾，是实现导控的前提条件。

第二，地域特征是衡量特定地区下设计策略或措施适用性的主要依据。在绿色建筑发展过程中，出现过“高技术”和“低技术”的不同倾向，前者强调高新技术和材料的应用，后者提倡技术与自然协调。“适宜技术”并非固定的技术形式，而是提倡随着地域、时间的不同，灵活、动态地选用相应的技术或组合，以取得最佳综合效益③。绿色建筑设计导控提倡的正是这样的适宜技术，既适应当地的气候条件和地理环境、匹配经济发展水平，也契合当地的人文和社会需求，从而实现建筑绿色效益的最大化。

第三，地域特征影响地方绿色建筑设计导控形式选择。当地绿色建筑的发展水平、社会中绿色建筑认知水平等因素会影响设计导控的具体形式。处于绿色建筑的不同发展阶段，设计导控需求不同，比如：早期发展阶段，设计导则能有效地指导绿色建筑设计、普及绿色建筑理念；到了发展较为成熟时期，随着绿色建筑理念与生态技术的普及、地方绿色建筑数

---

① 朱贵祥.探析地域性绿色建筑设计初期的 BIM 的体现[J].建材与装饰，2016(11)：94-95.

② 迟庆娜，孙睿珩.基于参数化技术的绿色建筑地域性设计优化方法初探[J].长春工程学院学报(自然科学版)，2011，12(4)：63-65.

③ 陈晓杨，仲德崑.地方性建筑与适宜技术[M].北京：中国建筑工业出版社，2007.

据库的建立，全寿命周期性能评价能较为准确地衡量建筑的绿色性能，并作为设计决策的依据。

4.2 绿色建筑设计导控运作的内在机制

4.2.1 导控角色：建筑师主导，聚焦方案设计阶段

借鉴控制论的概念，导控可视为一种能动作用，促使事物向预期方向发展变化，并最终达到目标。因此，作为一种作用，导控至少有两个必要角色——作用者（施控主体）与被作用者（受控对象）。

1）施控主体：建筑师主导与统筹

根据对绿色建筑设计过程的作用性质的不同，施控主体可分为直接施控主体和间接施控主体。直接施控主体为由建筑师、设备工程师等构成的绿色建筑设计团队，通过多专业的综合与协调进行整合设计，直接对绿色建筑设计过程起作用。各专业的职责和定位各有差异，具体如表 4.2 所示。

表 4.2 绿色建筑设计团队主要成员的职责与定位

专业人员	职责	定位
建筑师	• 进行绿色建筑方案设计，处理建筑与环境的关系、建筑的空间布局、建筑的功能流线等问题 • 全周期设计过程统筹多专业进行绿色建筑设计	主导、统筹
结构、暖通、给排水和电气工程师	• 在前期策划和方案设计阶段，对各自技术领域的绿色建筑技术措施进行比对，为完善绿色建筑设计方案提供技术参考建议 • 在扩初和施工图设计阶段，深化绿色建筑技术方案	配合
景观设计师	• 在景观设计中贯彻生态理念，营造良好的室外环境 • 加强与给排水、技术厂家等的沟通	配合
室内设计师	在室内设计中贯彻绿色理念，一般在建筑设计方案确定后介入	配合
绿色建筑咨询工程师	• 在全周期设计过程中，为各专业提供绿色建筑设计与评价信息，协助进行复杂的建筑性能模拟 • 联系技术和设备厂家，协助沟通深化技术方案	协助、统筹
专项技术厂家	提供专项技术的详细信息，协助进行设计决策	次要、辅助

（表格来源：作者自绘）

其中，建筑师需要在绿色建筑设计过程中承担主导与统筹的作用，主要原因如下：首先，建筑师可从方案设计阶段开始将绿色建筑理念与设计相结合，并将之贯穿至完整的设计周期中，对设计方案的整体认识程度高于其他专业；其次，建筑师需要处理建筑群体布局、建筑形体设计等，整体的建筑形体与空间关系对建筑的能耗、材料消耗等起到决定性作用（图 4.4）；此外，被动式措施主要由建筑师进行设计和优选，可以更好地发挥被动式措施成本相对较低、成效好的优点。与此同时，结构、暖通、给排水、电气、景观、室内设计等设计人

员既需要在各自专业领域贯彻绿色建筑设计理念，也要在早期设计阶段介入，通过跨专业的沟通交流，加强协作配合。

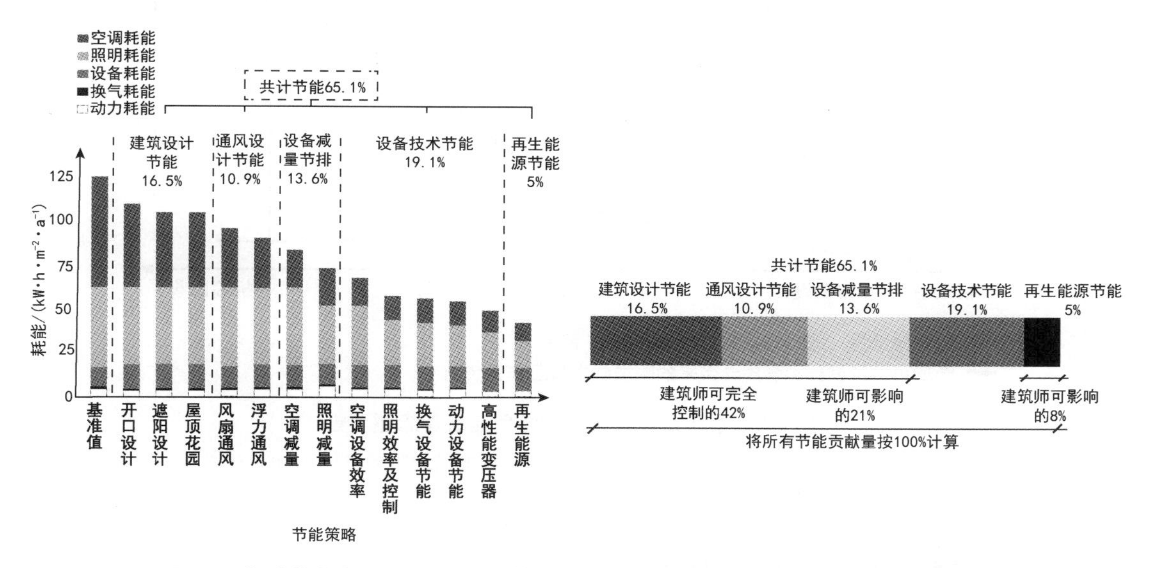

图 4.4 与建筑师创作工作相关的节能贡献率——以台湾成功大学魔法学校为例

（图片来源：宋晔皓，王嘉亮，朱宁.中国本土绿色建筑被动式设计策略思考[J].建筑学报，2013(7)：94-99.）

间接施控主体通过对设计团队提出要求或诉求，间接作用于绿色建筑设计过程，所扮演的角色类似于二阶控制论中的“观察者”。间接施控主体包括：政府管理部门，通过制定绿色建筑相关政策和行政审批许可等方式，从宏观角度明确地方绿色建筑的方向与愿景，并审核绿色建筑的实施情况；业主，从微观角度确定具体项目绿色建筑设计的目标，偏重对经济效益和社会效益的追求，如降低建筑运营成本、营造更舒适的室内环境等；公众，影响力相对较小，一般需要配合相关参与机制，如表达对社区公共建筑的功能诉求等。随着绿色建筑设计过程的不断深入，间接施控主体对设计的诉求也在动态变化，并再次作用于设计过程。

2）受控对象：绿色建筑设计过程，聚焦方案设计阶段

广义上的绿色建筑设计过程贯穿绿色建筑的全寿命周期，包括策划阶段的选址和前期分析、施工阶段的现场指导和设计变更、运营阶段的设计回访和运营指导等。将绿色建筑设计视为一个不断化解矛盾的过程，其不确定性逐步下降，“可能性空间”也不断缩小，从而导致可控度的降低。如图 4.5 所示，方案设计阶段对建筑绿色性能的实现有重大影响，相关研究表明，40%的节能潜力来自方案设计阶段①。早期引入绿色建筑理念，优化和调整建筑设计方案和技术方案，能有效提升建筑的绿色性能、降低能耗和成本，同时带来的附加成本与工作量负荷相对较低。因此，本书所分析的绿色建筑导控体系的导控阶段聚焦于方案设计阶段，兼顾考虑建筑全寿命周期。

① André P，Lebrun J，Ternoveanu A. Bringing simulation to application = Some guidelines and practical recommendations issued from IEA-BCS Annex 30[C]// International Building Simulation Conference，1999:1189—1194.

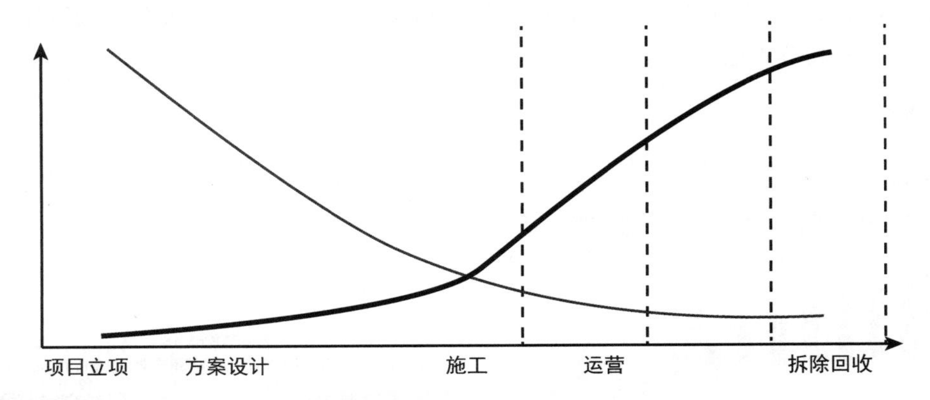

图 4.5 早期设计阶段引入绿色建筑理念重要性

(图片来源：江苏省工程建设标准站.绿色建筑标准体系[M].北京：中国建筑工业出版社，2015：26.)

4.2.2 导控手段：前馈、同期和后馈控制

1) 前馈、同期与后馈控制

为了明确绿色建筑设计导控的方法与途径，本书借鉴控制论中的前馈控制、同期控制和反馈控制概念，其作用时机、控制特点与局限性归纳如表 4.3 所示。其中，反馈控制较为常用，指根据系统运行结果，对状态偏差进行纠正，存在着调节作用滞后、反馈过时等问题；前馈控制是指在科学的预测基础上，根据被控系统在未来的运行过程中可能出现的状态偏差，提前实施相应的调控措施①，属于未来导向的“预判型”控制方式，对系统预测的准确性要求较高，存在投入成本相对较高、风险性较大的问题；同期控制，也称事中控制，指活动进行过程中的控制，在状态偏差刚刚发生或发生不久时，就能立即被测定出来，并迅速查明原因和采取纠正行为②，能在产生巨大损失之前做出反应和纠正。

表 4.3 控制论中前馈、同期和反馈控制对比

控制方式	作用时机	控制特点	局限性
前馈控制	状态偏差发生之前	未来导向，通过预判问题，提前采取调控措施	投入成本相对较高、风险性较大
同期控制	偏差刚刚发生或发生不久	伴随着活动过程进行实时调控	实施难度大，多用于管理领域
反馈控制	状态偏差发生之后	根据系统运行结果，对问题进行纠正	调节作用滞后、反馈过时

(表格来源：作者自绘)

① 王树恩.反馈控制与前馈控制[J].齐鲁学刊，1989(6)：23-27.

② 徐根华，张军.基于控制论谈药包材质量稳定性管理[J].印刷技术，2012(22)：25-27.

2）绿色建筑评价标准：反馈控制为主

目前，我国绿色建筑评价标准采取的控制方法属于反馈控制，与设计导控的对比见表4.4。作为绿色建筑性能特征的基本衡量标准，绿色建筑评价标准为绿色建筑设计系统输入了“评价信息”，成为系统中反馈控制的一部分，即要求在施工图设计完成前进行一次“是否符合/达成标准”的测量，如果施工图不符合，需要返回到设计中进行修改。由于进行反馈控制的时机相对靠后，此时建筑方案设计已基本确定，针对反馈信息能采取的措施往往是“打补丁式”，如增加技术措施、节能设备等，这也是导致目前绿色建筑设计实践诸多问题的原因之一。

表 4.4　绿色建筑评价标准与绿色建筑设计导控的差异

	绿色建筑评价标准	绿色建筑设计导控
目的	对设计结果进行控制	对设计过程进行引导
信息内容	“评价信息”	“设计导控信息”
输入信息阶段	以扩初设计和施工图设计阶段为主	贯穿全建筑设计全过程
信息传达过程	存在一定滞后性	伴随设计过程
控制方式	反馈控制	同期控制为主，前馈控制和反馈控制为辅

（表格来源：作者自绘）

3）绿色建筑设计导控：同期控制为主，辅以前馈控制和反馈控制

绿色建筑导控体系是针对绿色建筑设计过程的，从控制论角度来看，以同期控制为主，辅以前馈控制和反馈控制（图4.6）。一方面，绿色建筑导控体系在更早的阶段输入绿色建筑导控信息，如绿色建筑基本理念、绿色建筑设计策略、可供参考的生态技术措施等，为前馈控制提供基础信息和参考；另一方面，绿色建筑导控体系提供关键设计控制指标作为标准，方便对设计过程中产生的偏差进行测量与纠正，以实施同期控制。此外，绿色建筑设计导控体系提供绿色建筑性能的参考指标，以衡量和检验设计成果是否实现预期性能。同时，反馈控制为前馈控制与同期控制提供不断更新的导控标准。

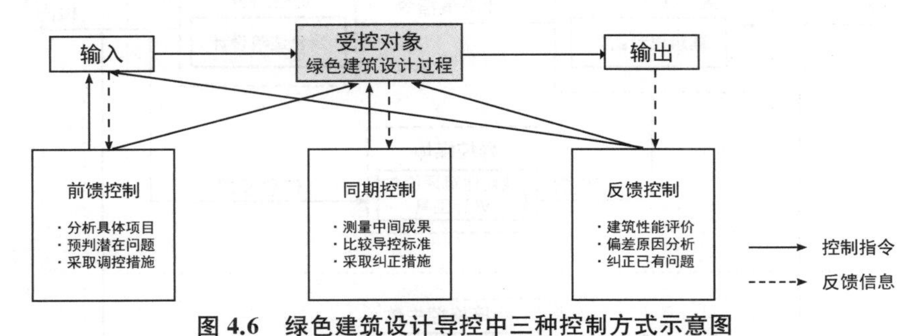

图 4.6　绿色建筑设计导控中三种控制方式示意图

（图片来源：作者自绘）

4.2.3　绿色建筑设计导控运作模型

结合控制论相关理念，本书对绿色建筑设计导控体系的核心概念解读如表4.5所示。

表 4.5　控制论与绿色建筑设计导控的核心概念对比分析

概念	控制论中解释	绿色建筑设计导控
施控主体	对受控对象施加控制作用的主体	· 直接：建筑设计团队，包括建筑师、工程师等专业技术人员 · 间接：政府管理部门、业主、公众等
受控对象	受到控制的对象，如机器、设备、生产过程、组织活动等	绿色建筑设计，且聚焦方案设计阶段
控制媒体	控制行为所需要的媒介物或方式	绿色建筑评价与设计工具
信息	包含特定意义的信号、消息、编码、图像等	· 绿色建筑设计导控指标 · 绿色建筑设计决策信息 · 绿色建筑设计参考信息等
反馈	系统的输出返回到输入端并以某种方式改变输入，进而影响系统功能的过程	· 设计方案审查 · 相关指标核对等
输入	对系统施加能使系统产生反应的信息	· 建筑与场地基本信息 · 绿色建筑设计目标等
输出	系统受输入影响后表现出的受控制的状态	· 绿色建筑设计成果

（表格来源：作者自绘）

如图 4.7 所示，在绿色建筑设计导控的运作模型中，直接施控主体为建筑师主导的设计团队，间接施控主体包括政府管理部门、业主、公众等，受控对象为绿色建筑设计，导控媒体为绿色建筑评价与设计工具。在此导控模型中，设计团队通过设计决策指令直接作用于绿

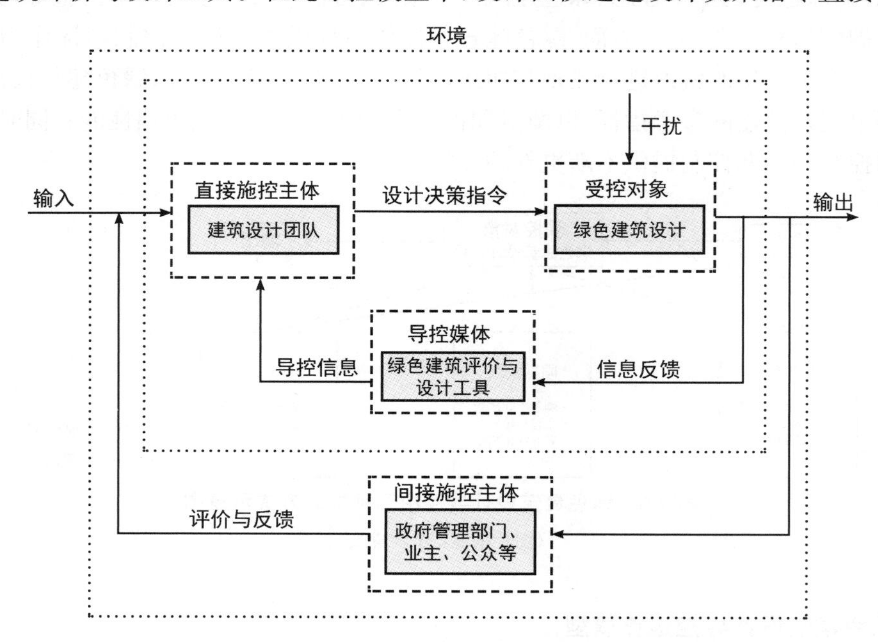

图 4.7　绿色建筑设计导控的运作模型

（图片来源：作者自绘）

色建筑设计活动，由于受场地环境、经济成本、政策规范等因素的制约与干扰，绿色建筑设计可能会与预期目标有所偏差，因此需要导控媒体的介入。导控媒体为绿色建筑评价与设计工具，通过前馈导控、同期导控和反馈导控相结合的导控方式，为设计团队提供全过程、多渠道的导控信息，协助进行偏差的预判、测量、比较和分析，引导设计采取适当的纠正措施，完善和调整设计方案。同时，间接施控主体——政府管理部门、业主、公众等既是观察者，也是作用者，会对阶段性绿色建筑设计成果进行评价、提出意见，评价和意见作为反馈信息重新输入系统。

4.3 绿色建筑设计导控信息的认知与流动

由于信息运作是实施控制的关键，绿色建筑设计导控可视作绿色建筑设计导控信息流动与反馈过程。因此本节在对导控信息的内涵解析的基础上，从动态角度阐释绿色建筑设计导控信息的流动过程和作用方式。

如图 4.8 所示，绿色建筑导控信息的整体流动包括导控信息的产生与发布、获取与认知、再生与施效三个关键环节。在前两个环节中，政府部门或相关机构发布绿色建筑设计导控信息，以设计团队为主的绿色建筑设计利益相关者获取设计导控信息并进行吸收和理解。前两个环节存在主体的变化，可视为导控信息传达过程，将在 4.3.2 节进行解析。在后两个环节中，设计团队将导控信息内化后，结合项目具体情况，做出绿色建筑设计决策，最终生成绿色建筑设计成果，并以技术图纸、设计模型等形式输出，即导控信息在设计过程中的流动和作用，将在 4.3.3 节进行解析。值得注意的是，绿色建筑设计成果会反馈至导控信息产生与发布环节，为导控信息的调整和更新提供依据。

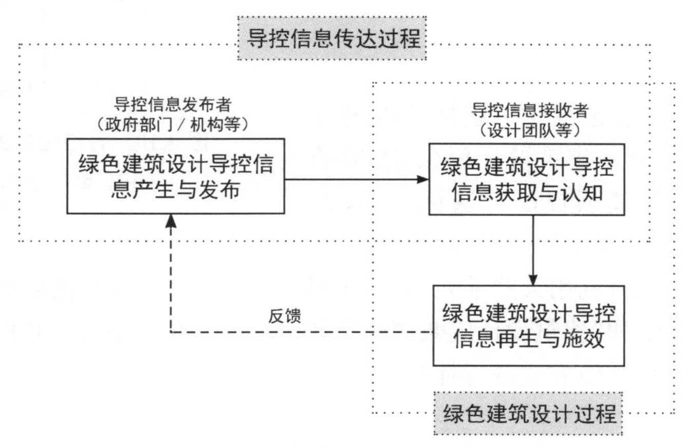

图 4.8 绿色建筑设计导控信息流动过程

（图片来源：作者自绘）

4.3.1 导控信息的厘清：原则、要求、措施与指标

从绿色建筑设计过程出发，绿色建筑设计导控信息直接作用于设计过程，为绿色建筑设

计决策提供引导与控制。绿色建筑要素一般可分为性能要素和决策要素①②，性能要素反映绿色建筑最终体现的性质与功能，如水资源消耗、室内环境热舒适性等；决策要素表示绿色建筑设计的策略与措施，如采用节水器具、加强自然通风等。如图4.9所示，绿色建筑设计导控信息主要针对设计决策要素，作用于设计过程，同时，由于绿色建筑性能也会反过来影响设计决策，因此导控信息也包含部分性能评价要素。

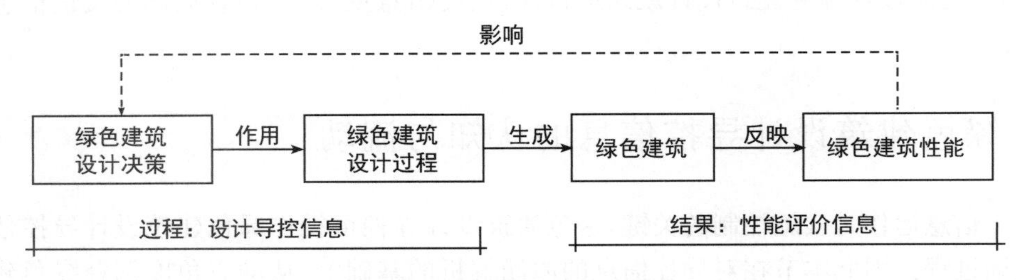

图4.9 绿色建筑设计导控信息

（图片来源：作者自绘）

从导控信息的传达过程出发，绿色建筑设计导控信息是对绿色建筑目标的分解与细化。预期的绿色建筑目标可通过编码规则，转译为抽象的绿色建筑设计要求与原则，进一步可拆解细化为具体的绿色建筑设计指标、措施与策略。因此，本书以“具体—抽象”为纵坐标，以“引导—控制”为横坐标，将导控信息的表现形式分为四大类(图4.10)：

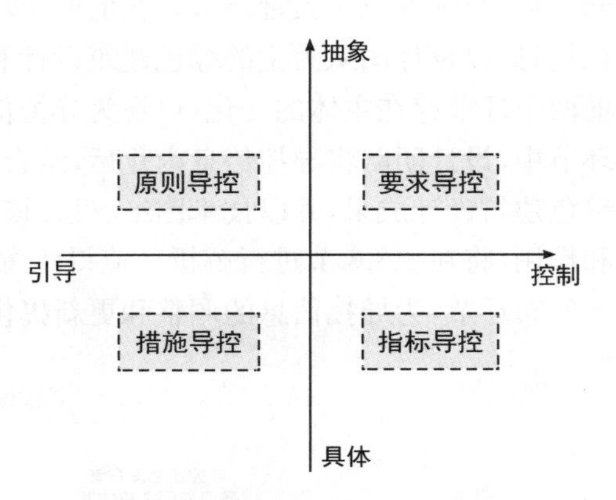

图4.10 导控信息的表现形式

（图片来源：作者自绘）

1）原则导控

原则导控指对绿色建筑在一定框架内进行约束，通过提出基本绿色建筑设计理念，既包括从整体上对多个导控要素提出普遍性准则，如“建筑设计应按照被动措施优先的原则，优化建筑形体和空间布局，充分利用天然采光、自然通风等自然资源”③，也包括针对某个导控要素提出基本要求和方向，如“建筑设计应兼顾建筑使用功能变化及空间变化的适应性”，控制刚性较弱，往往需要配合其他方式进行补充。

① Larsson N, Macias M. Overview of the SBTool assessment framework[J]. The International Initiative for a Sustainable Built Environment (iiSBE) and Manuel Macias, UPM Spain, 2012.

② Liu Y, Prasad D, Li J, et al. Developing regionally specific environmental building tools for China[J]. Building Research & Information, 2006, 34(4): 372-386.

③ 中华人民共和国住房和城乡建设部.民用建筑绿色设计规范：JGJ/T 229—2010[S].北京：中国建筑工业出版社,2010.

2）要求导控

要求导控指对严重影响建筑绿色性能的要素提出的刚性约束，属于定性控制，通常使用“禁止”“不应”“必须”等词语。如“设计应控制室内环境污染，严禁使用苯、工业苯、石油苯、重质苯及混苯作为稀释剂和溶剂”①。

3）措施导控

措施导控指提出绿色措施供参考和选择，通过给出多个技术措施和设计策略，供设计师结合实际情况选择使用，属于定性的弹性引导。如“宜采用种植屋面、通风屋面和屋面遮阳等屋面隔热措施”。

4）指标导控

指标一般都需要通过分析计算或性能模拟得出，可细分为面向结果的性能指标和面向过程的设计指标。设计指标在设计过程可直接获取，对设计指导意义较大，如“建筑朝向宜控制在南偏东 30°至南偏西 15°范围，最佳朝向为南偏东 10°～15°范围”。性能指标是建筑绿色性能的具体数据化体现，在设计阶段一般需要借助性能模拟软件得出，如室外风环境“建筑物周围人行区风速不宜大于 5 m/s，不应大于 10 m/s，风速放大系数不应大于 2”。部分指标介乎于两者之间，如窗地比、窗墙比，需要进行一定的计算，但不需要借助性能模拟软件，是设计导控体系的重要组成部分。

4.3.2 导控信息的传达：理性转译，适度冗余

如前文所述，“传达”是指不同主体之间信息的传递与接收，在此过程中，发出的信息和接收的信息可能不一致，即出现信息的失真。在控制论中，信息的本质是可能性空间变化的传递，信息失真意味着控制能力的下降。因此，提高绿色建筑设计导控信息传达的准确性，是实施绿色建筑设计导控的关键。

根据信息传达原理，建立绿色建筑设计导控体系的信息传达模型如图 4.11 所示。在本模型中，发信人为政府部门或行业组织、科研机构等；需要传递的信息是绿色建筑的愿景与预期，通过编码规则转换为具体的、可感知的绿色建筑设计导控文件，传递给收信人——绿色建筑设计过程的利益相关者；收信人通过规则转译出绿色建筑设计导控信息。其中主要收信人是对建筑设计过程起直接作用的设计团队，其次是间接影响建筑设计过程的政府管理人员、业主和公众等；绿色建筑设计导控文件包括评价标准、设计导则、参考图集等。

由于发信人和收信人涉及政府部门、建筑师、业主和公众等多个主体，而这些主体的知识结构不可避免有所差异，所采用的编码规则并不完全一致，同时价值观和专业知识水平的差异也导致解码和编码的语境发生改变，可能使导控信息无法如实重建。

因此，需要从以下三个角度出发，保证绿色建筑设计导控信息传达的准确性：

第一，采取公认的编码规则进行合理“转译”。在绿色建筑设计导控中，编码规则的作用是将抽象意义的绿色建筑愿景与目标，转译为具体的、可感知的绿色建筑设计导控信息，适合采用建筑领域中公认的、语义确切的符号系统，如建筑模式语言、建筑图示语言等。

---

① 浙江省住房和城乡建设厅.浙江省绿色建筑设计标准：DB 33/1092—2016[S].北京：中国计划出版社，2016.

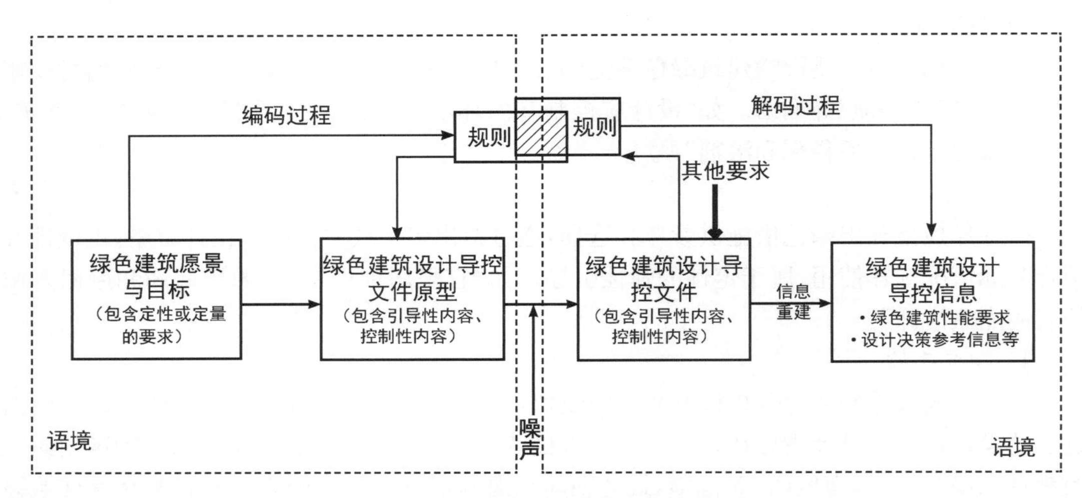

图 4.11 绿色建筑设计导控信息传达模型

（图片来源：作者自绘）

第二，适度增加信息的冗余度。在信息论中，适当冗余是信息传播过程中克服噪音的重要手段，指信息并非完全精炼，而是对关键有用信息的必要重复①，以辅助编码和解码过程。在绿色建筑设计导控体系中，由于不同主体对绿色建筑的了解程度存在差异，有必要有目的地增加导控信息的冗余度，以不同形式对绿色建筑设计导控的关键信息进行强调和解释，并在语法和语义层面对绿色建筑的专业术语和理论进行“稀释”处理，减轻绿色建筑设计内容的艰涩和枯燥程度，加深使用主体对绿色建筑设计信息的接受和理解。

第三，需要重视语境的作用。当信息传递过程中收信人解码方式与发信人编码方式发生冲突时，语境可承担仲裁的作用，从而促进信息传达的有效性②。对于绿色建筑设计导控，发信人——绿色建筑设计导控信息的发布者需要站在收信人的角度，理解收信人的语境，如站在设计团队角度梳理其对绿色建筑设计导控的需求、站在业主或使用者角度了解其对绿色建筑的诉求等。同样，收信人——设计团队、业主等也需要站在发信人角度，理解发信人的语境，即政府部门或行业组织等设定绿色建筑目标的原因，从而构建完整准确的信文。

4.3.3 信息视角下导控体系对设计过程的作用解析

从信息科学角度看，绿色建筑的设计过程可看作“绿色建筑信息的流动过程”，主要由分析、综合、评价三种基本的思维活动组成③。其中，分析的作用是根据事物的功能要求，将客观世界简化为模型，将问题分解到可解决的程度；综合的作用是把各元素组合成整体，并提

① 王雪花.适度冗余在科技传播中的必要性[J].科技情报开发与经济，2006(4)：190-192.

② 林隽.面向管理的城市设计导控实践研究[D].广州：华南理工大学，2015.

③ 刘聪.绿色建筑并行设计过程研究[J].城市建筑，2007(4)：32-34.

供多个备选方案，即设计过程；评价的作用在于检验设计方案是否能实现既定目标①。评价所产生的信息会反馈到分析和综合过程，促使设计者反复修改和完善设计方案，直至达到设计目标，输出理想方案（图 4.12）。

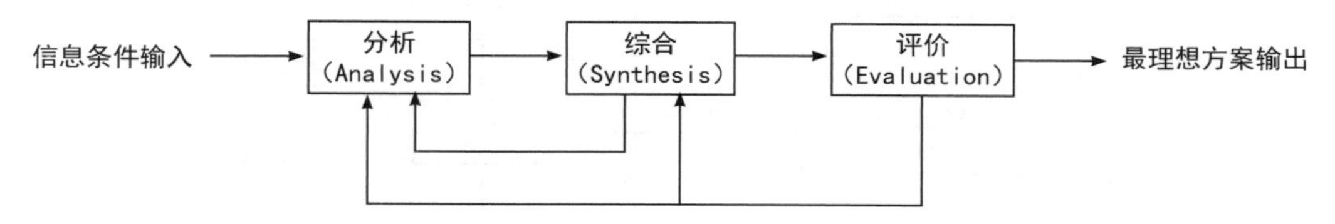

图 4.12 建筑设计过程基本认知模型

（图片来源：改绘自刘聪.绿色建筑并行设计过程研究[J].城市建筑，2007(4)：32-34.）

目前绿色建筑设计实践属于"顺序介入的线性协同模式"，存在绿色建筑信息输入晚、信息滞后、信息碎片化等问题。近年来，"整合设计过程"被引入绿色建筑设计中，其主要思想为，将传统建筑设计流程拆解为一系列以"分析—综合—评价"为核心设计微循环，以实现设计信息的不断反馈与调整，并促进各专业之间交流与协调②。在每个设计微循环中，针对特定的目标任务，多专业的设计人员共同参与，各方面的设计信息循环流动，不断反馈，直至符合既定目标，输出设计成果（图 4.13）。

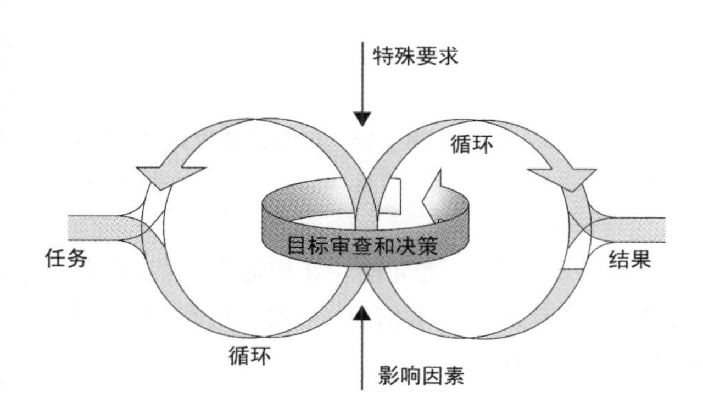

图 4.13 整合设计过程中的设计循环

（图片来源：改绘自 Zimmerman A，Eng P. Integrated design process guide [Z]. Ottawa：Canada Mortgage and Housing Corporation，2006.）

绿色建筑设计导控体系正是作用于这样的设计微循环中，为每个设计微循环中的分析、设计和评价环节提供导控信息。在"分析"环节中，导控体系提供绿色建筑设计原则、要求等参考信息，通过厘清绿色建筑的内涵和价值取向，辅助分析绿色建筑设计问题和分解设计目标，从而指明绿色建筑的设计方向；在"综合"环节中，导控体系为设计决策提供绿色建筑设计策略、生态技术措施、设计参考指标等信息，协助绿色建筑的设计生成和生态技术的比选；在"评价"环节中，导控体系提供绿色建筑设计导控指标、建筑性能参考指标等信息，作为设计评价的标准，以供设计团队对设计进行核查、纠正和调整，从而控制设计成果的绿色性能（图 4.14）。

① 钟义信.信息科学原理[M].3 版.北京：北京邮电大学出版社，2002.

② 付晓惠.绿色建筑整合设计理论及其应用研究[D].成都：西南交通大学，2011.

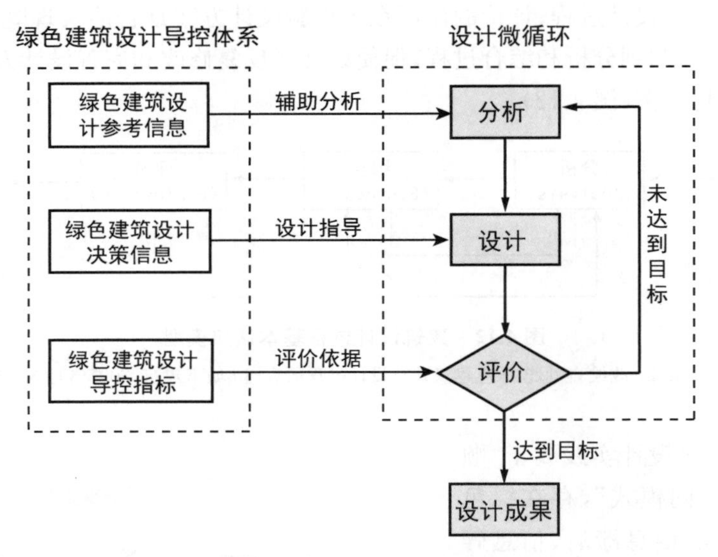

图 4.14 绿色建筑设计导控体系在设计微循环中的作用

(图片来源:作者自绘)

总的来说,绿色建筑设计导控体系是控制绿色建筑设计偏离目标的一种作用过程,通过提供绿色建筑设计参考信息、决策信息和导控指标等多方面信息,对绿色建筑设计过程和成果进行引导和控制。

4.4 本章小结

本章提出了核心概念绿色建筑设计导控,并明晰其逻辑基础、内在机制与信息运作方式。在逻辑基础方面,本章首先明确绿色建筑设计导控体系的主要构建目的是引导过程、调控结果,形成“指导—反馈”闭合路径,继而对核心概念“导”与“控”做出解析,并指出地域特征是建立导控的主导因素。在内在机制方面,本章明确了建筑师在绿色建筑设计的主导与统筹地位、方案设计阶段的导控重要性,以及前馈、同期和后馈导控相结合的作用方式,进而建立了绿色建筑设计导控运作模型。本章还从信息流动的角度,指出绿色建筑设计的导控信息包括原则、要求、措施和指标四大类,为了减少导控信息的失真,应提高编码的科学性、适度提高信息的冗余度、重视传达过程的语境等。最后,本章指出绿色建筑设计导控体系是控制绿色建筑设计偏离目标的一种作用过程,通过提供绿色建筑设计参考信息、决策信息和导控指标等多方面信息,对绿色建筑设计过程和成果进行引导和控制。

5　“研选-整合”机制下地域适宜性绿色建筑设计导控体系建构策略与方法

通过前述的认知框架可知，绿色建筑设计导控可理解为通过多种手段和方式对设计过程进行调控，使之朝预期方向发展变化的作用过程。“研选-整合”机制是绿色建筑设计导控体系建构的核心思路，指经过研究后有根据地甄选导控要素，并通过导控要素之间的有序整合，发挥最大的整体效益，强调导控要素选择的科学性和协同性。

在明晰绿色建筑设计导控体系的主要特点和作用方式后，本章在强调地域适宜性的前提下，聚焦如何建构绿色建筑设计导控体系。其中，建构原则由绿色建筑设计导控体系的本质特性决定，并对建构方法和策略有指导作用；生成路径从导控体系的主要组成部分——目标、内容、形式和程序等四个方面展开；建构策略主要针对建构过程中的核心问题，即地域适宜性要素的研选、关键导控要素的筛选和导控框架结构的建立。在具体阐述中，本章将以浙江省小城镇为例加以说明。

5.1　导控体系的建构原则

5.1.1　整体协调性

整体观念是处理复杂系统问题的基本原则之一，要求从全局的视角出发，将系统视为由多个要素相互作用、相互联系构成的有序整体，且整体大于部分之和，即多个要素发挥的整体效益大于要素性能的简单相加。正如前文所述，绿色建筑可视为“高度复杂的系统工程”，整体性是其基本特点之一。绿色建筑由场地环境设计、建筑围护结构、机电设备、建筑材料等繁杂要素，以及要素之间相互联系、相互作用而形成。同时，绿色建筑可视为自然环境系统的子系统，需要强调建筑与自然环境的有机融合。因此，绿色建筑设计导控需要借鉴现代系统方法论的“整体着眼、系统控制”理念，在以下几方面强调整体协调性原则：

首先，绿色建筑设计导控强调建筑与周围环境之间的关系，既包括微观层面的尊重场地原有地形地貌，保护原有自然水域、植被、湿地等，也包括在宏观层面综合考虑政策法规、经济水平、气候条件、社会风俗等对绿色建筑的影响。因此，在绿色建筑设计导控体系的建构过程中，需要将地区的自然环境、经济技术、社会人文等地域因子与绿色设计导控要素相耦合，使得绿色建筑系统与上一级生态环境系统达到动态平衡状态。

其次，绿色建筑设计导控并不要求面面俱到，也不强调涵盖要素的全面性，而侧重对大关系的整体把握，通过对关键要素的把握和控制来保障绿色建筑性能的基本实现。绿色建筑设计导控体系在建构过程中，不能就事论事地讨论单独的要素，而应“将要素视为处于一定联系中的整体”，把握要素间的相互关系，通过综合的方法研选出关键导控要素，并通过导控要素整合与重构，最大程度实现建筑的绿色性能和效益。

最后，整体把握导控目标与导控要素之间的联系。导控要素与目标之间并非简单的线性关系，有时导控要素对一个导控目标是正面的，对另一个导控目标是负面的，比如采用中水回收系统能起到节约水资源的作用，具有较大的生态效益，但由于成本较高、回收周期较长，经济效益上并不合算。因此，需要综合考虑导控要素对导控目标的生态环境、经济成本、社会人文等方面效益的关系，并综合多个利益相关者的诉求，找到最大公约数，在建筑的全寿命周期中，以最小投入实现最大的效益。

5.1.2 目标多维性

绿色建筑目标反映的是人们对于“什么是绿色建筑”这一问题的价值取向，是一个不断更新的过程。随着时代的发展与绿色建筑研究的深入，人们对绿色建筑的期待逐渐从关注环境、节约能源和资源，转向协调满足功能、生态、经济、社会文化等多维度的需求。

1）建筑功能目标：动态舒适、健康导向

在满足使用功能需求的基础上，绿色建筑强调为使用者提供舒适、健康的建筑物理环境，主要包括室内外的热环境、光环境、风环境、声环境、空气质量等。营造舒适的建筑物理环境始终是绿色建筑目标之一，而对“舒适”的理解也是一个不断深入的过程，从追求“无偏差、无刺激、稳定”的室内环境①，到追求“适度、健康、动态”的舒适。

以室内热舒适为例，国际公认的评价室内热环境的标准——美国室内环境标准 ASHRAE Standard 55—2017 和国际标准组织的 ISO-7730 都将 PMV=0② 作为室内热舒适的目标，即追求稳态的热环境，往往需要长时间的空调系统加以调节，所消耗的能源相对较多（图 5.1），且长期处于恒温恒湿的环境，可能造成神经行为功能受影响、身体热调节能力退化、抵抗力和免疫力下降等症状③④。因此，无论是从降低能耗的角度，还是保证使用者

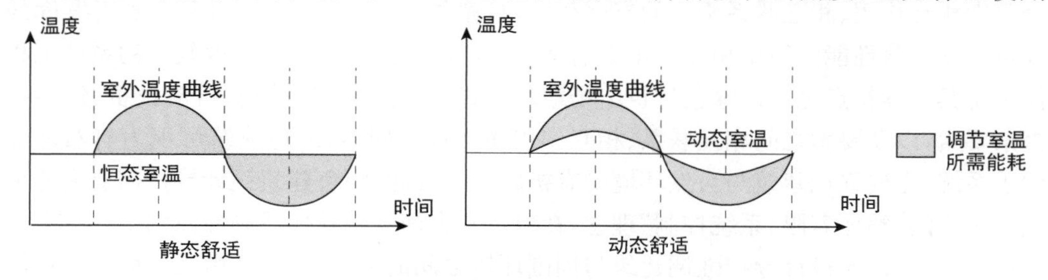

图 5.1 “静态舒适”与“动态舒适”的能耗对比

（图片来源：改绘自吕爱民.应变建筑：大陆性气候的生态策略[M].上海：同济大学出版社，2003：71.）

① 朱颖心.热舒适的“度”，多少算合适？[J].世界环境，2016(5)：26-29.

② PMV(Predicted Mean Vote)，预测平均评价，由丹麦技术大学的波尔·奥勒·方格教授(Povl Ole Fanger)提出，是一个集温度、湿度、平均辐射温度、风速、服装热阻和人体代谢率综合计算得出的指标，取值范围是−3～3，其中 0 表示不冷不热.引自朱颖心.热舒适的“度”，多少算合适？[J].世界环境，2016(5)：26-29.

③ 谭琳琳，戴自祝，刘颖.空调环境对人体热感觉和神经行为功能的影响[J].中国卫生工程学，2003，2(4)：193-195.

④ Yu J, Ouyang Q, Zhu Y, et al. A comparison of the thermal adaptability of people accustomed to air-conditioned environments and naturally ventilated environments[J]. Indoor Air, 2012, 22(2): 110-118.

的身心健康的角度出发，都应从追求静态的、绝对的舒适，转变为追求动态的、适度的舒适。所谓的动态舒适，指遵循人体的热适应能力和自然环境的变化规律，通过适度放宽热舒适温度、鼓励使用者采取开关门窗等措施来主动调节室内环境，以实现低能耗、健康的舒适。

2）生态环境目标：减少资源能源消耗，降低环境负面影响

建筑自施工建造起，到投入使用、运营管理，乃至最终的拆除阶段，对外部生态环境产生持续的影响，既包括建造和使用过程对化石能源、水资源、木材等自然资源的消耗，也包括建筑全寿命周期造成对大气、水、土壤等环境要素的负面影响。建筑对环境的影响可能是场地层面的，如场地附近的水体污染、山林破坏等，也可能是地区层面的，如自然资源和化石能源的消耗，还可能是全球层面的，如温室气体的排放、臭氧层的破坏等。

因此，需要从全寿命周期的角度考虑建筑对生态环境的影响，减少对资源和能源的消耗，将建筑对环境的影响控制在生态承载力之内，以实现人、建筑与自然生态的和谐共生。此外，在绿色建筑与气候、地貌等自然环境的关系上，应从“隔绝”转变为“过滤”和“适应”[①]，直接吸收和利用自然环境中的热辐射、光辐射、风动能等气候要素，并通过顺应地貌的场地和建筑设计，减少对场地的土地、山林和水体的破坏。

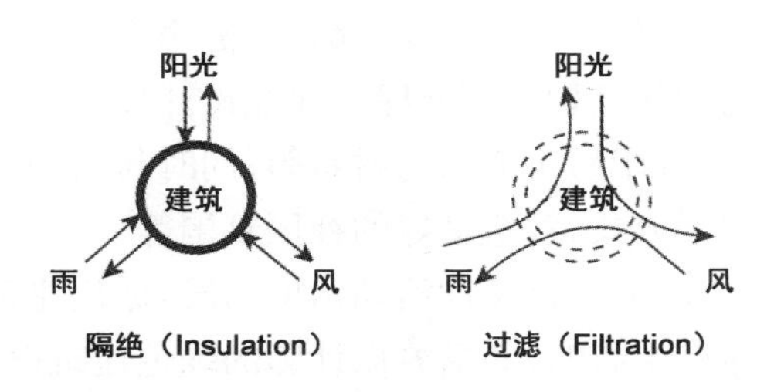

图 5.2 从“隔绝”到“过滤”的绿色建筑设计理念转变

（图片来源：改绘自 Gou Z H，Xie X H. Evolving green building：Triple bottom line or regenerative design? [J]. Journal of Cleaner Production，2017，153：600-607.）

3）经济效益目标：全寿命周期考虑

经济成本是我国目前阻碍绿色建筑推广和发展的重要因素之一，因此需要将经济效益纳入绿色建筑设计导控的目标之一。随着绿色建筑技术和材料的发展，绿色建筑的增量成本在不断地下降，而且越来越多的研究指出，在全寿命周期的视角下，绿色建筑能为业主和使用者带来明显的经济效益，如较低的能耗使用和耗水量、较低的后期维护成本等，以及更高的投资回报，如相较于一般建筑，美国的绿色建筑运营成本可降低 8%～9%，租金会提高 3%，入住率提高 3.5%，投资回报率提高 6.6%，整体价值至少提高 7.5%[②]。

因此，需要从建筑的全寿命周期角度出发，综合评估建筑在设计决策、施工建造、运营维护和拆除等阶段的成本投入和产出，以提高经济效益。

4）社会文化目标：以人为本、注重公平

作为一种环境空间实体和工程建设活动，绿色建筑会对社会的发展与空间形态产生一定影响，从而产生社会价值。本书认为，需要从公平性和人本性的角度关注绿色建筑的社会价值。

---

① Gou Z H，Xie X H. Evolving green building：Triple bottom line or regenerative design? [J]. Journal of Cleaner Production，2017，153：600-607.

② 网易房产.探寻中国绿色建筑产业发展困境与未来[EB/OL].（2017-03-01）[2022-03-16]. http://bj.house.163.com/special/lvsejianzhufazhan/.

在美国学者约翰·罗尔斯(John Rawls)的《正义论》中,将公平视为社会的首要价值,且同时强调代内公平和代际公平①,这也是可持续发展的重要原则。其中,代内公平指代内之间的横向公平,即代内所有人平等拥有利用自然资源、要求良好生活环境的权利;代际公平指代际间的纵向公平,即当代人与后代人公平享有地球上的资源与环境。对于绿色建筑而言,代内公平既包括农村和城市之间的公平,如公共设施的可达性、公共交通的便利性等,也包括不同群体之间的公平,如普通人和残疾人、老人、幼儿之间的公平;代际公平则主要指建筑地域文化的传承,如延续历史文化景观、保留有价值的历史建筑、保护和利用地域建筑技术等。

以人为本是社会主义社会的基本价值取向,也逐渐在绿色建筑中得到贯彻与发展。新修订的《评价标准》以"安全耐久、健康舒适、生活便利、资源节约、环境宜居"为核心,体现了以人为本的宗旨。因此绿色建筑设计导控需要全面考虑使用者的需求,如设施和设备的便于控制、选用易于清洁的材料等;同时与人的心理、社会、文化等方面的需求相结合,如引导绿色生活方式、营造良好的社区氛围等。

此外,从工程建设活动角度出发,绿色建筑在设计、建造和使用过程中,都会对与之相关的主体产生影响,如培养设计师的绿色建筑设计能力、提高建筑工人的绿色施工技能、提升运营管理团队的可持续运营水平、增强使用者的环保意识等,从而引导绿色生态的社会意识形成。

5.1.3 刚弹性结合

刚性控制、弹性引导是绿色建筑设计导控体系的核心理念之一,也是体系构建过程需要把握的原则。其中,刚性控制是为了保障绿色建筑整体性能的实现;弹性引导是为了提高灵活性和针对性,以保证绿色建筑设计的落地。由于不同地区在气候条件、经济水平、文化习俗等方面存在差异,各地适宜的绿色建筑设计策略与技术措施也会有所不同,因此导控体系需要提供一定的弹性空间,供各地方灵活调整。此外,在实际项目中,绿色建筑会受到经济成本、政策法规、风俗习惯、技术体系等多方面因素的约束,需要提供一定的弹性空间,以便灵活调整,促进落地。

在具体操作上,绿色建筑设计导控体系首先需要区分刚性控制内容和弹性引导内容。刚性控制内容属于"底线控制",防止出现某些设计要素不达标,对生态环境、人体健康、城镇风貌等造成巨大的负面效果,此类要素必须予以重点控制,如场地选址应避开滑坡和泥石流等地质危害地段、不应选用对人体有害的建筑材料等。在确保整体绿色建筑性能的基础上,弹性引导内容对其他非重点元素进行方向性引导,不作具体的约束要求,为建筑师留出自主发挥的空间。弹性引导内容一般包括绿色建筑设计策略、生态技术措施、设计过程的导控指标等,并不要求所有地区、所有项目都必须采用某种技术或措施,而是以柔性的手段提供参考信息和措施要求。

其次,绿色建筑设计导控体系需要针对不同地区的特点,提供差异化的刚弹性控制,以

① 柯泉."代际公平"与"代内公平"的环境法思考——以罗尔斯的《正义论》为线索[J].法学,2020,8(4):602-607.

进行分类指导，例如绿色建筑示范区与一般区域对建筑绿色性能的要求有所差别，对要素的导控方式和控制力度也会不同。此外，在部分导控指标的控制方式上，采用“适度放松、区间取值”的方式，确定其上下限的阈值，允许不同地区有所侧重、适度调整，例如小城镇与城市相比，在容积率和建筑密度上可以有所放松。

为了保障绿色建筑设计导控体系的落实，需要在管理机制上配套相应的激励、奖励与监督措施。在奖励机制上，对某些重要的生态技术措施，可采用补贴的方式加以引导，如浙江省嘉兴市对采用太阳能光热与建筑一体化应用的工程，按集热器面积补助 200 元/m^2，并对保障性安居工程、拆迁安置房、城乡一体新社区建设等民生工程给予重点扶持，按集热器面积补助 300 元/$m^2$①。在监督机制上，施工图审查是目前监管绿色建筑设计的主要手段，但在“加快探索取消施工图审查”②的政策背景下，需要探索施工图全过程数字化管理、将绿色建筑纳入“建筑师负责制”的服务范围等方式，以加强绿色建筑所涉及阶段的监管。

5.1.4 动态调整性

绿色建筑设计导控是一个整体的、长期的动态过程。一方面，绿色建筑并非“一次性产品”，完结于竣工或交付的时刻，而是与环境存在着持续的互动过程和相互影响作用；另一方面，随着时间的推移、经济社会的发展、建筑技术的更新迭代，绿色建筑的内涵、要求和技术体系都会发生变化，意味着导控目标、导控内容在持续地改变。因此，绿色建筑设计导控体系需要打破静态观和确定性的思维方式，以动态的视角应对内外部环境的不确定性，从而提高绿色建筑设计导控的适应性和灵活性。

总的来说，绿色建筑设计导控体系的“动态性”体现在以下三个方面：一是动态的时间观，随着时间的推移和经济社会技术的发展，绿色建筑内涵和要求会发生改变，即导控目标会随时间而变化，相应的导控要素也需要调整；二是动态的空间观，考虑地域环境对绿色建筑的影响，导控内容可以灵活调整；三是动态的过程管理，通过循环优化的导控体系建构流程，适应内外部环境的不断变化。

为此，绿色建筑设计导控体系的建构也并非单次的、线性的流程，需要根据绿色建筑的实践效果和反馈意见，不断地调整与完善，形成“分析—建构—实施—反馈”的循环优化流程，以适应内外部环境的变化。如唐山曹妃甸生态城以年为单位，评估和统计生态指标的落实情况，将结果作为生态城指标体系反馈和修订的依据③。对于绿色建筑，需要对建成的绿色建筑项目进行持续的跟踪监测，收集、整理和统计建筑运营和管理过程的数据，如实际使用的能耗参数、环境参数等，并与设计过程的性能模拟与预测进行对比，以验证设计策略和生态技术的有效性，为设计导控提供实践依据。同时，在实施过程中，需要结合导控内容的落实情况，收集建筑师、工程师、业主、公众等绿色建筑利益相关者对导控体系的意见与诉

---

① 嘉兴市财政局.嘉兴市可再生能源建筑应用专项资金管理办法[EB/OL].(2012-01-16)[2022-03-16]. http://law.esnai.com/do.aspx? controller=home&action=show&lawid=123550.

② 国务院办公厅.国务院办公厅关于全面开展工程建设项目审批制度改革的实施意见(国办发〔2019〕11 号)[EB/OL].(2019-03-16)[2022-03-16]. http://www.gov.cn/zhengce/content/2019-03/26/content_5376941.htm.

③ 薛波.唐山曹妃甸国际生态城指标体系[J].建设科技,2010(13):64-65.

求，为下一阶段绿色建筑设计导控体系的调整与修订提供参考。

5.2 导控体系的生成路径

绿色建筑设计导控体系可视为由导控目标、导控内容、导控形式和建构程序四方面构成，其中：导控目标指针对地域情况，整合利益相关者的需求，从而确定绿色建筑设计导控的总体方向；导控内容指通过要素的研选和整合、导控手段的确定，形成绿色建筑设计导控体系的主要内容；导控形式指通过明确导控信息的传达途径和方法，确定表达方式和具体形式；建构程序指通过设置长期管理与反馈机制，实现导控体系的动态调整与更新(图 5.3)。

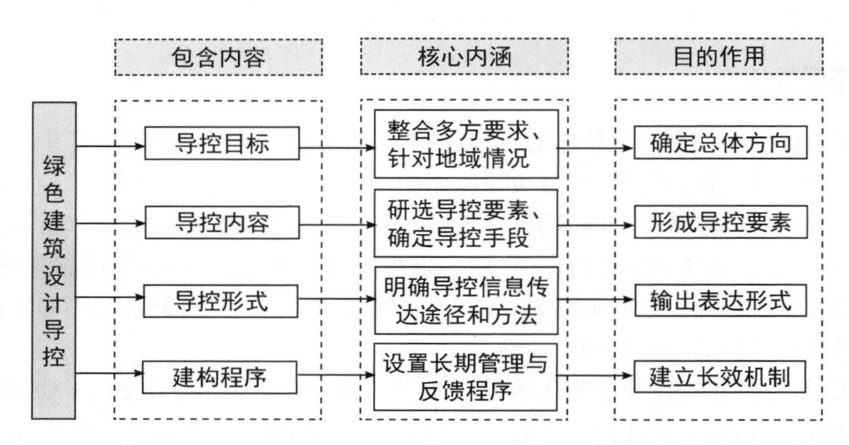

图 5.3　绿色建筑导控体系的生成路径

(图片来源：作者自绘)

5.2.1　目标设定：多维度整合

目标设定是构建绿色建筑设计导控体系的第一步，也是绿色建筑设计导控体系生成路径的关键环节，因为其决定了整个导控过程的方向和结果。导控体系的目标设定，既包括明确目标的范围与导控的重点，也包括界定目标的预期实现水平。绿色建筑设计导控体系的目标设定是个综合的、动态的过程，受多方面因素的共同影响与作用。本书借鉴控制论理论，认为导控目标主要由导控主体的价值取向与导控对象的性质所决定，具体而言主要包括以下四方面(图 5.4)：

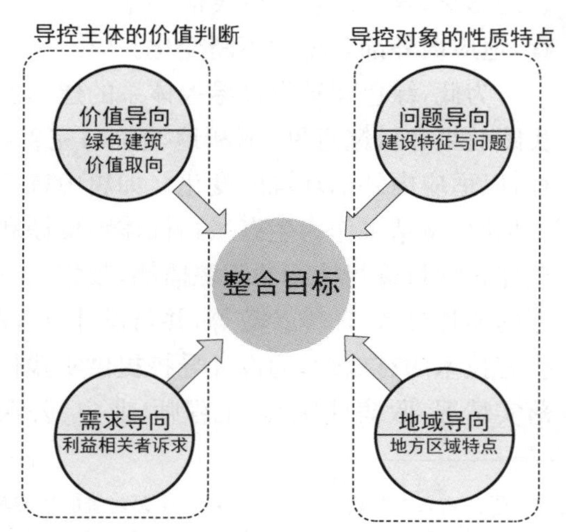

图 5.4　地域适宜绿色建筑设计导控目标设定示意图

(图片来源：作者自绘)

1）价值取向：立足并挖掘绿色建筑内涵

绿色建筑设计导控的核心目的是促使未来的建成环境符合导控主体的预期，因此导控主体对绿色建筑的预期构成导控目标的主要导向。我国现行标准体系对绿色建筑的定义与要求，体现了当前社会与行业对绿色建筑的共识，可作为导控目标的基础。在运用到具体地区或特殊建筑类型时，导控目标需要结合具体情况，从绿色建筑的本质价值出发，综合生态、经济、人文社会等多角度考虑，不断丰富绿色建筑的内涵和外延。

2）需求导向：呼应利益相关者的多元诉求

绿色建筑设计导控的目标决策还需要协调设计团队、政府部门、开发商、使用者和公众等利益相关者的意见。不同主体对绿色建筑的要求和预期往往存在差异，如在浙江省小城镇语境下，政府管理部门期望将绿色建筑融于管理体系中，并与现有建设标准和规范、美丽城镇建设等政策相衔接；建筑使用方对建筑的安全、健康、舒适等性能具有一定要求，同时希望建筑较为节能、节水，以降低长期使用和运营成本；投资方倾向于将绿色建筑的增量成本降到最低。因此，在绿色建筑设计导控目标的设定过程中，需要了解设计团队、政府部门、开发商等多方的诉求，通过科学的决策过程，寻求符合多数利益的“最大公约数”。

3）问题导向：基于当前建设现状与问题

绿色建筑设计导控需要解决当前绿色建筑设计与建设过程中面临的诸多问题，因此必须立足于当前的建设现状与问题，以问题为导向，确定导控目的的范围与重点。值得注意的是，建设现状与问题是动态变化的。以浙江省小城镇为例，近年来的小城镇环境整治综合行动在提升人居环境的同时，也带来城镇风貌单一、地域文脉割裂等问题。为此，导控目标的设定既要以当前问题为导向，也要有一定的前瞻性。

4）地域导向：适应不同地区的地域特征

由于绿色建筑设计受气候条件、地貌特征、经济水平、文化习俗等因素的影响，因此导控体系的目标设定需要放到特定的地区背景中加以分析。地域特征既指明了特定地区绿色建筑设计导控的重点，也约束了导控目标在实际操作中能实现的水平。以浙江省小城镇为例，其典型特征是生态环境相对脆弱、洪涝台风灾害频发、水资源分布不均、能源结构有待优化等，这些构成了绿色建筑的导控重点，而浙江省小城镇的经济水平和技术体系等因素会限制导控目标的实现程度。

总而言之，绿色建筑设计导控的目标设定是一个综合的决策过程，需要整合绿色建筑价值取向、多元主体利益诉求、当前建设现状与问题、地区主要地域特征等方面的考虑。同时，绿色建筑设计导控的目标设定是一个动态的过程，会随着社会的发展和实践的反馈，不断地校正与调整。

5.2.2 内容推导：提取—研选—建构

内容推导是绿色建筑设计导控体系的核心步骤，需要实现对各类导控要素的全面识别和整体把握。本文对绿色建筑设计导控要素的推导包含了三个主要步骤：提取—研选—建构（图 5.5）。

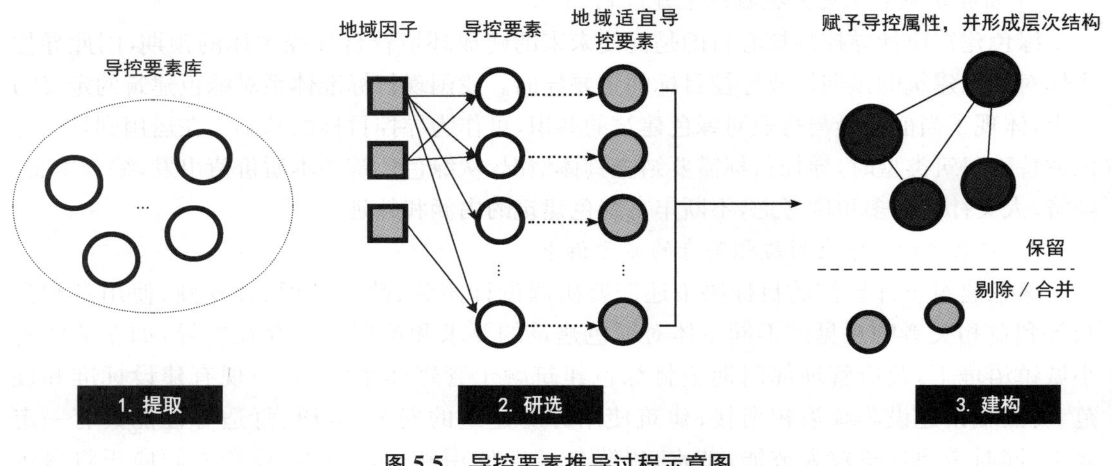

图 5.5 导控要素推导过程示意图

（图片来源：作者自绘）

1）导控要素的识别与提取

本步骤的目的是建立绿色建筑设计导控要素初选库，作为后续研选等操作的基础，要求纳入的导控要素尽可能全面和完备。导控要素的来源包括以下几方面：第一，深入分析国内绿色建筑标准与导则，从中提炼绿色建筑设计导控要素，这也是构成导控要素库的基础内容；第二，梳理分析国外绿色建筑标准与导则成果，提取有借鉴意义的导控要素，对导控要素库进行补充和拓展；第三，充分解读当地相关政策文件，提取反映总体诉求和发展目标的要素；第四，整理当地绿色建筑的研究成果和优秀绿色建筑设计案例，提取经过验证的、对绿色建筑设计有重要影响的要素。从不同角度提取的导控要素可能存在相似或重复的情况，因此在将导控要素汇总时，需要进行初步的分类和合并，集成为绿色建筑设计导控要素初选库。

2）导控要素的研选

本步骤的目的是研选出具有地域适宜性的绿色建筑设计导控要素。首先，对具体地区的地域特征进行解析，从自然环境、经济技术和社会文化等三个主要维度提取出地域因子，作为后续分析的基础。之后，在整体把握导控要素与地域因子之间的相互作用方式的基础上，将上一阶段初选出的绿色建筑设计导控要素与地域因子进行关联耦合，探寻两者之间的主要作用方式与作用结果，以形成地域适宜性绿色建筑设计导控要素库。

3）导控要素的建构

本步骤的主要目的是筛选出绿色建筑设计的关键导控要素，并赋予要素具体的导控属性，优化导控层级，完成地域适宜性绿色建筑设计导控体系的初步建立。在上阶段建立的地域适宜性导控要素库的基础上，对设计导控要素在当地建设过程中的绿色建筑设计功能定位和层级关系进行分析。运用专家咨询法，根据专家对导控要素的重要性判断，识别出关键导控要素，并确定导控要素需要刚性控制还是弹性引导。然后，运用探索性因子分析法，结合对导控要素的类型和相互关系的分析，提炼、合并、重组导控要素，优化层次结构。

5.2.3 成果表达：信息传达准确

成果表达阶段的主要目的是将上一阶段推导出的绿色建筑导控框架和导控要素转换为可感知的、具体的形式，以方便建筑设计团队或公众理解与运用。绿色建筑设计导控体系的常见形式包括设计导则、参考图集、性能评价标准等，具体的选择需要结合地区绿色建筑的发展情况。以浙江省小城镇为例，由于当前绿色建筑尚处于起步阶段，绿色建筑理念在小城镇范围内尚未形成共识，设计团队缺乏相关绿色建筑项目经验与技术积累，宜采用绿色建筑设计导则的形式，以引导为主、控制为辅，侧重提供适宜小城镇的绿色建筑设计参考信息，鼓励多途径探索小城镇绿色建筑设计，减少对绿色建筑设计成果的刚性约束和要求。

在绿色建筑设计导控体系的具体表达上，首要考虑是保证导控信息传达的准确性。如前文所述，为了减少导控信息的失真，需要采用公认的、无歧义的编码规则，提高编码的科学性，并适度增加重要导控信息的冗余度。与客观、定量的绿色建筑性能评价相比，绿色建筑设计导控面向设计过程，会涉及不少主观的、定性的指引，如城镇山水格局协调、地域建筑风格协调等。因此，需要对导控要素进行必要的“转译”：一方面，可借鉴城市设计导则的一些表达方法，如通过比例、角度、数量等管控与引导词汇将导控内容转译为可操作的要求；另一方面，可采用选择建筑领域公认的符号系统，如建筑图示语言、建筑模式语言等。

其次，需要考虑导控信息传达的有效性，即导控信息的接收者能否有效地吸收、理解导控信息，从而将其运用到绿色建筑实践中。导控信息传达的有效性建立在被理解和认知之上，为此借用“信息吸收级”①的概念，分析绿色建筑设计导控信息的吸收层级，如表5.1所示。

表5.1 绿色建筑师设计导控信息的吸收层级

绿色建筑设计导控信息吸收层级	主要特点
“零”级	导控信息被动抵达，接收者无法理解导控信息，信息吸收水平非常低
“低”级	接收者对导控信息有浅层次认知，但无法将之有效地运用到设计中
“中”级	接收者明确导控信息的重要性，需要寻求相关绿色建筑信息，力求消化和利用信息导控
“高”级	接收者对导控信息高度关心，力求较快在设计过程中利用导控信息
“特”级	接收者与导控信息高度相关，对导控信息反应迅速，十分理解导控信息的语义内容和效用价值

（表格来源：作者自绘，内容参考胡昌平.信息管理科学导论[M].2版.北京：高等教育出版社，2001：248-250.）

为了提高绿色建筑设计导控信息的认知层级，需要与导控信息的接收者的知识结构、思维模式相结合，并且有直接或间接的利益关系。以浙江省小城镇为例，绿色建筑设计导控信息的接收者主要为建筑设计团队，兼顾小城镇居民、政府建设部门和开发商；在成果表达阶段，主要需要考虑建筑设计团队的思维模式与知识结构，尽量采用可视化、形象化的表达方

① 胡昌平.信息管理科学导论[M].2版.北京：高等教育出版社，2001：248-250.

式，文字表达采取平实易懂的语言，并综合运用意向图、分析图、检查清单等形式，以方便设计团队快速理解、内化和利用设计导控信息。

总的来说，在绿色建筑设计导控体系的成果表达阶段，需要在保证导控内容的全面性和严谨性的前提下，增强可读性和易懂性，做到图文并茂、条理清晰、通俗易懂，减少管理人员和设计人员处理信息的过程与时间，也降低公众了解绿色建筑理念和知识的门槛。

5.2.4 程序架构：迭代循环优化

如前文所述，绿色建筑设计导控体系的建构原则之一是动态调整性，其导控目的与导控内容都具有动态性，而目前我国对绿色建筑标准与导则的实施管理机制尚不健全，因此需要建立长效管理与反馈机制，根据导控体系在建设实践过程的情况和问题，及时对其导控内容进行动态调整，形成设计实践与导控体系的良好互动与相互促进。

在借鉴螺旋开发模型的基础上，形成绿色建筑设计导控体系的程序架构过程模型，如图5.6所示，其特点是周期性和迭代性。每轮循环包括四个主要环节：第一，目标设定，在分析目前建设现状与问题、多元利益相关者诉求、特定地区地域特征等的基础上，确定当下绿色建筑设计的关键问题，从而确定绿色建筑设计导控的总体定位、目标和原则；第二，内容建构，研选具有地域适宜性的绿色建筑设计导控要素，并根据其相对重要性确定导控手段；第三，成果表达，通过适当的编码规则将上述绿色建筑导控要素转译为具体的成果表达形式，如设计导则等；第四，评价与再计划，将导控体系用于绿色建筑设计实践中，收集反馈数据，

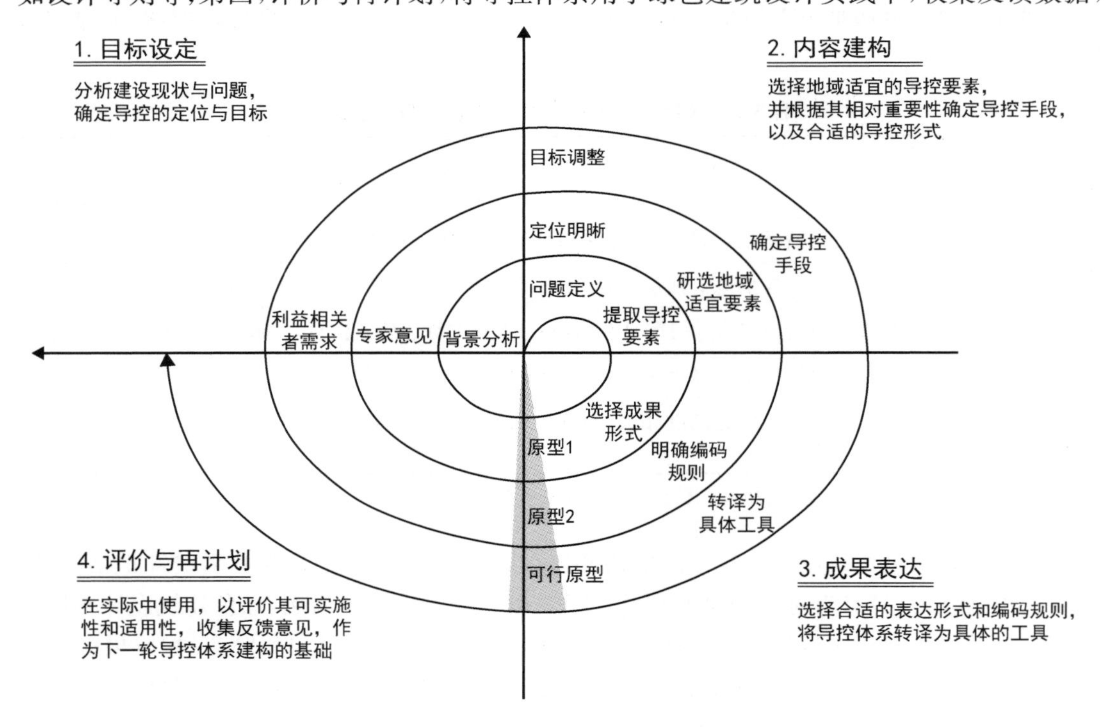

图 5.6 浙江省小城镇绿色建筑设计导控构建过程示意图

（图片来源：作者自绘）

作为下一阶段更新和调整导控内容的依据。上述步骤不断轮回重复，通过对绿色建筑设计导控内容的不断更新、修订、迭代，实现动态调整。

其中，在评价与再计划环节，需要收集建筑设计团队的主观评价和绿色建筑项目的客观数据，作为主要反馈数据。一方面，绿色建筑设计导控体系服务于从事一线工作的建筑设计团队，因此其反馈意见非常重要，可通过定性的访谈与定量的问卷调查相结合的调研方式，了解建筑设计团队对导控体系的易用性、适用性等方面的评价，以及针对具体指标或技术措施的建议。另一方面，在信息技术日益成熟的时代背景下，尤其是在大数据领域处于领先地位的浙江地区，有条件建立绿色建筑项目数据库，集成建筑设计与运营数据，具体包括：建筑的场地信息、功能类型、建筑面积等基本信息；建筑的体形系数、窗墙比等导控指标数据；所采取的绿色建筑技术措施统计等；建成项目的实际能耗、水资源消耗、物理环境参数等。上述数据共同构成绿色建筑项目信息库，既可作为基础数据验证设计策略和生态技术的有效性，为设计导控提供循证依据，也可形成开放共享的绿色建筑案例资料集，供建筑师和公众参考，成为绿色建筑设计导控体系的一部分。

5.3 “研选-整合”机制下导控体系的建构策略

“研选-整合”机制的目的在于研究、选取具有地域适宜性的绿色建筑设计导控要素，并通过有序整合使之发挥最大效益。因此，在“研选-整合”机制中，存在着三个核心问题：如何使得导控要素具有地域适宜性？如何筛选出重要的导控要素？如何整合导控要素，使之发挥出最大的效益？本节将对这三个问题作出回应。

5.3.1 基于关联耦合法的地域适宜要素研选

本书将关联耦合法视为“逻辑层面的一种考虑相互联系的分析方法”，借鉴其基本理念和方法，通过分析绿色建筑设计导控要素和地域特色因子之间的关联模式和作用法则，研选出地域适宜的绿色建筑设计导控要素。在具体操作中，关联耦合法由耦合要素、耦合模式和关联耦合的实践方法三部分构成①，对应地域适宜的绿色建筑导控要素研选过程中的“是什么”“为什么”和“怎么做”（图 5.7）。

1）耦合要素

在构建地域适宜性绿色建筑设计导控体系中，导控要素可视为关联变量，即导控体系的组成要素；地域因子可视为关联向量，即影响绿色建筑设计的因素。其中，地域因子指一定地域空间内影响绿色建筑设计的相关因子，可分为自然环境、经济技术和社会文化等三个维度，每个维度包含数量不同的因子（图 5.8）。通过动态调整作为关联向量的地域因子，使关联变量——导控要素能适应不同地区的情况，满足差异化要求。根据地域因子对绿色建筑设计导控要素影响程度的高低，地域因子可分为关键地域因子、次要地域因子和可忽略地域因子。接下来的耦合过程将着重考虑关键地域因子。

---

① 宋代军，杨贵庆.“关联耦合法”在城市设计中的运用与思考[J].城市规划学刊，2007(5)：65-71.

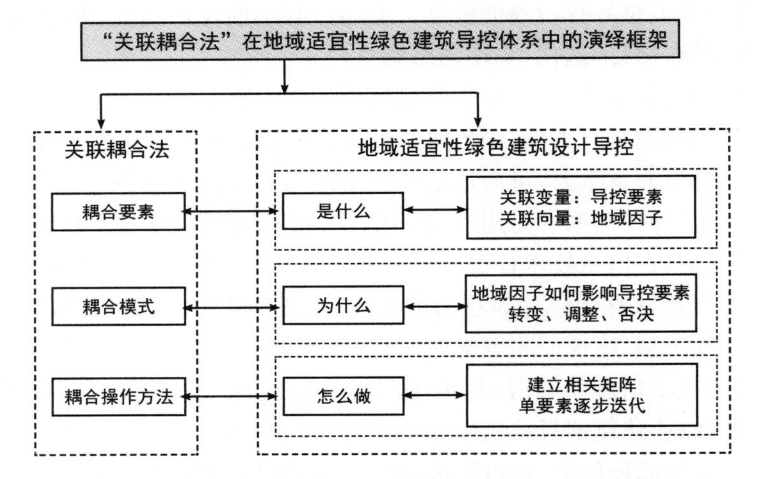

图 5.7 “关联耦合法”在绿色建筑导控体系中的演绎框架

（图片来源：作者自绘）

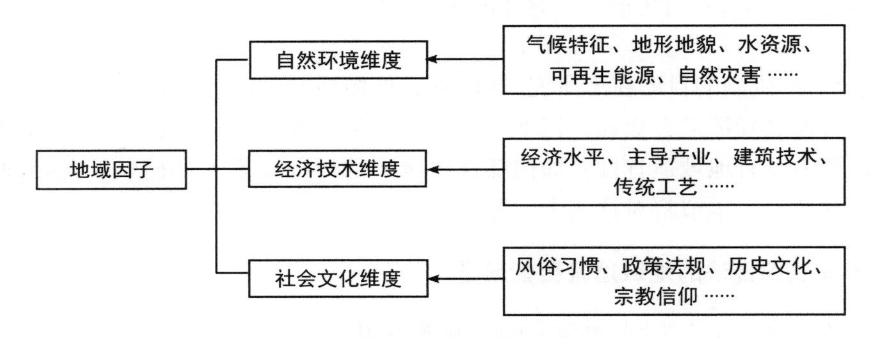

图 5.8 地域因子的构成

（图片来源：作者自绘）

2）耦合模式

耦合模式是指要素之间的相互作用方式，即地域因子是如何影响导控要素的。在将地域因子分成自然环境、经济技术和社会文化三个维度的基础上，将绿色建筑设计相关要素分为主动式和被动式设计策略两大类，从而建立地域因子对绿色建筑的影响分析框架（如图5.9所示）。其中，被动式设计指以自然的方式最大程度利用自然环境，没有或很少采用机械和动力设备，主要包括自然通风、自然采光、遮阳设计等；主动式设计策略，指使用机械和动力设备维持需要的建筑环境运营系统，包括可再生能源系统、空调系统等①②。

自然环境维度的地域因子影响绿色建筑设计策略与技术措施的适用性。气候条件因子包含空气温度、湿度、风速、太阳辐射等与人体舒适性息息相关的参数，是被动式设计的关键

---

① 余晓平.建筑节能科学观的构建与应用研究[D].重庆：重庆大学，2011.

② 宋晔皓，王嘉亮，朱宁.中国本土绿色建筑被动式设计策略思考[J].建筑学报，2013(7)：94-99.

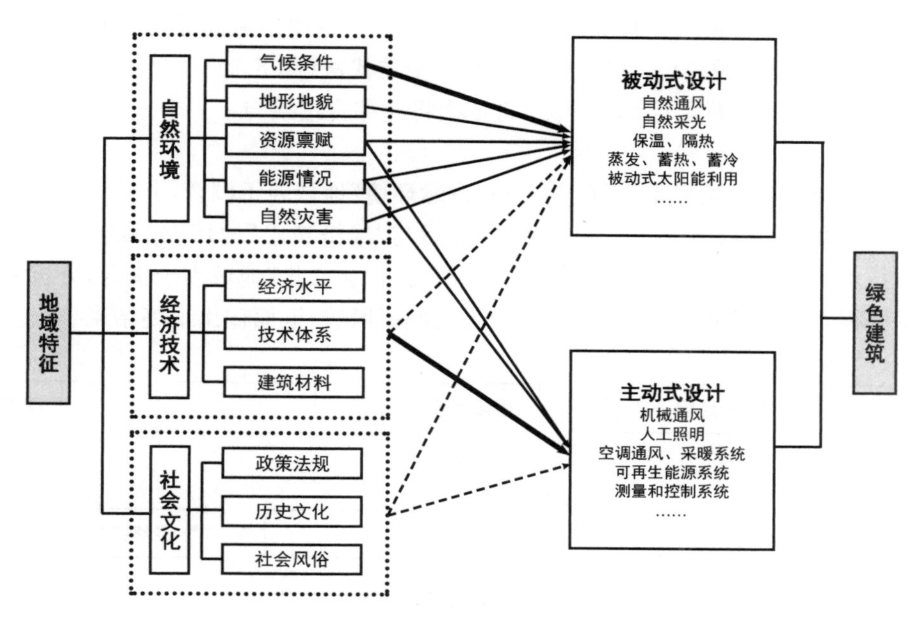

图 5.9 地域因子对绿色建筑的影响分析框架

（图片来源：作者自绘）

影响因素，可借助建筑气候分析法进行解析和判断。自然资源因子主要包括太阳能等可再生资源、水资源、植物资源、生物资源等，主要影响主动式和被动式可再生能源利用。地貌特征因子主要指山地、丘陵、平原等地貌类型，影响场地设计、建筑接地方式等被动式设计。

经济技术维度的地域因子主要影响绿色建筑技术措施选用的优先顺序。经济水平因子表征本地区的经济发展水平，从成本角度约束绿色建筑技术的采用；技术体系因子表征绿色建筑相关技术的成熟水平和推广力度，影响着这些技术能否应用于本地区。相较而言，雨水回收利用技术、太阳能光伏技术等主动式设计的成本投入比被动式设计要高，因此经济因子对主动式设计的影响更大，往往需要从全寿命周期角度，借助价值工程理论，进行绿色建筑技术的比选。

社会文化维度的地域因子对绿色建筑的影响作用是偏隐性的，不如前两个维度影响过程的直观和易于理解。政策法规、历史传统、风俗习惯等地域因子通过左右人们的价值判断和行为准则，影响绿色建筑设计策略与措施选用的接受度。总的来说，在众多地域因子中，气候条件、地貌特征、自然资源、经济水平和技术体系最为重要，可视为关键地域因子。

3）耦合操作方法

绿色建筑设计导控要素与地域因子的数量都较多，相互关系也较为复杂。绿色建筑设计导控要素与地域因子的相互作用关系，可分为以下三种情况：第一，地域因子对导控要素的影响非常小，可以忽略不计，如导控要素“室内空气污染物的浓度要求”，为普适性导控要素，直接输出结果；第二，导控要素主要受单个地域因子的影响，如导控要素“建筑朝向”主要受“气候”地域因子的影响，经过一次耦合后，输出地域性导控要素；第三，导控要素同时受多个地域因子的影响，可运用单要素逐步迭代法（图 5.10），将导控要素 X_i 与地域因子 A_1 进行耦合，得出阶段性综合结果，再依次将此综合结果与下一个地域因子进行耦合，直至结束。

以“太阳能利用”导控要素为例，其先与“自然环境”地域因子耦合，分析当地太阳能资源情况，判断太阳能利用技术是否适用于当地；然后与“经济技术”地域因子耦合，判断使用太阳能光热技术或光伏技术是否符合经济性；最后与“社会文化”地域因子耦合，分析太阳能利用技术是否符合当地政策法规、是否会影响当地城镇风貌，继而输出最终结果。

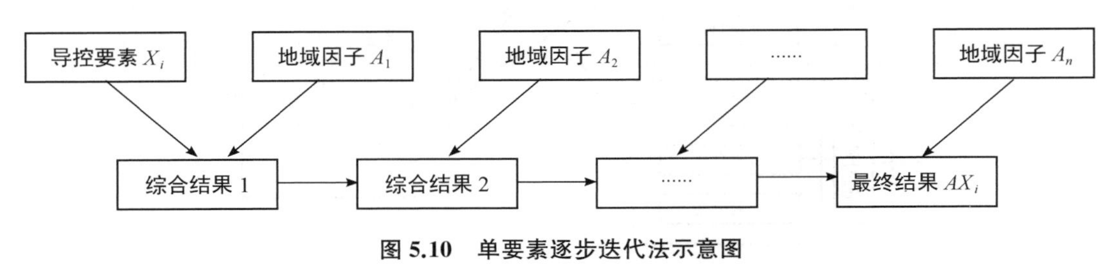

图 5.10 单要素逐步迭代法示意图

（图片来源：改绘自宋代军，杨贵庆.“关联耦合法”在城市设计中的运用与思考[J].城市规划学刊，2007(5)：65-71.）

5.3.2 基于适用性原则的要素筛选方法甄别

在绿色建筑设计导控体系的建构中，核心步骤在于提取和筛选出关键导控要素。由于不同地区的气候条件、地理情况、经济社会和人文历史存在差异，不同地区的绿色建筑设计的重点和优先级也有所差异，直接影响当地导控要素的相对重要性。换言之，筛选关键导控要素是绿色建筑导控体系地域适宜性的主要体现。从数学角度解释，指标筛选的本质是数据降维①，减少指标的信息冗余，保证体系的简洁高效。

常用的指标筛选方法有三大类：第一类是专家主观筛选法，由专家依据经验主观判断各因素的相对重要性，从而确定权重，如德尔菲法（Delphi Method）、层次分析法（Analytic Hierarchy Process，AHP）、专家打分法、关联矩阵法等②③；第二类是数理统计筛选法，对统计数据进行客观、定量的整理和分析，根据数据所反映的特征筛选指标，如主成分分析法、因子分析法、熵权法等；第三类是知识挖掘筛选法，即在专家的主观判断基础上，利用数学模型对评价指标所包含的信息进行深入挖掘，如粗糙集分析、灰色关联分析、神经网络分析等。本书对常用于绿色建筑领域的指标筛选方法进行列表对比和简要分析（表 5.2），从而甄选适用于建构地域适宜性绿色建筑设计导控体系的方法。

---

① 曹蕾.区域生态文明建设评价指标体系及建模研究[D].上海：华东师范大学，2014.

② 彭张林.综合评价过程中的相关问题及方法研究[D].合肥：合肥工业大学，2015.

③ 王晖，陈丽，陈垦，等.多指标综合评价方法及权重系数的选择[J].广东药学院学报，2007，23(5)：583-589.

表 5.2 绿色建筑领域常用赋权方法的比较

类别	方法名称	主要流程	优势	局限性
主观赋权方法	专家打分法	专家依据其知识经验，直接判断要素的重要性程度，并给出绝对或相对数值	·简单直接，容易理解，方便操作	·主观性较强，要素较多时容易出现判断的不一致
	德尔菲法	匿名收集专家意见，进行整理和统计，并匿名反馈给各专家，重复多轮，直至得到一致的意见	·采用匿名的方式，使每一位专家独立地作出自己的判断 ·多轮迭代和反馈过程，给专家调整和更正的机会	·反复征询意见，过程较为复杂，时间周期较长，需要专家较高的配合度 ·专家之间缺少直接的沟通交流，容易忽视少数人的意见，可能存在一定的主观片面性
	层次分析法	将问题的相关因素转化为目标、准则和方案等层次，通过成对比较的专家判断，确定多个判断矩阵，并求解出权重	·将人的主观判断定量化和具体化 ·把定性分析和定量分析相结合，增强了判断的实用性 ·层次分析法的层次结构与绿色建筑评价的层次结构相似	·最终百分比权重通过比较计算而得，不为受访者所知，因此无法及时纠正出现的异常情况 ·当因素较多时，问卷可能非常复杂。两两比较的因素一般不超过 9 个
	模糊综合评价法	以模糊数学为基础，通过专家打分，构造判断矩阵，应用模糊关系的隶属度函数和合成规则，求解权重向量	·将主观模糊的信息转换为客观定量的信息，解决了判断的模糊性和不确定性问题	·对专家知识和经验依赖性强 ·对隶属函数的依赖性较高，而隶属函数的确定本身就是一个难题
	相对重要系数法	通过李克特量表收集被调查者对因素重要性的判断，通过相对重要系数公式计算出结果	·方法容易理解，具有较强的操作性，适用于大样本、多因素的调查	结果的准确性依赖于被调查者，具有一定主观性
客观赋权方法	主成分分析法	通过对要素内部依赖结构的探讨和分析，找出影响过程指标来线性表示变量	·用较少的指标来代替原来较多的指标，简化了原指标体系的指标结构 ·权重根据综合因子的贡献率的大小确定的，排除主观因素的影响	·计算过程比较繁琐，且对样本量的要求较大 ·若指标之间的关系并非为线性关系，那么就有可能导致评价结果偏差
	因子分析法	原理与主成分分析法类似，通过研究原始变量相关矩阵内部的依赖关系，把一些具有错综复杂关系的变量归结为少数几个综合因子		
	聚类分析法	计算对象和指标间的距离，或是用相似系数，进行系统聚类，找出权重中的“异类”并剔除	·保留“主流”信息，剔除“异类”信息	·通常在其他赋权方法的基础上进行聚类分析
	熵权法	基于信息论原理，利用的是信息之间的差异性来进行赋权，即信息熵值越小，要素的变异程度越大，该要素的权重越大	·相对于主观赋权法，精度更高，客观性更强 ·可剔除指标体系中对评价结果贡献不大的指标	·仅考虑指标的统计意义，没有考虑运用中的实际意义 ·需要大量统计数据

（续表）

类别	方法名称	主要流程	优势	局限性
知识挖掘筛选方法	粗糙集分析法	·通过对数据按照属性进行分类，根据属性间质变的重要性使用粗糙集进行约简	·便于处理模糊信息与不确定信息 ·对要素进行属性简约，达到去除冗余属性的目的	·对于连续性数据要先进行离散化处理，而目前的离散化方法或多或少存在一定缺陷 ·得出的约简结果并不唯一，通常需结合其他方法运用
	神经网络分析法	·通过模拟人类大脑工作的原理，利用非线性函数模拟输入输出之间的关系	·具有自学习和自适应能力 ·具有一定容错能力 ·能处理大型复杂系统	·精度不高，需要大量训练样本 ·易形成局部极小化，导致训练失败 ·网络结构缺乏统一的理论指导，只能凭经验选定

（表格来源：作者自绘，参考彭张林.综合评价过程中的相关问题及方法研究[D].合肥：合肥工业大学，2015.）

通过对上述指标筛选方法的对比分析可知，上述评价方法各具特点，都有其优势与局限性。方法的选用并非越新颖、越复杂就越好，而是要结合分析对象确定。一方面，绿色建筑具有复杂性和目标多维性，部分导控要素无法用客观的定量指标简单衡量，尤其是社会文化方面的导控要素不可避免地涉及主观的价值判断；另一方面，国内绿色建筑尚在发展阶段，缺少对绿色建筑的基础数据的收集和整理，如建筑材料数据、建筑运营的耗能数据等，没有完整的数据来源与基础，也就无法采用纯客观的数理统计筛选法。同时，结合数据获取可行性、可操作性、应用效果等因素的考虑，本书以专家打分法作为关键导控要素的筛选方法。为了减轻专家主观筛选法的随意性，本书在遴选专家时，注重专家的知识和经验背景，并增加专家的数量，使专家意见更具代表性。

5.3.3 基于层次性原理的导控框架结构建立

系统的层次性原理是指，由于构成系统的各要素之间存在着多种差异，系统组织在地位和作用、结构和功能上呈现出等级秩序，从而形成具有质的差异的系统等级①。从动态角度来看，层次反映了系统内各要素整合为整体过程中的涌现等级，每个涌现等级都是通过各要素之间不断的竞争与合作，形成了较为稳定的结构②。对于绿色建筑设计导控体系而言，层次反映的是导控体系内部具有不同结构等级，系统内部相同结构等级上的各导控要素互相关联，形成有机整体。

如前文所述，在各国的绿色建筑标准实践中可看出，其层次结构的划分尚未达成共识：有的按专业分为建筑、结构、景观、给排水、暖通等，有的按目的划分为节水、节材、节能、室内

① 魏宏森，曾国屏.试论系统的层次性原理[J].系统辩证学学报，1995，3(1)：42-47.

② 顾文涛，王以华，吴金希.复杂系统层次的内涵及相互关系原理研究[J].系统科学学报，2008，16(2)：34-39.

环境质量等，有的按空间层次划分为场地环境、群体建筑、单体建筑、细部构造等。这也反映了绿色建筑设计导控体系的层次结构并非固定，其中的要素是动态调整的，不断通过“涌现”生成新的秩序和新的结构。绿色建筑设计导控体系建构的实质是按照合理的层次规律，对各导控要素进行重新分布，取得阶层分布上的最优结合，从而建立完整的导控体系。

基于系统的层次性原理，本书对绿色建筑设计导控体系进行要素的层级结构搭建，形成“目标层—分目标层（系统层）—策略层（子系统层）—导控要素层”的层级递阶式四级框架结构（图 5.11）：

目标层：体系的设定目标与预期成果，即实现绿色建筑设计导控目标。

分目标层：对目标层进行拆解，由若干个分目标组成，体现某地区绿色建筑设计的总体目标与发展趋势，涵盖绿色建筑设计的内涵。

策略层：对分目标的分解和细化，形成若干个回应分目标的策略。策略层对上反映分目标层，对下联系导控要素，是联系目标与要素的中间层级。

导控要素层：根据目标层和策略层的特征，进一步构建更具体的导控要素。策略层每项要素对应若干个导控要素。这些导控要素直接对绿色建筑设计的细节进行引导和控制，其导控手段包括原则导控、要求导控、措施导控和指标导控等。

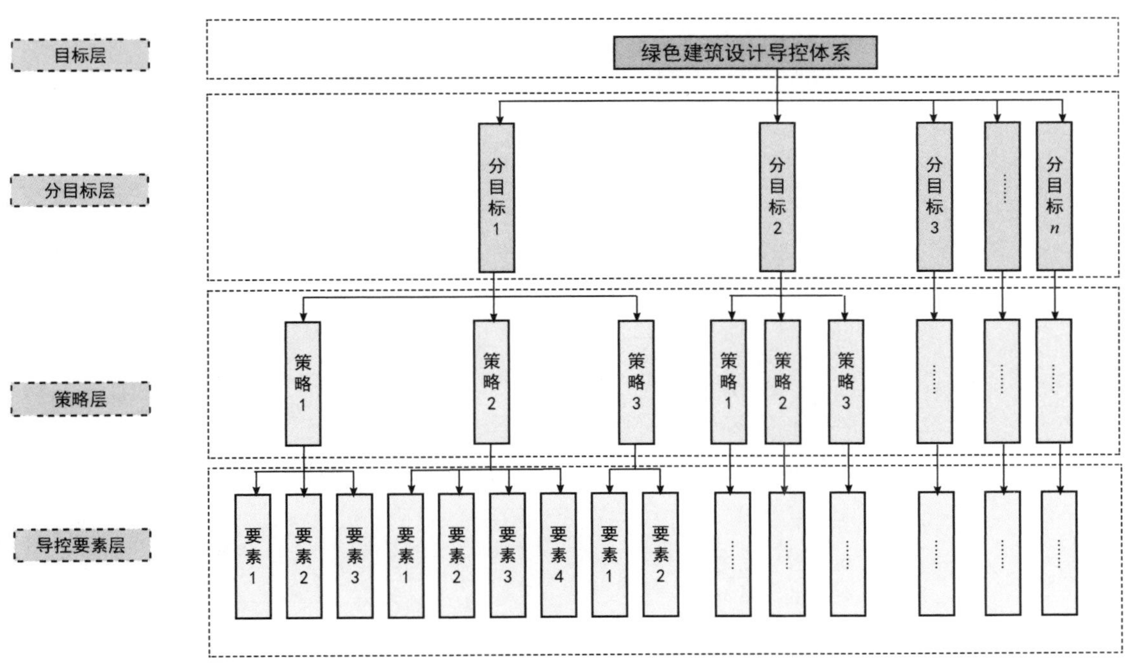

图 5.11　绿色建筑设计导控体系层次结构

（图片来源：作者自绘）

5.4　本章小结

基于前文建立的绿色建筑设计导控体系认知框架，本章结合浙江省小城镇的情况，从宏观角度对构建地域适宜性绿色建筑设计导控体系中的基本原则、主要过程、策略方法进行阐述。在基本原则上，绿色建筑设计导控体系在构建过程中应遵循整体协调性、目标多维性、刚弹性结合、动态调整性等原则。在生成路径上，以导控体系的主要组成部分——目标、内容、形式和程序等四方面展开，即基于多维度整合的目标设定、以“提取—研选—建构”为核心的内容推导、以信息传达准确为目的的成果表达，以及以迭代循环优化为特征的程序架构。在建构策略上，针对建构过程中的核心问题，为地域适宜性要素的研选、关键导控要素的筛选、导控框架结构的建立等关键环节提供了方法与依据。

6 实证研究:《浙江省小城镇绿色建筑设计导则》的体系建构与内容编制

基于前文地域适宜性绿色建筑设计导控体系的原则、生成路径和建构策略，本章以浙江省小城镇为例，对绿色建筑设计导控体系的推导过程进行详细阐述，以明晰“研选-建构”机制的操作过程，具体如图 6.1 所示。

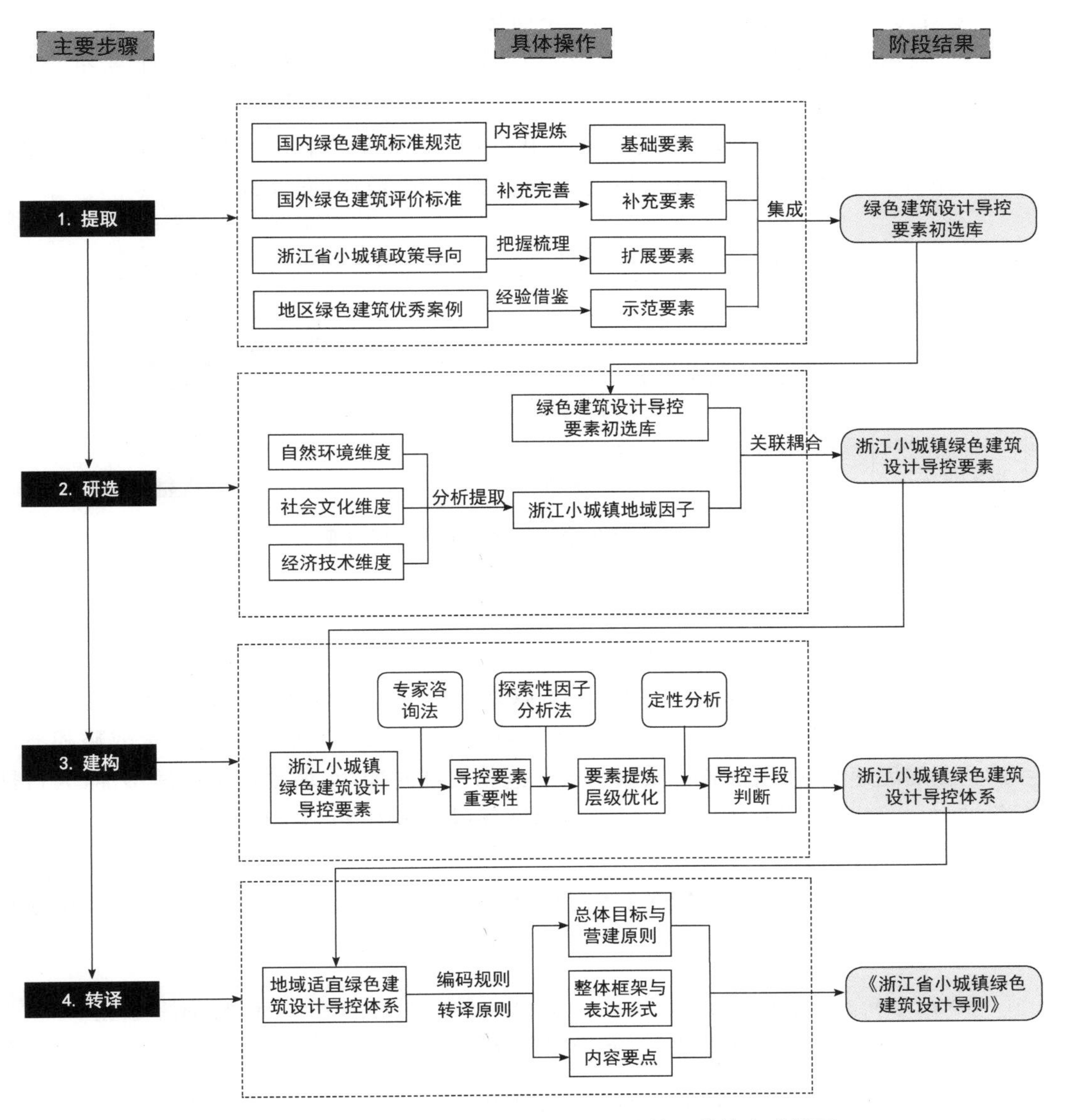

图 6.1　建立浙江省小城镇绿色建筑导控体系的技术路线图

（图片来源：作者自绘）

6.1 浙江省小城镇的地域特征解读

6.1.1 基本概况

浙江省的小城镇发展与建设都走在全国前列，其经济发展水平较高、人口聚集程度较高、公共服务资源相对丰富、基础设施配置相对完善①②③，具备发展绿色建筑的条件。2019年发布的“美丽城镇”政策掀起了浙江省小城镇的建设热潮，也对小城镇的建设品质、绿色性能提出了更高的要求。因此，浙江省小城镇具备推广普及绿色建筑的需求与基础。

1）发展历程：蓬勃发展—调整徘徊—全面协调发展

截至2019年，浙江省城镇化率达到70.0%，全省共有631个建制镇、269个乡和131个独立于城区的街道，属于本书研究范围内的小城镇大约为1 000多个。由于浙江省的行政区划每年都在调整，且小城镇数量是动态变化的，本章的研究并不纠结于具体的小城镇数量。自改革开放起，浙江省小城镇的发展经历了以下三个阶段(图6.2)：

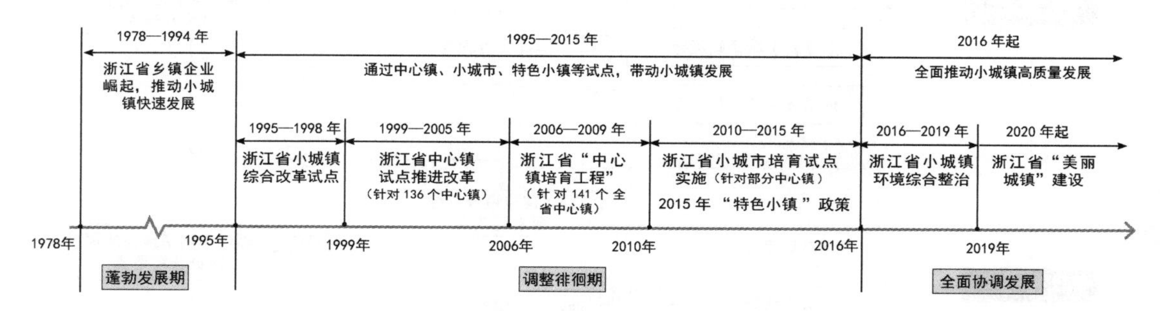

图6.2 浙江省小城镇建设发展历程演变

(图片来源：作者自绘)

(1) 蓬勃发展时期(1978—1994年)

由于计划经济时期采取的抑制城市扩张政策，改革开放前，浙江省城镇化总体水平较低，1978年城镇化水平为14.5%。改革开放后，得益于重点发展小城镇的国家战略和浙江省乡镇企业的迅速崛起，浙江省小城镇进入了蓬勃发展时期，小城镇数量快速增加，人口规模不断扩大，“温州模式”也是在这一时期被总结并得到国内外的广泛关注。

(2) 调整徘徊时期(1995—2015年)

20世纪90年代中期后，随着经济体制和市场的日益规范，乡镇企业的比较优势逐渐丧

① 徐晓勇，罗淳，雷冬梅.中国小城镇人口集聚能力的省际比较分析[J].西北人口，2013，34(4)：1-6，11.

② 李晓燕.小城镇公共服务区域差异研究：基于省际数据的实证分析[J].首都经济贸易大学学报，2012，14(4)：40-45.

③ 赵晖，张雁，陈玲，等.说清小城镇：全国121个小城镇详细调查[M].北京：中国建筑工业出版社，2017：154-159.

失,小城镇的经济活力下降、发展放缓。这一时期,浙江省聚焦重点小城镇建设,先后提出确立 100 个小城镇综合改革试点、重点培育 200 个中心镇、100 多个国家级和省级的特色小镇、60 个小城市培育试点镇①,以此带动其余城镇和乡村的发展。随着政策和资源向重点小城镇倾斜,小城镇内部开始出现分化现象,头部小城镇优势地位不断强化,而“被遗忘”的小城镇发展进入停滞阶段,城镇风貌“既不如村、更不如城”。

(3) 全面协调发展时期(2016 年起)

针对小城镇的发展短板,浙江省于 2016 年 9 月开展“小城镇环境综合整治行动计划”,围绕“一加强、三整治”的整治内容,全面提升小城镇生产、生活、生态环境质量。2019 年,浙江省全域内小城镇环境综合整治任务全面完成,在此基础上,浙江省提出“美丽城镇建设”,全面推动小城镇的高质量发展。

2) 空间分布:“中心集聚、局部连绵”

核密度分析能直观反映区域中的点要素或线要素的分布情况和特征,如图 6.3 所示,浙

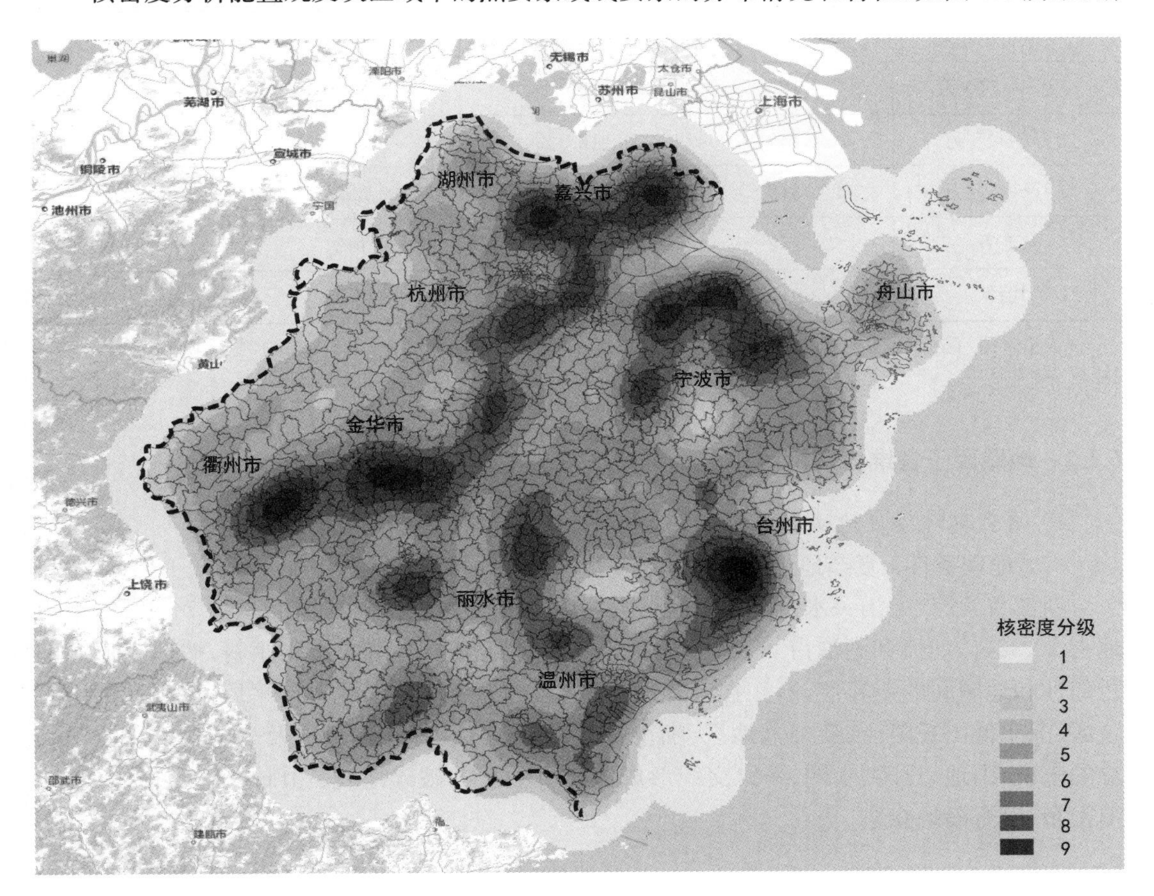

图 6.3 浙江省小城镇核密度分析图

(图片来源:作者使用 ArcGIS 软件自绘)

① 王岱霞,王诗云,吴一洲.区域小城镇空间结构解析与优化:以浙江省为例[J].浙江工业大学学报(社会科学版),2020,19(1):47-53.

江省小城镇在空间分布上呈“中心集聚、局部连绵”①的特征。从整体上看，浙江省小城镇围绕着核心城市聚集，并部分相连成线状。在浙东北，小城镇集聚成片，环绕由嘉兴、杭州和宁波构成的杭州湾地区，并向西沿义乌、金华、衢州组成的金衢盆地分布。在浙南，沿着台州、温州等沿海地区呈线性分布，在丽水地区较为分散，围绕几个县城聚集分布。

3）类型多样，差异显著

浙江省小城镇在人口规模、经济水平、产业发展、城镇风貌等方面呈现明显的内部分化现象。如从城镇人口规模看，64.6%的小城镇人口规模在3万人以下，人口规模在5万人以上的小城镇数量仅175个，却集中了城镇总人口的56.0%（表6.1）。

表6.1　2017年浙江省小城镇人口规模统计表

按常住人口规模分级/人	小城镇		人口	
	数量/个	占比/%	数量/万人	占比/%
≥10万	49	5.4%	795	26.7%
5万～<10万	126	13.8%	874	29.3%
3万～<5万	149	16.3%	578	19.4%
1万～<3万	319	34.9%	592	19.9%
<1万	272	29.7%	143	4.8%
共计	915	100.0%	2 982	100.0%

（表格来源：陈前虎，潘兵，司梦祺.城乡融合对小城镇区域专业化分工的影响：以浙江省为例[J].城市规划，2019，43(10)：22-28.）

6.1.2 地域因子各维度解析

1）自然环境维度地域因子

（1）地理条件：复杂地形，破碎地貌

浙江省素有“七山一水两分田”之称，其中山地和丘陵占全省陆域面积的74.63%，平坦地占20.32%，河流和湖泊占5.05%②。浙江省整体地势由西南向东北倾斜，按地表形态的相似性和地域间的差异性，浙江省可大致分为六个地貌单元：浙北水网平原区、浙西中山丘陵区、浙东低山丘陵区、浙中盆地区、浙南中山区、浙东沿海丘陵平原及岛屿区③（图6.4）。总的来说，山地、丘陵、水网、平原交织形成浙江省独特的破碎地貌：山脉丘陵纵横、水系湖泊密布、沿海岛屿众多。

① 王岱霞，施德浩，吴一洲，等.区域小城镇发展的分类评估与空间格局特征研究：以浙江省为例[J].城市规划学刊，2018(2)：89-97.

② 浙江省人民政府.浙江省地理概况[EB/OL].(2022-03-10)[2022-03-16].http://zj.gov.cn/col/col1544731/index.html.

③ 唐增才，袁强.浙江地质灾害发育类型和分布特征[J].灾害学，2007，22(1)：94-97.

(2) 气候特征：夏热冬冷，静风潮湿

气候因子中与建筑密切相关的主要包括空气温度、湿度、风速、太阳辐射、日照等气象参数。浙江省地处亚热带季风气候区，受季风影响明显，四季分明，主要特点为夏季高温、闷热、静风，冬季阴冷、湿润①。在建筑气候分区中，浙江省全域属于夏热冬冷地区。为了更有针对性地指导绿色建筑设计，本章采用聚类分析法，选取浙江省气温、相对湿度、风速等气象要素数据，对浙江省进行建筑气候分区的细化，具体过程详见“附录2　基于聚类分析的浙江省建筑气候分区”，分区结果如图6.5所示。

图6.4　浙江地貌分区图

[图片来源：改绘自中国国家地理网(http://cng.dili360.com/cng/jsy/2012/01064338.shtml)]

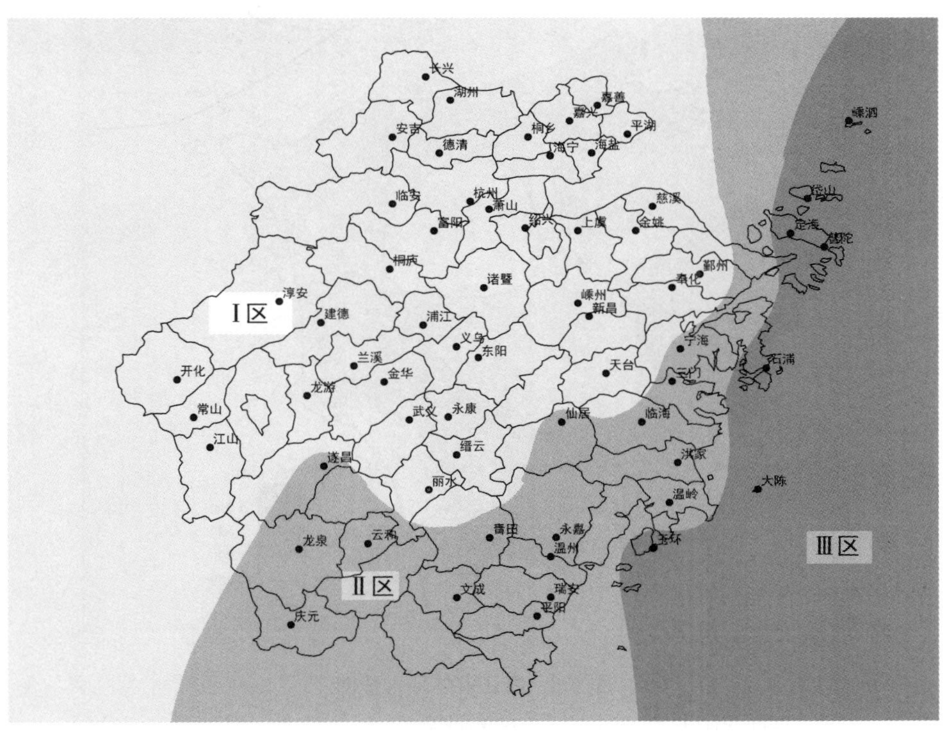

图6.5　浙江省建筑气候分区

(图片来源：作者自绘)

① 张培申，郭力民.浙江气候及其应用[M].北京：气象出版社，1999：6-9.

根据聚类分析结果，浙江省可大致分为三个建筑气候分区：

Ⅰ区为浙北地区：全年相对湿度较高，平均风速一般，略高于Ⅱ区，夏季炎热、日照时数较长、制冷需求高，冬季湿冷，1月平均气温最低，供暖需求高。

Ⅱ区为浙南地区：全年相对湿度较高，夏季相对湿度略高于Ⅰ区，夏季炎热、制冷需求较高，冬季温和，供暖需求一般。

Ⅲ区为浙东滨海岛屿区：全年相对湿度高、风速高、太阳辐射量高，夏季炎热，7月平均气温略低于Ⅰ区和Ⅱ区，制冷需求相对较低，冬季寒冷，供暖需求较高。

（3）水资源：总量丰富，人均偏低，分布不均

2019年浙江省水资源总量约 1.32×10^{11} m^3，但由于浙江省人口较多，人均水资源量为2 281.0 $m^3$①，在全国处于中等水平，为世界人均水平的1/3左右。在空间分布上，降水量在不同地区差异明显，总体上自西南向东北递减，山区大于平原（图6.6），与省内人口和经济布局相矛盾。在水质上，呈自西向东变差的趋势，尽管上游地区水质较好，但部分支流和流经城镇的局部河段存在不同程度的污染，近海域水体呈中度富营养化状态②，其中温州和台州

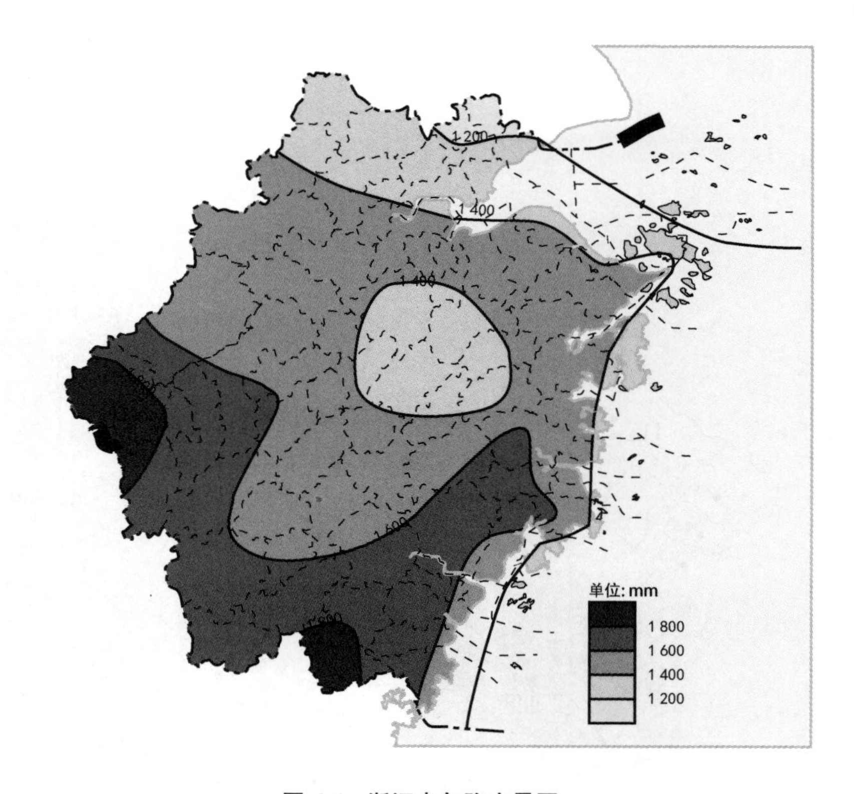

图6.6 浙江省年降水量图

［图片来源：浙江地方志网（http://www.zjdfz.cn/html/2012/zjs_0925/563.html）］

① 国家统计局.2020年中国统计年鉴[M].北京：中国统计出版社，2021：236.

② 浙江省生态环境厅.2019年浙江省生态环境状况公报[EB/OL].(2020-06-04)[2022-03-16].http://sthjt.zj.gov.cn/art/2020/6/4/art_1201912_44956625.html

近岸海域水质现象相对较好，嘉兴和舟山近岸海域富营养化较为严重(图 6.7)。水污染问题加剧了水资源的供需矛盾。

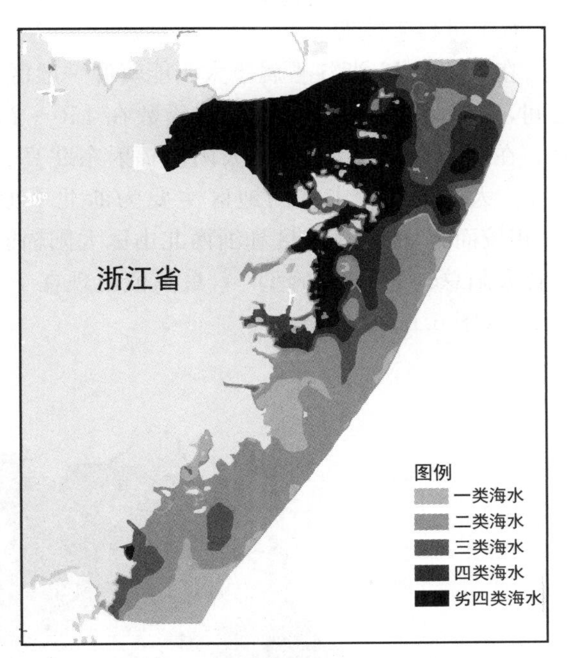

图 6.7　浙江省近岸海域海水类别分布图

(图片来源:《2019 年浙江省生态环境状况公报》)

(4) 土地资源：土地利用低效，人均用地偏高

浙江省的耕地面积为 1 977 000 hm^2，人均耕地面积为 0.52 亩(0.034 7 hm^2)①，约为全国人均耕地面积 1.46 亩(0.097 3 hm^2)的三分之一，低于联合国粮农组织规定的人均可耕地 0.796 5 亩(0.053 1 hm^2)的警戒线②。与此同时，浙江省小城镇建设用地布局松散，“边角地”“夹心地”“插花地”普遍存在，根据《2019 年城乡建设统计年鉴》，2019 年浙江省建制镇(及乡集镇)人均建设用地面积约为 220～230 m^2，约为同期浙江省城市人均建设用地面积的 1.9 倍、县城的 1.7 倍和农村的 1.5 倍(图 6.8)。

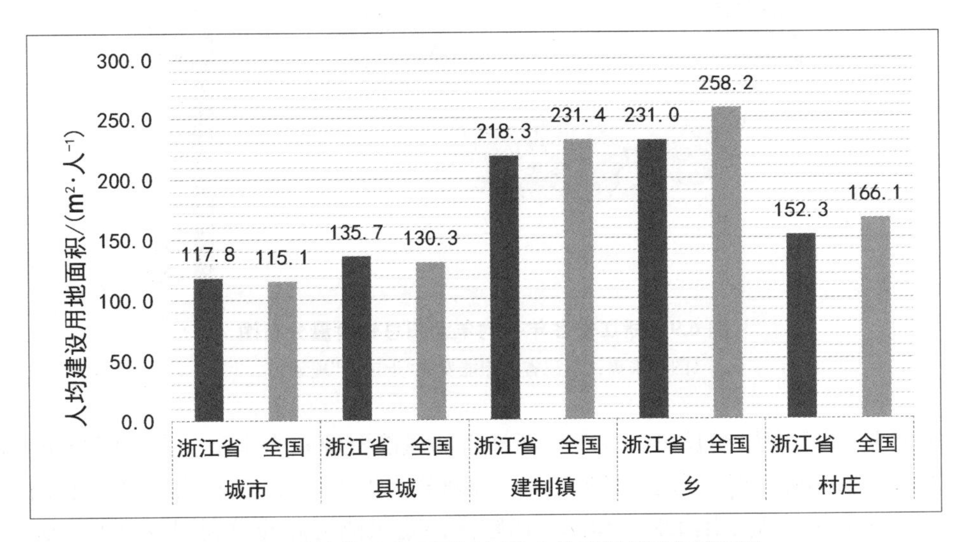

图 6.8　城镇体系中不同层级的人均建设用地面积对比

(图片来源：作者自绘，数据来源于《2019 年中国城乡建设统计年鉴》，面积均按建成区面积计算，城市、县城、建制镇按常住人口计算，乡和村庄按户籍人口计算)

---

① 国家统计局，生态环境部. 中国环境统计年鉴 2019[M]. 北京：中国统计出版社，2020：111-112.

② 中国社会科学院. 浙江经验与中国发展：经济卷[M]. 北京：社会科学文献出版社，2007：37-38.

(5) 可再生能源

在太阳能上，浙江省属于太阳能资源一般区①，太阳辐射量在 4 223.9～4 922.7 MJ/m^2 之间，日照时数大于等于 6 小时天数在 150～200 天之间，具有一定的太阳能开发利用价值。在空间分布上，浙江省太阳能辐射东北高、西南低，平原高于山区，沿海高于内陆(图 6.9)。太阳辐射较丰富的地区主要为浙北平原、浙中金衢盆地，以及浙东沿海平原和岛屿；相较而言，浙西南山区和浙西北山区太阳辐射较低。在季节分布上，受梅雨气候影响，浙江省太阳总辐射呈“双峰型”②，最高值出现在 7 月，次高值出现在 5 月，最低值出现在 1 月和 2 月(图 6.10)。

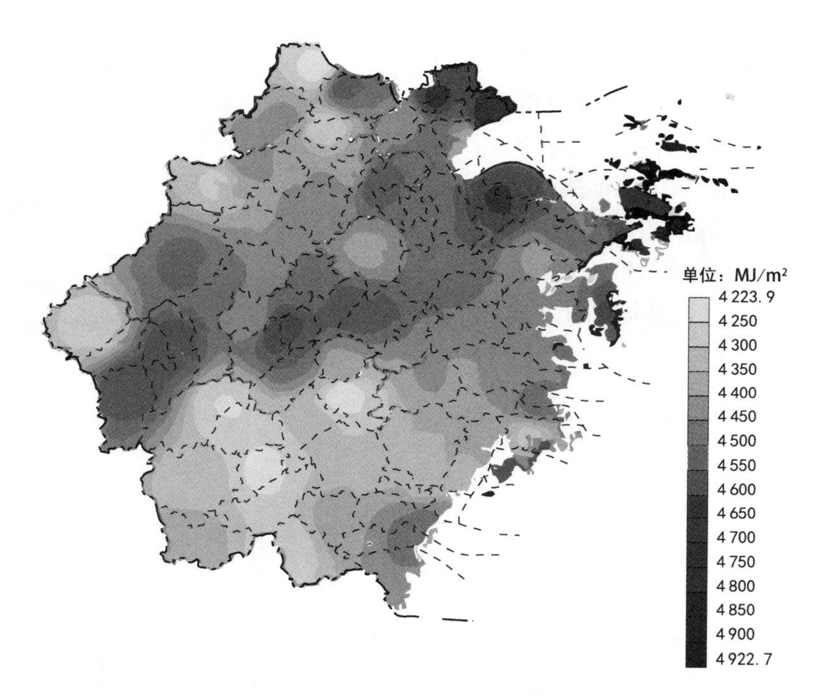

图 6.9 浙江省多年平均年太阳总辐射量分布图

(图片来源：《浙江省太阳能发展“十三五”规划》)

在风能上，由于海岸线长、岛屿众多，浙江省的风能资源较为丰富。在空间分布上，风能资源由近海、海岸向内陆逐渐递减(图 6.11)，可划分为近海风能区、沿海风能带和内陆风能点③。因此，浙江省海岛、沿海地区和部分内陆高山是风能资源开发利用的重点区域。

① 根据太阳辐射量的差异，我国太阳能资源分区分为资源丰富区、资源较丰富区、资源一般区和资源缺乏区，浙江省全域属于太阳能资源一般区。引自中华人民共和国住房和城乡建设部.建筑给水排水设计标准：GB 50015—2019[S].北京：中国计划出版社，2019.

② 黄艳，蔡敏，严红梅.浙江省太阳能资源分布特征及其初步区划研究[J].科技通报，2014，30(5)：78-85.

③ 近海风能区指等深线 50 米以内的海域和近海岛屿；沿海风能带指杭州湾南岸、甬台温沿海岸区；内陆风能点指千米以上的高山、山顶、山脊.引自王佐方.浙江省分散式风电现状及发展[J].中国电力企业管理，2019(10)：76-77.

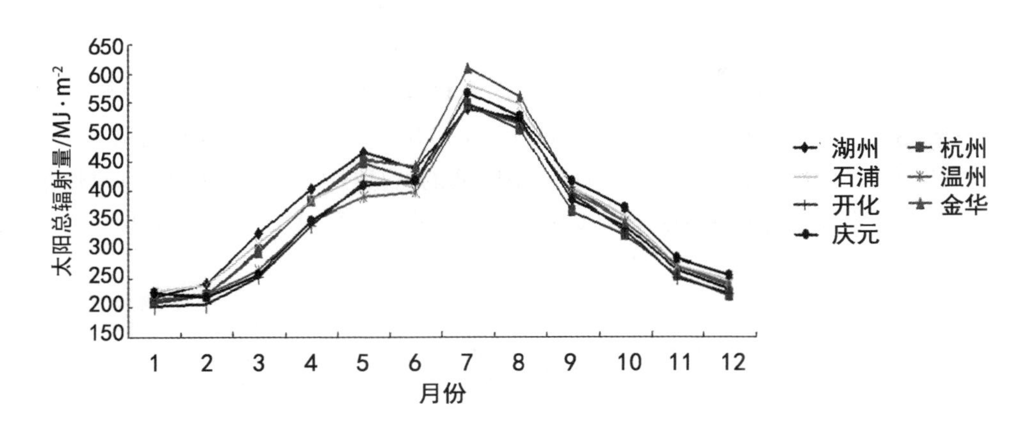

图 6.10 浙江省主要地区太阳总辐射月变化

（图片来源：黄艳，蔡敏，严红梅.浙江省太阳能资源分布特征及其初步区划研究[J].科技通报，2014，30(5)：78-85.）

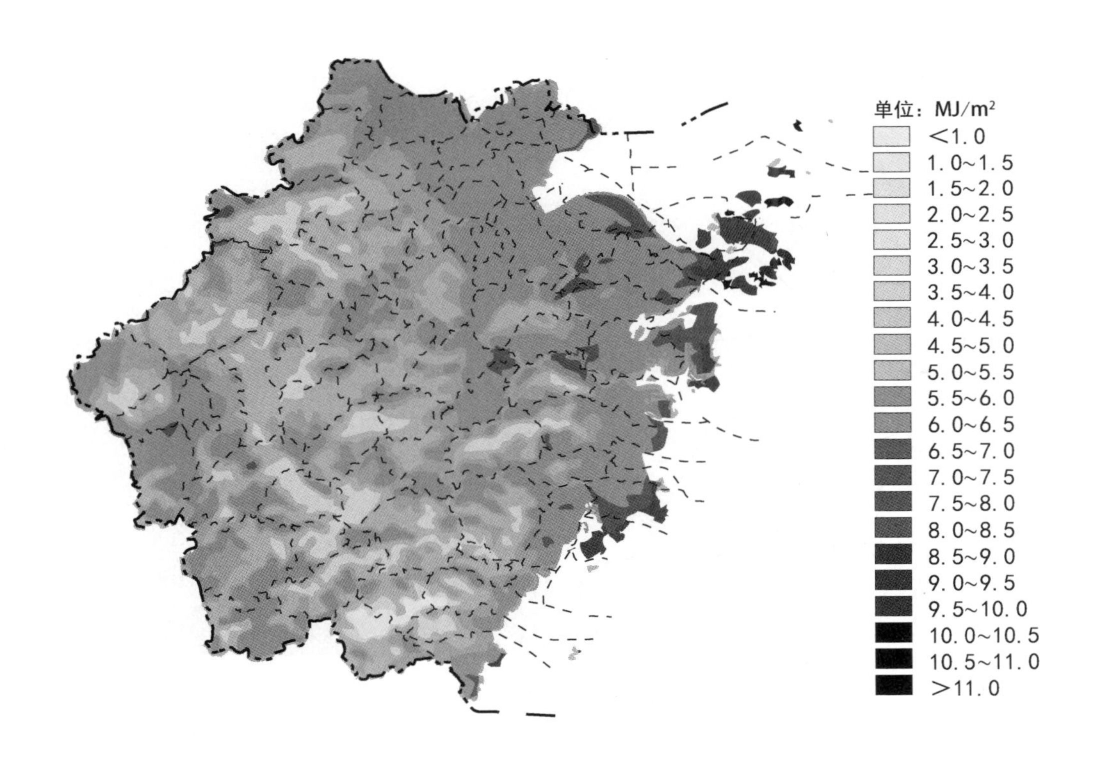

图 6.11 浙江省陆域风能资源 100 m 高度年平均风速图

（图片来源：王佐方.浙江省分散式风电现状及发展[J].中国电力企业管理，2019(10)：76-77.）

在浅层地热能①上，浙江省浅层地热资源丰富，具有较大开发利用潜力。浙江省浅层地热总资源量约为 4.57×10^{12} kW·h，位居全国第三，其中可利用浅层地热资源量达 17.1×10^{10} kW·h，若全部开采，可减少 0.55 亿吨的二氧化碳排放②。大地热流值是衡量地热能的重要参数，浙江省大地热流值平均值为（71.1±5.7）MW/m^2，高于全国平均值③。在空间分布上，浙江省大地热流值呈现东西两侧高、中间低的特征（图 6.12）。因此，地源热泵的适宜区主要分布在沿海平原地区和浙南地区；地表水地源热泵的适宜区为易于取水的江、湖、海等水域附近。

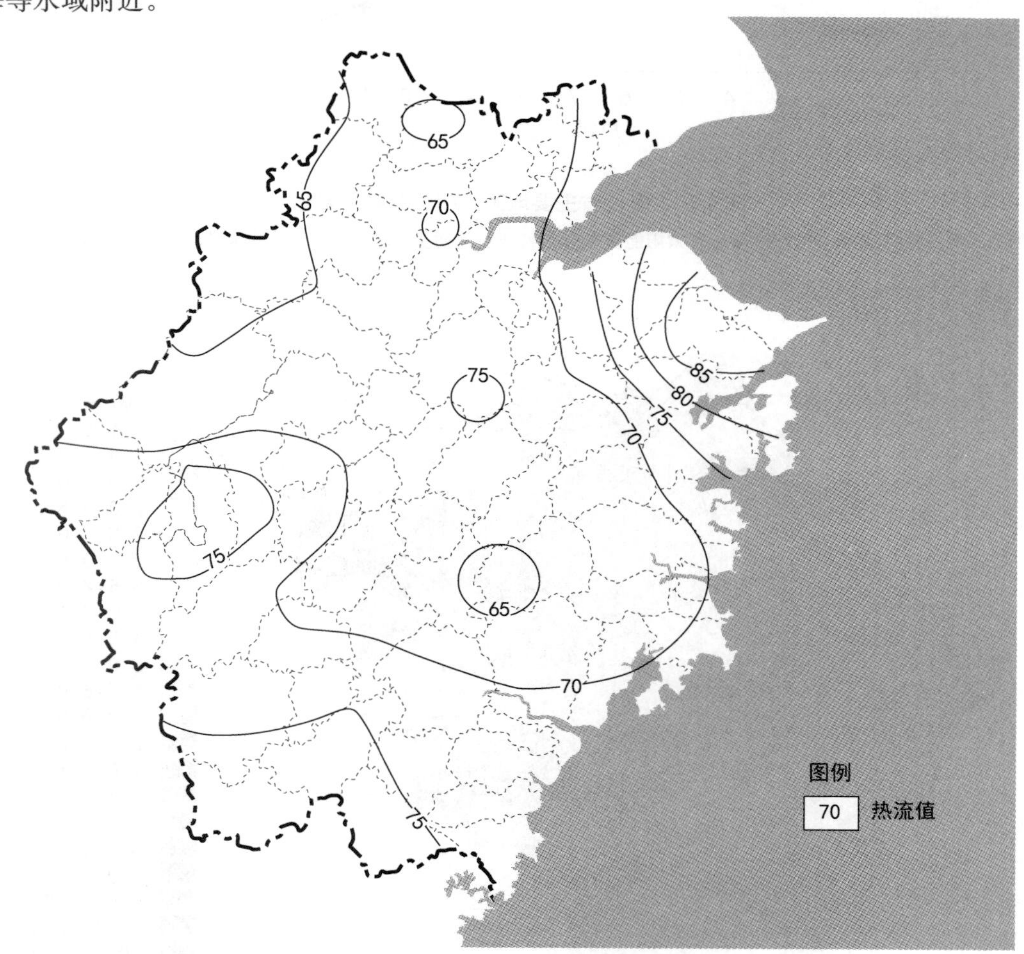

图 6.12　浙江省大地热流等值线分布图

（图片来源：张萌，杨豪，彭振宇，等.浙江省区域地质背景及地热资源赋存特征[J].科学技术与工程，2016，16(19)：30-36.）

① 浅层地热能是指在地表以下 200 m 范围内，蕴藏于岩土体、地下水和地表水中具有开发利用价值的热能，是绿色建筑中的常用可再生能源，具有分布广、储量大、开采成本低等优点，一般通过热泵系统进行开发利用。引自中华人民共和国国土资源部.浅层地热能勘查评价规范：DZ/T 0225—2009[S].北京：中国标准出版社，2009.

② 蔺文静，刘志明，王婉丽，等.中国地热资源及其潜力评估[J].中国地质，2013，40(1)：312-321.

③ 张萌，杨豪，彭振宇，等.浙江省区域地质背景及地热资源赋存特征[J].科学技术与工程，2016，16(19)：30-36.

2) 经济技术维度地域因子

(1) 经济发展:总体水平较高,内部差异明显

浙江省小城镇总体上经济发展水平较高,在 2019 年全国千强镇评选中,浙江省共 157 个建制镇上榜[1],仅次于江苏省。从经济水平上看,小城镇间经济情况悬殊,50.0%的浙江省小城镇工业企业产值低于 10 亿元,而其产值仅占浙江全省小城镇总产值的 2.0%,14.8%的小城镇产值大于 100 亿元,却占了浙江省全省小城镇总产值的 67.7%(表 6.2)。

表 6.2 2017 年浙江省小城镇工业产值分级统计表

按工业产值规模分级/元	小城镇		工业	
	数量/个	占比/%	产值/亿元	占比/%
≥300 亿	26	2.8%	12 310	28.5%
100 亿～<300 亿	110	12.0%	16 924	39.2%
50 亿～<100 亿	106	11.6%	7 745	17.9%
10 亿～<50 亿	216	23.6%	5 344	12.4%
<10 亿	457	50.0%	877	2.0%
共计	915	100.0%	43 200	100.0%

(表格来源:陈前虎,潘兵,司梦祺.城乡融合对小城镇区域专业化分工的影响:以浙江省为例[J].城市规划,2019,43(10):22-28.)

在空间分布上,浙江省小城镇的经济发展水平呈现东北高、西南低的特征,大致可分为四个片区:浙东北环杭州湾区,小城镇围绕杭州都市区和宁波都市区成片分布,受上海大都市经济圈辐射且位于长三角的核心区域,经济发展水平全省最高,以第二产业为主导;浙东地区,小城镇围绕温州和台州分布,经济水平居全省前列,以第二产业和第三产业为主导;浙中地区,围绕金华、义乌分布,经济水平较高;浙西南地区,交通相对闭塞,小城镇分布较为分散且经济水平较低,产业以第一产业为主,部分地区凭借自然风光发展第三产业(图 6.13)。

(2) 建筑技术体系:借鉴地区建筑原型

地区建筑原型指在地区自然、经济、社会、文化等因素作用下,经过社会发展的不断检验,形成一定区域内的固有建筑模式,地区建筑原型以顺应地域自然限定、体现地域资源与经济技术、注重生态文化参与为主要特点[2]。地区建筑原型中蕴含着原始生态规律与传统地域智慧,可为当下构建地域适宜性绿色建筑营建体系提供参考。本章试图从地域适应特征角度出发,在聚落选址、群体布局、建筑单体、建筑材料等层级对浙江主要的建筑原型进行解析,如表 6.3 所示。

① 新华网.2019 年中国中小城市高质量发展指数研究成果发布[EB/OL].(2019-10-08)[2022-03-16].http://cx.xinhuanet.com/2019-10/08/c_138455188.htm.

② 魏秦,王竹.地区建筑可持续发展的理念与架构[J].新建筑,2000(5):16-18.

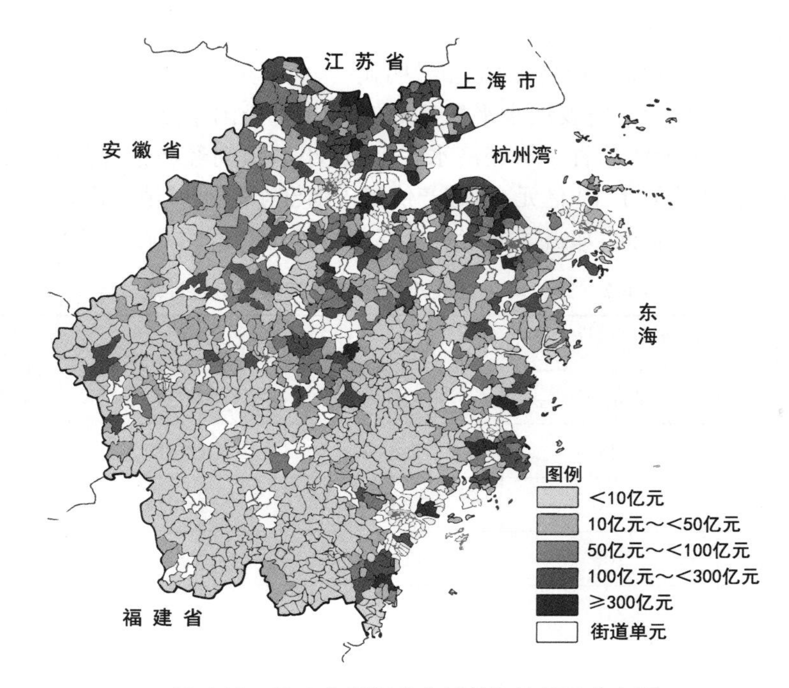

图 6.13　2017 年浙江省小城镇经济情况分布图

（图片来源：陈前虎，潘兵，司梦祺.城乡融合对小城镇区域专业化分工的影响：以浙江省为例[J].城市规划，2019，43(10)：22-28.）

表 6.3　浙江地区建筑原型与地域适应特征

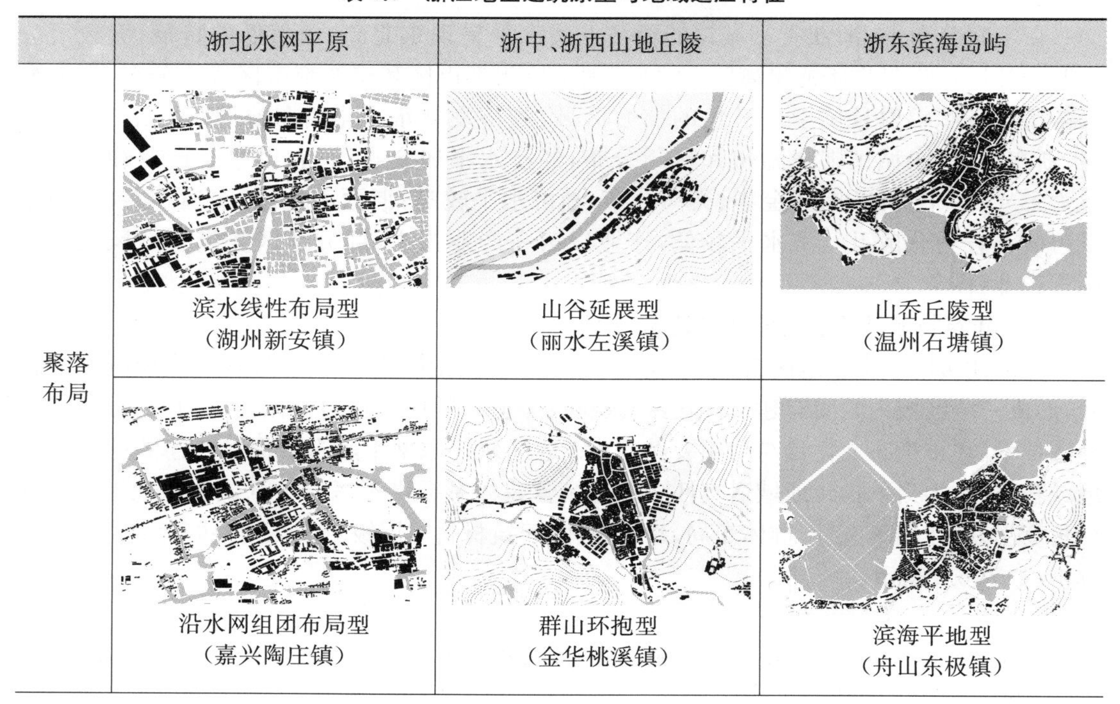

	浙北水网平原	浙中、浙西山地丘陵	浙东滨海岛屿
聚落布局	滨水线性布局型（湖州新安镇）	山谷延展型（丽水左溪镇）	山岙丘陵型（温州石塘镇）
	沿水网组团布局型（嘉兴陶庄镇）	群山环抱型（金华桃溪镇）	滨海平地型（舟山东极镇）

（续表）

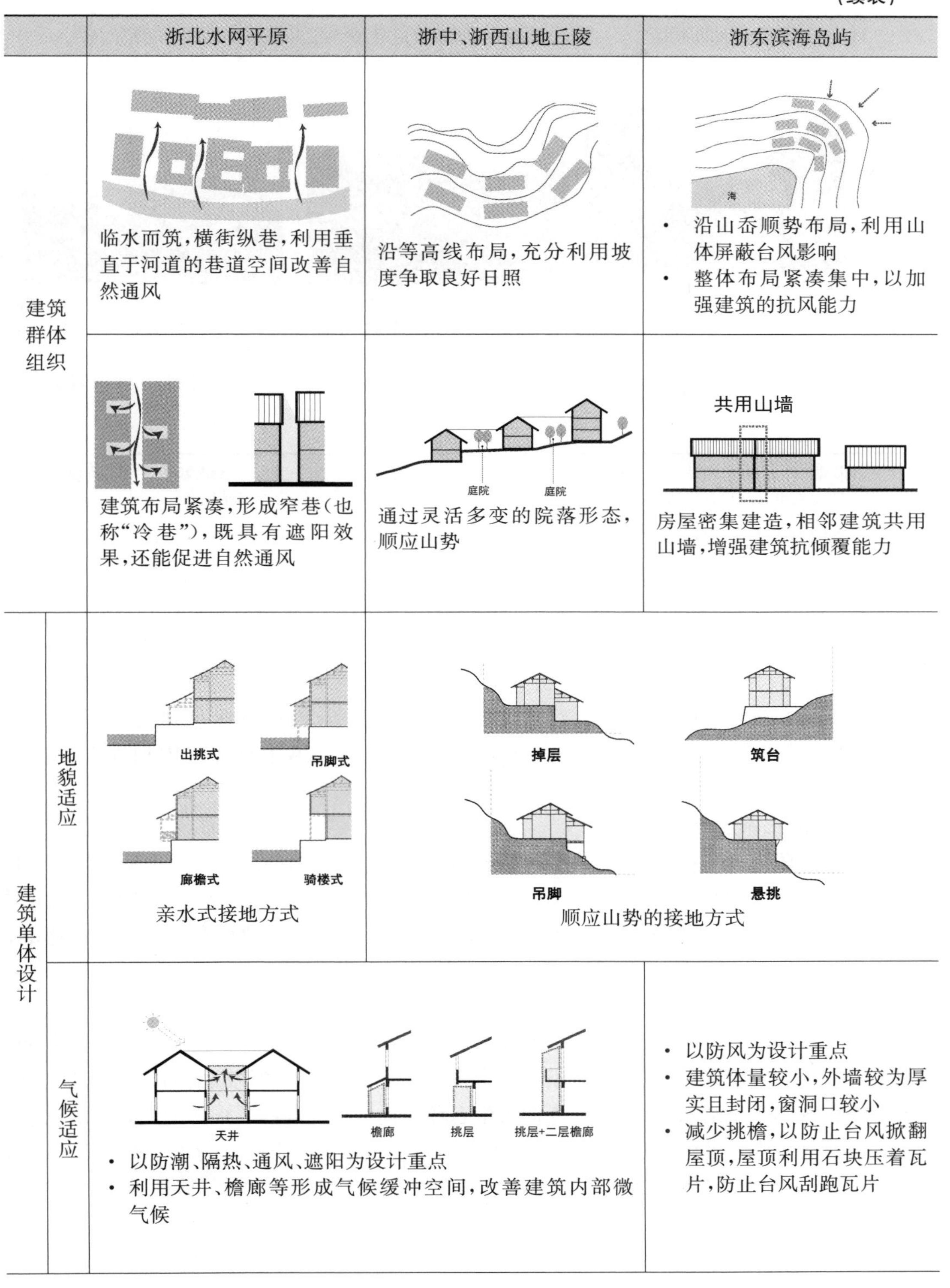

		浙北水网平原	浙中、浙西山地丘陵	浙东滨海岛屿
建筑群体组织		临水而筑，横街纵巷，利用垂直于河道的巷道空间改善自然通风	沿等高线布局，充分利用坡度争取良好日照	海 · 沿山岙顺势布局，利用山体屏蔽台风影响 · 整体布局紧凑集中，以加强建筑的抗风能力
		建筑布局紧凑，形成窄巷（也称“冷巷”），既具有遮阳效果，还能促进自然通风	庭院 庭院 通过灵活多变的院落形态，顺应山势	共用山墙 房屋密集建造，相邻建筑共用山墙，增强建筑抗倾覆能力
建筑单体设计	地貌适应	出挑式 吊脚式 廊檐式 骑楼式 亲水式接地方式	掉层 筑台 吊脚 悬挑 顺应山势的接地方式	
	气候适应	天井 檐廊 挑层 挑层+二层檐廊 · 以防潮、隔热、通风、遮阳为设计重点 · 利用天井、檐廊等形成气候缓冲空间，改善建筑内部微气候		· 以防风为设计重点 · 建筑体量较小，外墙较为厚实且封闭，窗洞口较小 · 减少挑檐，以防止台风掀翻屋顶，屋顶利用石块压着瓦片，防止台风刮跑瓦片

（续表）

	浙北水网平原	浙中、浙西山地丘陵	浙东滨海岛屿
建筑材料	· 多为砖木结构，围护结构以空斗砖墙为主 · 采用冷摊瓦，卧瓦与盖瓦之间有一定的缝隙，其间的空气间层有利于隔热	木质梁架，墙体多为夯土墙，也有用砖或石材筑砌，如温州永嘉、泰顺等地使用卵石筑砌建筑基座或墙下部	木质梁架，石材外墙，如舟山群岛、温岭石塘等地“石屋”外墙采用石块石板，辅以海边贝壳烧成的石灰黏结，垒砌而成

（表格来源：作者自绘，其中聚落布局底图来源于浙江省天地图，地貌适应部分图参考郑媛.基于“气候-地貌”特征的长三角地域性绿色建筑营建策略研究[D].杭州：浙江大学，2020.其余图片均为作者自绘或拍摄）

（3）新型绿色建筑材料：技术较为成熟，具备推广基础

在绿色建材技术的研发与利用上，浙江省处于全国领先水平。自2003年起，浙江省发布《浙江省建设科技成果推广项目》并不断更新，其主要内容是建筑节能材料和技术、新型墙体材料等产品技术和推荐企业名单。在推广应用上，浙江省不仅着眼于城市城区建设项目，还开展面向村镇的新型墙材应用试点工程。2020年4月，《浙江省绿色建材产品认证实施方案》正式出台，进一步规范绿色建材产品认证活动，以促进绿色建材的推广。因此，依靠浙江省相对成熟的绿色建材技术和市场，浙江省小城镇具备采用和推广绿色建筑材料的条件。

3）社会文化维度地域因子

美国学者阿摩斯·拉普卜特（Amos Rapoport）在其著作《宅形与文化》中指出“住屋形式并不是一种实质力量或任何一个因素单纯结果，而是最广义的社会文化因子系列共同作用的结果”①。对于小城镇绿色建筑而言，其设计与建造也受到多种社会文化因素的影响，此处着重讨论对其产生直接影响的社会文化因素。

（1）社会意识：生态理念成为社会共识

改革开放以来，浙江省民营经济的快速发展创造了从落后到富裕的“浙江奇迹”②，但“村村点火，户户冒烟”的粗放式发展模式也带来了环境污染和资源锐减的问题。与此同时，随着人民群众物质生活水平的提高，人们对生态环境提出了更高的要求。为此，浙江省成为全国最早重视生态环境的省份之一，是“绿水青山就是金山银山”生态文明理论的发源地和实践地，并先后提出了“绿色浙江”“生态浙江”和“美丽浙江”等发展目标，体现了从一味追求

① [美]阿摩斯·拉普卜特.宅形与文化[M].常青，徐菁，李颖春，等译.北京：中国建筑工业出版社，2007：48.

② 中国社会科学院.浙江经验与中国发展：经济卷[M].北京：社会科学文献出版社，2007：1-9.

经济发展、不惜牺牲生态环境的发展观向绿色生态、可持续发展观的改变。因此,生态理念与绿色意识已逐渐成为浙江省小城镇的社会共识,为小城镇绿色建筑发展提供良好的社会环境基础。

(2) 政策法规:大力推动绿色建筑

浙江省是国内绿色建筑发展较快速的地区,出台了大量推广和鼓励绿色建筑政策,如2015年颁布的《浙江省绿色建筑条例》、2016年起开展的绿色建筑专项规划工作等。上述政策要求浙江省小城镇全面执行绿色建筑强制性标准,并积极推动高星级绿色建筑建设,同时指出浙江省小城镇绿色建筑发展的要点:推进可再生能源建筑应用,完善建筑废弃物减排与综合应用,推广低影响开发建设模式,推广装配式建筑和全装修等。

(3) 历史文化:历史悠久,文化深厚

浙江省是中华民族最早进入文明开化的地区之一,境内发现新石器文化遗址达200多处,如余杭良渚遗址、余姚河姆渡遗址等。浙江在春秋时期分属吴、越两国;随着南宋定都临安(今杭州),浙江逐渐成为经济文化中心之一,被誉为"鱼米之乡""丝绸之府"。浙江省深厚的历史文化底蕴造就了小城镇丰富的人文景观资源,截至2020年12月,浙江省内共有83个省级历史文化名镇,27个国家级历史文化名镇。

学界普遍从自然地理和历史文化的角度对浙江区域文化进行划分①②,一般分为四大文化分区(图6.14):浙北文化区,呈现"水"文化特征,以江南水乡风貌著称,拥有乌镇、西塘、塘栖等江南水乡古镇;浙东文化区以"海"味为文化特征,形成与海洋、渔民生产生活密切相关的风俗习惯,有石浦、东沙等沿海渔港古镇;浙中文化区以金衢盆地为核心,四周山地丘陵环绕,在历史时期充当交通走廊的作用,受徽州、福建、江西等地文化的影响,具有过渡性文化特征;浙南文化区以"山海"文化为特征,西部山区较为封闭,东部滨海地区自古海运发达,商品经济意识浓厚。

(4) 风俗习惯:绿色理念的融入

民俗文化是在特定地理环境或社会发展中形成的,一个区域或一个民族的长期风尚习俗③,本文主要指小城镇居民的风俗习惯、生活习惯、乡土人情等。在"七山一水二分田"的地理特点,以及吴越文化和中原文化交融的历史背景下,浙江省民俗文化呈现多样性和融合性的特点,包括以稻作为主的农耕民俗、历史悠久的水乡海岛习俗、充分发展的商贸习俗、崇拜地方神的信仰民俗等④。随着社会的发展,民俗文化也在不断改良和变化。在提倡低碳环保、人与自然和谐相处的今天,需要将"绿色"理念融入小城镇的社会意识和风俗习惯中。

---

① 朱海滨.近世浙江文化地理研究[M].上海:复旦大学出版社,2011:276-288.

② 曾祯.基于图形叠加及地统计学的浙江文化区空间透视[D].金华:浙江师范大学,2013.

③ 佘德余.浙江文化简史[M].北京:人民出版社,2006:439.

④ 朱秋枫,万军.浙江民俗的主要特色[J].温州大学学报(社会科学版),2020,33(3):27-33.

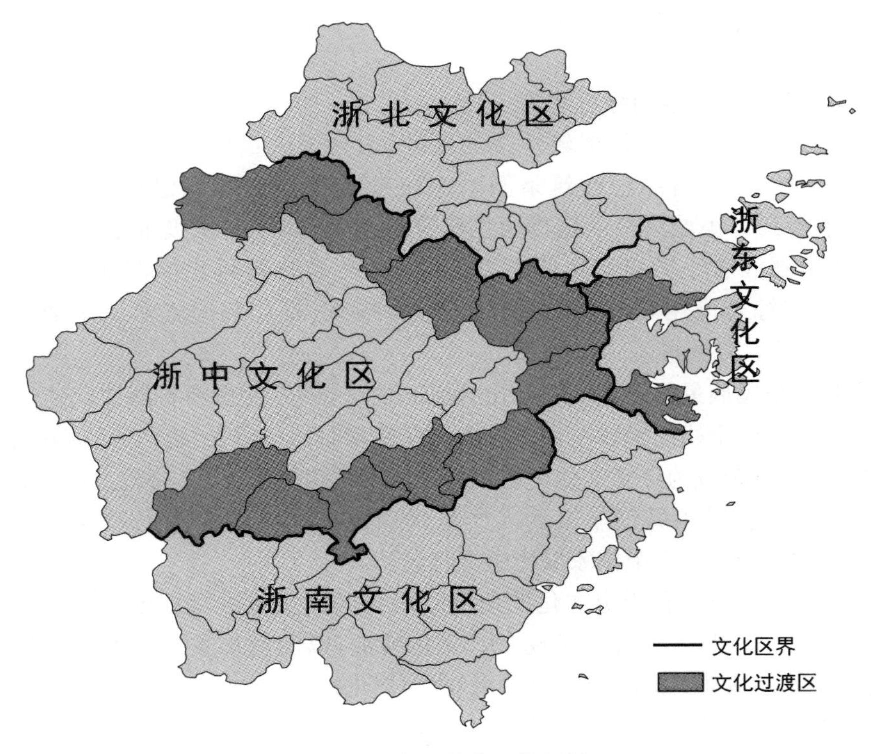

图 6.14　浙江综合文化区划

（图片来源：曾祯.基于图形叠加及地统计学的浙江文化区空间透视[D].金华：浙江师范大学，2013.）

6.1.3　环境特征综合分区

上文从自然环境维度、经济技术维度和社会文化维度对浙江省小城镇的地域因子进行了全面分析，可以看出浙江省小城镇之间差异明显：浙江省地貌类型多样，气候、资源、可再生能源等随地理环境差异呈现不同特征；浙江省小城镇经济水平相对较高，且小城镇间经济水平、主导产业、绿色建筑技术基础等存在较大差异；浙江省历史悠久，拥有一批历史文化名镇，各区域内文化各有特点。

为了加强对不同地区绿色建筑设计指导的针对性，增强绿色建筑设计导控体系的地域适宜性，有必要对浙江省小城镇进行一定的分类和分区。考虑到自然地理条件的基底作用，尤其是气候特征和地形地貌对绿色建筑的主导影响，本章以自然环境维度地域因子为主要划分依据，并考虑经济技术维度和社会文化维度的地域因子，形成浙江省小城镇环境特征综合分区图（图 6.15）。

浙江省小城镇环境特征综合分区共包括四大区域：Ⅰ区为浙北平原水乡区；Ⅱ区为浙东滨海岛屿区；Ⅲ区可进一步细分为Ⅲa 浙中山地丘陵区和Ⅲb 浙中盆地区；Ⅳ区为浙南山地丘陵区。各地区间自然环境、经济技术和社会文化都存在一定差异，具体见表 6.4。

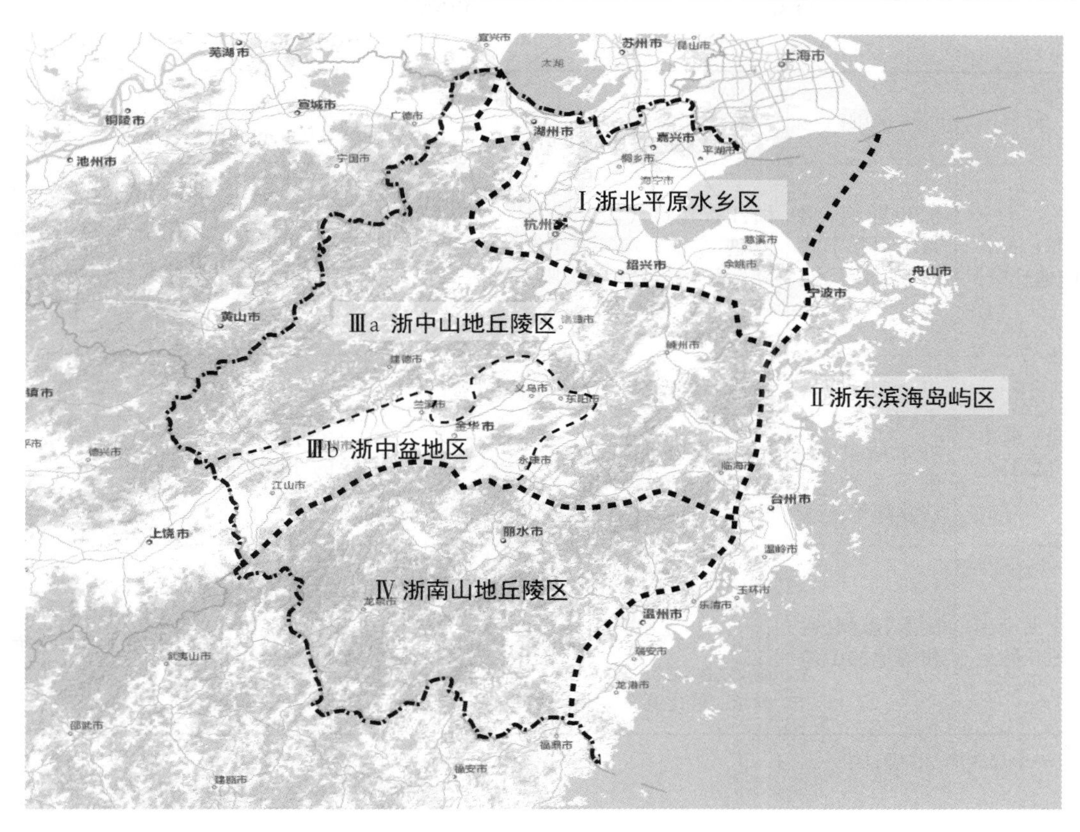

图 6.15　浙江省环境特征综合分区图

（图片来源：作者自绘）

表 6.4　浙江省各分区主要地域特征总结表

分区	范围	主要地域特征		
		自然环境维度	经济技术维度	社会人文维度
Ⅰ浙北平原水乡区	以杭嘉湖平原和宁绍平原为主，主要包括嘉兴和杭州、湖州、宁波、绍兴部分地区	地势平坦，河网密集；浙江省建筑气候分区北区，但受水体效应影响，冬不严寒，夏少酷热；雨量一般，年降水量全省最低；日照充足，太阳能资源丰富；流经城镇的河段存在污染，水质较差；容易发生洪涝等自然灾害	环杭州湾地区是全省经济水平最高地区；多数小城镇以二产为主导；绿色建筑项目数量也居全省前列	以“水文化”为特征，属于吴方言区；分布乌镇、西塘等江南水乡古镇，形成具有江南水乡特色的民居形式
Ⅱ浙东滨海岛屿区	舟山、宁波、台州、温州等地沿海丘陵平原和岛屿区	具有滨海气候特征，全年多大风、冬暖夏凉、气候湿润；太阳能资源和风资源丰富、淡水资源缺乏；生态环境脆弱，近岸海域富营养化严重；容易发生台风、洪涝等自然灾害	经济水平处于全省前列，仅次于环杭州湾地区；多数小城镇以二产和三产为主导	以“海文化”为特征；分布石浦、东沙等沿海渔港古镇；舟山、温岭等沿海岛屿形成“石屋”传统民居形式

(续表)

分区	范围	主要地域特征		
		自然环境维度	经济技术维度	社会人文维度
Ⅲa浙中山地丘陵区	杭州西南、绍兴南部和宁波西部等山地地区	浙江省建筑气候分区北区,冬寒夏热,冬季平均气温全省最低;年降水量全省中等;太阳能资源一般;滑坡、泥石流等地质灾害易发	经济处于省内中等水平;以一产、二产和三产为主导的小城镇数量相当	受吴越文化、徽州文化等影响,内部方言差异大;形成顺应地势的丘陵传统民居形式
Ⅲb浙中盆地区	以金衢盆地为主,包括浙中的永康盆地、南马盆地、浦江盆地等	盆地地区,地势平坦;浙江省建筑气候分区北区,夏季炎热冬季较冷,夏季为全省高温中心;年降水量全省中等;太阳能资源丰富,为全省日照和辐射到高值区之一	经济水平较高;以一产、二产和三产为主导的小城镇数量相当	与Ⅲa类似
Ⅳ浙南山地丘陵区	丽水、温州、台州等地的山地	浙江省建筑气候分区南区,夏季炎热,冬季温和,年平均气温全省最高;雨水充沛、年降水量全省最高;太阳能资源一般,日照偏少;滑坡、泥石流等地质灾害易发	经济水平全省最低;多数小城镇以一产为主,部分小城镇以三产为主	以"山文化"为特征;形成山地传统民居形式

(表格来源:作者自绘)

6.2 提取:绿色建筑设计导控要素库的确立

6.2.1 基础:国内绿色建筑标准的内容提炼

浙江省小城镇绿色建筑设计导控体系的构建是为浙江省小城镇的绿色规划与建设服务的,其导控要素应呼应绿色建筑设计的要求,并适应浙江省小城镇的特点。因此,在浙江省小城镇绿色建筑设计导控体系的构建过程中,需加强与我国现行绿色建筑设计相关标准规范的衔接。将标准规范中与绿色建筑设计相关的内容和要求提炼为浙江省小城镇绿色建筑设计导控体系的基础要素,为体系构建提供基础参考与支撑(图 6.16)。

从绿色建筑的关联性上看,可以分成与绿色建筑设计直接相关的标准规范,如《民用建筑绿色设计规范》(JGJ/T 229—2010)、浙江省《绿色建筑设计标准》(DB 33/1092—2021)等,以及绿色建筑设计间接相关的标准规范,如《浙江省海绵城市规划设计导则》等。其中,前一类标准规范涵盖的绿色建筑设计导控要素较为全面,是导控要素库的主要组成部分;后一类则侧重于绿色建筑设计的某个方面,可作为导控要素库的补充和完善。在每个大类上,可进一步根据层级进行划分为国家层级和地方层级。其中,地方层级主要选择浙江省及夏热冬冷地区相关标准规范。国家级标准规范提取的要素偏普适性,不一定适用于浙江省,需要进一步甄别;而地方层级标准规范提取的要素具有一定地域性。

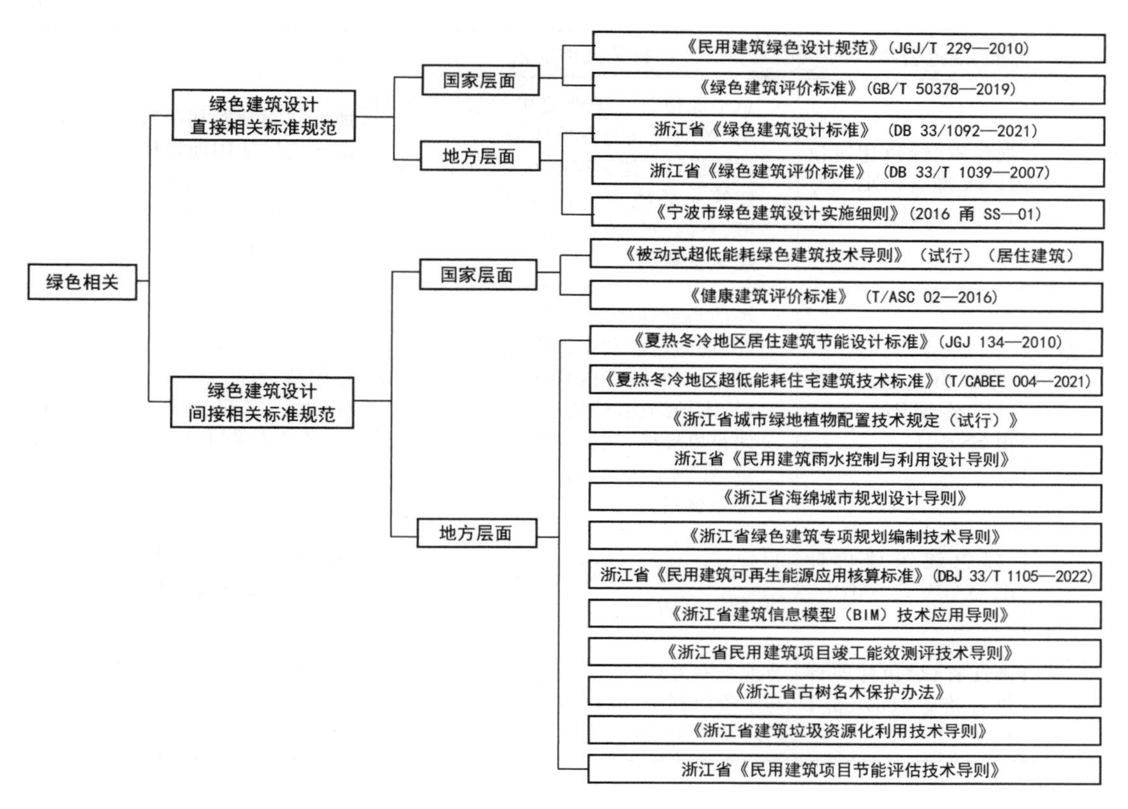

图 6.16 国内绿色建筑标准规范的梳理和选择

(图片来源:作者自绘)

与绿色建筑设计直接相关的标准规范中,提取的要素如表 6.5 所示。在这类标准规范中,针对建筑设计专业进行导控要素的提取,并以设计标准与导则为主,以评价标准为辅。主要涉及场地规划与室外环境、建筑设计与室内环境、建筑材料等层级,主要内容包括场地资源利用、生态环境保护、场地规划与室外环境、建筑空间合理利用、建筑光环境、室内空气质量、建筑工业化等。

表 6.5 国内绿色建筑设计直接相关标准规范的导控要素提取

标准/规范名称		相关大类要素	小类要素
设计标准和规范	《民用建筑绿色设计规范》(JGJ/T 229—2010)	• 场地与室外环境:场地要求、场地资源利用与生态环境保护、场地规划与室外环境 • 建筑设计与室内环境:空间合理利用、日照和自然采光、自然通风、围护结构、室内声环境、室内空气质量、工业化建筑产品应用、延长建筑寿命 • 建筑材料:节材、选材	场地安全可靠、可再生能源评估与利用、场地交通设计、场地光环境设计、场地声环境设计、地下空间利用、无障碍设计、采光系数、体形系数等

（续表）

标准/规范名称		相关大类要素	小类要素
设计标准和规范	浙江省《绿色建筑设计标准》（DB 33/1092—2021）	· 总平面设计：场地要求、场地资源利用、场地规划与室外环境 · 建筑设计：建筑空间布局、围护结构、建筑光环境、室内风环境、室内声环境、室内空气质量、安全耐久 · 建筑材料	地下空间开发利用指标、居住建筑人均居住用地指标、公共建筑容积率指标、场地交通设计、便利公共服务、绿化用地、建筑朝向、窗墙面积比等
	《宁波市绿色建筑设计实施细则》（2016甬SS-01）	· 场地与室外环境：项目选址和场地要求、场地资源利用和生态环境保护 · 建筑设计与室内环境：建筑空间布局、围护结构、建筑遮阳、建筑光环境、建筑风环境、建筑声环境、室内空气质量、建筑工业化、装饰装修 · 建筑材料	场地安全可靠、居住建筑人均居住用地指标、公共建筑容积率指标、地下空间开发利用强度指标、雨洪控制利用、绿色出行设计、墙体设计等
评价标准	《绿色建筑评价标准》（GB/T 50378—2019）	安全耐久、健康舒适、生活便利、资源节约、环境宜居	场地安全、门窗安装牢靠、地面防滑设计、改善自然通风、可调节遮阳措施、便利的公共服务等
	浙江省《绿色建筑评价标准》（DB 33/T 1039—2007）	节地与室外环境、节能与能源利用、节水与水资源利用、节材与材料资源管理、室内环境质量、运营管理	公共服务设施共享、种植乡土植物、可再生能源利用、非传统水源利用等

（表格来源：作者自绘）

绿色建筑设计间接相关标准规范中，提取的要素如表6.6所示。这类标准包括国家和地方层级的标准和导则，涵盖范围比较广泛，包括节能设计、被动式超低能耗绿色建筑、健康建筑、海绵城市、雨水控制等内容，从中提取与绿色建筑设计相关性较高、适用于浙江省小城镇的导控要素。

表6.6　国内绿色建筑设计间接相关标准规范的导控要素提取

发布年份	标准/规范名称	相关大类要素	小类要素
2010年	《夏热冬冷地区居住建筑节能设计标准》（JGJ 134—2010）	室内热环境设计计算指标、建筑和围护结构热工设计、建筑围护结构热工性能的综合判断、采暖空调和通风节能设计	建筑朝向、体形系数、围护结构的传热系数和热惰性指标、窗墙比、遮阳系数等
2013年	《被动式超低能耗绿色建筑技术导则》（试行）（居住建筑）	以气候特征为引导的建筑方案设计、高性能的建筑保温系统和门窗、无热桥设计、建筑气密性设计、遮阳设计、高效新风热回收系统等	建筑物朝向、保温材料的选择、保温系统基本要求、外窗性能基本要求、外墙无热桥设计、外窗无热桥设计等
2016年	《健康建筑评价标准》（T/ASC 02—2016）	空气、水、舒适、健身、人文、服务	空气质量污染源控制、水质控制、室内外健身设施、无障碍设计、适老化设计等

（续表）

发布年份	标准/规范名称	相关大类要素	小类要素
2020年	《夏热冬冷地区超低能耗住宅建筑技术标准》（T/CABEE 004—2021）	非透光围护结构、透光围护结构、遮阳与隔热、围护结构气密性、冷热桥、供暖空调、自然采光和通风	建筑物朝向、窗墙比、围护结构传热系数、围护结构保温设计、遮阳系数与外遮阳要求、遮阳方式选取、门窗气密性等
2008年	《浙江省城市绿地植物配置技术规定（试行）》	景观设计	植物生态适应性、物种多样性
2014年	浙江省《民用建筑可再生能源应用核算标准》（DBJ 33/T 1105—2014）	可再生能源利用	太阳能光热系统、太阳能光伏新系统、地源热泵系统、空气能热泵热水系统
2016年	浙江省《民用建筑雨水控制与利用设计导则》	雨水控制与利用系统、雨水收集与排除、雨水入渗、雨水储存与回用、水质处理、调蓄排放等	雨水控制与利用规划、滞留雨水的下凹式绿地、雨水控制及利用设施布置、雨水回用等
2016年	浙江省《民用建筑项目节能评估技术导则》	围护结构保温隔热系统设计评估、建筑节材设计评估、总平面设计评估、建筑物理设计评估等	体形系数、朝向、屋面保温隔热、外墙保温隔热、节材评估、空间开发利用、公共服务设施布置、停车设施设置等
2016年	《浙江省建筑信息模型（BIM）技术应用导则》	项目场址比选、概念模拟构建、建设条件分析、场地分析、建筑性能模拟分析、设计方案比选等	选址因素分析（场地便捷性、公共设施服务半径等）、建设性能模拟（建筑可视度、采光、通风、能耗排放等）等
2016年	《浙江省民用建筑项目竣工能效测评技术导则》	设计文件符合性、进场材料和设备符合性、现场检验符合性、施工质量控制测评	墙体节能工程、幕墙节能工程、门窗节能工程、屋面节能工程、可再生能源利用、余热废热利用等
2017年	《浙江省古树名木保护办法》	古树名木保护	古树名木界定与保护范围、古树名木异地保护等
2017年	《浙江省建筑垃圾资源化利用技术导则》	建筑垃圾收集和运输、处置和处理、再生产品应用、环境保护等	建筑垃圾资源化利用、再生材料和制品应用等
2017年	《浙江省海绵城市规划设计导则》	水生态及水环境、水资源及水安全、低影响度开发系统等	水生态修复系统、污水再生利用系统、雨水资源化利用系统、雨水管渠系统、水系低影响开发系统等

（表格来源：作者自绘）

6.2.2　补充：国际绿色建筑导则的经验借鉴

浙江省小城镇绿色建筑设计导控体系中要素需呼应绿色建筑设计的要求，因此在构建过程中应借鉴国外绿色建筑导控的相关经验，将国外绿色建筑标准与导则中相关要素提炼为导控体系的补充要素。所借鉴的绿色建筑标准与导则既包括国际普遍认可的绿色建筑评价标准，如美国 LEED、英国 BREEAM、德国可持续建筑导则等，也包括部分国家与地区较为成熟的地方性绿色建筑设计导则，如新西兰奥克兰可持续设计导则、美国明尼苏达州 B3 绿色建筑导则等，具体如表 6.7 所示。

表 6.7 国外绿色建筑设计导则/标准的导控要素提取

国外绿色建筑设计导则	相关大类要素	小类要素
美国 LEED v4.1	整合设计、位置和交通、可持续场地、水资源效率、能源和大气、材料和资源、室内环境质量、创新	周边密度和多样化土地使用、提供自行车设施、施工污染防治、身心舒缓场所、室外用水减量、用水计量、环境控烟、能源效率优化、能源计量、需求响应、产品环境要素声明、建筑产品的分析公示和优化等
英国 BREEAM	管理、身心健康、能耗、交通运输、水、材料、废弃物、土地使用和生态、污染	能耗监测、高能效的运输系统、公共交通可及性、公共设施可达性、水耗监测、漏水监测和防漏、功能性适应、硬质环境美化及边界保护、耐久性及耐损性设计、材料效率、建筑产品的可靠采购来源、制冷剂污染、氮氧化物排放等
德国可持续建筑导则(LFNB)	生态质量、经济质量、社会人文和功能质量、技术质量、过程质量、场地	全寿命周期成本、空间效率、可适应性、室内热舒适性、室内空气质量、视觉舒适性、无障碍设计、公共空间可达共享、鼓励绿色出行、隔声设计、易于清洁和围护、抵御自然灾害、场地交通连接等
澳大利亚 Your Home 设计导则	被动设计、材料、能源、水资源、住房	气候适应设计、朝向、遮阳、被动太阳能利用、被动冷却、密封性、隔热、可再生能源、雨水管理、废水再利用、适应气候变化、适合居住和可适应性、可负担性、健康性、安全性、噪声控制等
ASHERE 绿色导则-可持续建筑的设计、建造和运营	可持续场地、室内环境质量、能源、照明系统、节水、智能建筑系统等	基于气候的被动式设计策略、建筑形式、朝向、围护结构设计、雨水回收利用技术、缓解热岛效应的方法、限制室外污染物进入、控制室内湿度、综合楼宇自动化系统、故障自动检测与诊断等
新西兰奥克兰可持续设计导则	场地设计、水资源、能源、室内环境质量、材料、废弃物和回收利用、交通	维持和改善场地生物多样性和生态性、本土植物、场地雨洪管理、使用循环水系统、优化围护结构的热工性能、使用节能电器和设备、使用可再生能源、控制和隔离污染源、室内湿度控制等
美国明尼苏达州 B3 绿色建筑导则	性能管理、场地和水资源、能源和空气、室内环境质量、材料和废弃物	雨水管理、场地土壤管理、可持续植物设计、减少光污染、节水景观设计、废弃场地再利用、减少热岛效应、中水利用、可再生能源利用、节能设备和电器、控制湿度、通风设计、降噪减振设计、使用者控制室内环境质量、促进健康的体育活动等
美国密尔沃基市商业建筑生态导则	场地设计、建筑设计、能源使用、材料和资源、施工和拆除、室内环境质量、运营和维护	结合地形的场地设计、建筑朝向、绿色基础设施、本地植物、利用植物遮荫、综合虫害管理措施、透水铺装、减小停车位尺寸、开放的公共空间、新建筑与邻近建筑协调、步行者友好设计、最大化利用自然采光、自然通风设计等

(续表)

国外绿色建筑设计导则	相关大类要素	小类要素
美国西雅图绿色经济适用房设计导则	改善设计、场地和水资源;能源效率、健康和室内空气质量、材料效率、运营和维护	公共设施可达性、保护和创造开放空间、促进通风的建筑群布局、最大化太阳能的建筑群布局、地下空间利用、本地材料利用、全寿命周期造价评估、节水管道设计、提供安全的自行车停放设施、低挥发性有机化合物材料、加强厨房浴室等空间排风等
苏格兰高地地区可持续设计导则	提升当地经济、改善社区氛围、有效利用场地、遵循高地地区文脉的设计、保护和提高生物多样性、最小化能源利用;保护水资源设计、设计可持续的废物和污水处理设施、使用可持续材料、鼓励可持续的交通选择	促进健康设计、减少犯罪的设计、安全设计、选址安全性、废弃场地再利用、既有建筑再利用、尊重现有景观特色、保护文化遗产、尊重村镇特征、耐久性设计、自然采光设计、被动式太阳能设计、隔热性能、使用节能的采暖照明和通风系统、中水和雨水回收利用、安装可持续的排水系统等
加利福尼亚新建住宅——绿色建筑导则	场地、基础、景观、结构框架和建筑围护结构、采暖通风和空调、可再生能源、家用电器和照明等	保护场地表层土壤、减少热岛效应、使用可再生利用材料、按需水对植物进行分类、利用植物遮荫、高效灌溉系统、雨水回收利用、可再生能源利用、废弃场地再利用、遮阳设计、被动式太阳能利用、为步行和自行车设计等
美国阿米达县多住户绿色建筑导则	规划和设计、场地、结构、系统、装修、运营维护	为步行和自行车设计、室外开发空间、被动式太阳能利用、自然采光、自然通风、建筑废弃物管理、减轻热岛效应、可持续景观设计、降噪减振设计、屋顶绿化、节水器具、用水计量、太阳能热水系统、光伏系统、低/无挥发性有机化合物材料等
美国夏威夷节能、舒适和价值住宅导则	减少建筑得热、加强自然通风、减少能源使用	建筑朝向和体形、利用植物遮阳、多孔铺装材料、浅色围护结构、通风屋面、高性能玻璃、遮阳设计、减少开口、改善自然通风的建筑群设计、利用景观要素促进自然通风、调整开口位置促进自然通风、太阳能热水系统、节水器具、节能设备等
美国纽约高性能建筑导则	场地规划设计、建筑节能、室内环境质量、材料和产品选择、水资源管理、施工管理、运营和管理等	场地分析、可持续场地设计、鼓励使用公共交通、围护结构设计、自然采光利用和太阳辐射控制、减少光污染、高性能照明、室内空气质量、良好的视野、噪声控制、系统的可控性等
苏格兰可持续住宅设计导则	场地设计、可负担的采暖、节约资源、健康住宅等	被动式太阳能利用、围护结构蓄热性能、通过建筑布局和景观设计改善通风、应对气候变化的设计、通过软质景观优化气候、延续场所精神、充分利用自然采光、高效人工照明、采暖和通风的控制等

（续表）

国外绿色建筑设计导则	相关大类要素	小类要素
加拿大班夫镇绿色场地和建筑导则	城市设计、交通、场地和景观、能源、水资源、采暖、固体废弃物、室内环境、文化遗产、建筑管理	合理选址、提高土地利用率、促进社区互动、促进绿色出行、保护场地生物多样性、适宜建筑朝向、保护不可再生能源和资源、增加使用替代能源、雨水管理、提高材料利用率、使用安全健康材料等
南澳大利亚可持续住宅和宜居社区设计指南	场地设计、住宅通用设计(Universal Design)、环境可持续性设计	场地安全设计、无障碍设计、被动式太阳能利用、遮阳设计、建筑朝向、窗墙比、围护结构保温设计、光伏系统、节水的景观设计、节水灌溉、雨水回收利用、中水利用、建筑废弃物管理等

（表格来源：作者自绘）

6.2.3 扩展：小城镇相关政策的导向和诉求

浙江省小城镇绿色建筑设计导控体系需适应小城镇的特点，呼应国家和浙江省小城镇的政策导向和相关诉求。从浙江省小城镇相关政策和标准、导则中提取对浙江省小城镇建设的相关要求，并分析相对应的设计导控要素，作为扩展要素。

与小城镇建设相关政策可分成四大类：第一类是绿色小城镇相关政策，从绿色、低碳、生态等角度对小城镇建设提出要求，与绿色建筑联系密切，包括国家层级的《绿色低碳重点小城镇建设评价指标（试行）》和《绿色小城镇评价标准》(CSUS/BC 06—2015)，以及地方层级的《浙江省绿色城镇行动方案》《浙江省园林城镇标准》等；第二类是小城镇环境整治相关政策，侧重人居环境改善和小城镇风貌管理，如《浙江省小城镇环境综合整治技术导则》等；第三类是浙江省美丽城镇建设相关政策，包括评价办法、建设指标体系、生活圈配套导则等，这是对当下和未来几年浙江省小城镇建设的要求；第四类是其他与小城镇建设相关政策，包括城镇低效用地再开发、小城镇文明行动方案、乡村振兴战略相关要求等。根据上述政策提出的要求，本章分析归纳相关绿色建设设计导控要素包括场地生态修复、城镇生态廊道延续、建筑与城镇风貌协调、可再生能源利用、垃圾收集和分类设施配置等，如表 6.8 所示。

表 6.8 小城镇建设相关政策中的要素提取

政策类别	发布年份	政策/标准/导则名称	相关要求	对应要素
绿色/生态小城镇建设	2011 年	《绿色低碳重点小城镇建设评价指标（试行）》（建村〔2011〕144 号）	建设用地集约性、资源环境保护与节能减排、基础设施与园林绿化、公共服务水平、历史文化保护与特色建设	行政办公设施节约度、道路用地适宜度、节能建筑、可再生能源使用、生活垃圾收集与处理等
	2011 年	《浙江省绿色城镇行动方案》（浙政办发〔2011〕125 号）	深化建筑节地、深化建筑节能、深化建筑节水、深化建筑节材	紧凑型布局、提高土地利用效率、空间复合利用、地下空间开发利用、可再生能源利用、节水技术和节水器具、雨水和再生水等非常规水资源利用、建筑垃圾资源化利用等

(续表)

政策类别	发布年份	政策/标准/导则名称	相关要求	对应要素
绿色/生态小城镇建设	2012年	《浙江省省级生态乡镇(街道)创建管理暂行办法》	环境质量(地表水环境质量、环境空气质量、声环境质量)、公共设施完善、生活污水处理、河沟池塘环境整治、人均公共绿地面积等	场地声环境优化、公共设施可及性、污水生态化处理、水体生态设计、场地绿化指标等
	2015年	《绿色小城镇评价标准》(CSUS/BC 06—2015)	· 生态规划与建设:生态安全、水生态环境、生态修复、生态绿化建设 · 小城镇规划与建设:镇区土地利用、镇区公共服务设施、镇区交通、镇区绿地系统、镇区公共空间 · 建筑设计与场地设计:建筑设计、场地设计与室外环境、室内环境质量、地域特征	选址安全性、选址生态性、水体生态设计、生态廊道延续、乡土植物、公共交通可达性、完善慢行交通系统、公共设施可及性、建筑热工设计、场地透水铺装、绿色建筑材料、地域性建筑风格等
	2017年	《浙江省园林城市系列标准》中《浙江省园林城市标准》	绿地率、古树名木及后备资源保护、节约型园林绿化建设、湿地资源保护、镇容镇貌、城镇垃圾处理、节能减排、生态保护与修复、历史风貌保护、城镇建设特色	场地绿地率、古树名木保护、乡土植物选择、立体绿化、建筑与城镇风貌协调、生活垃圾分类设施规划与设计、可再生能源利用、雨水收集利用、中水回用、山水格局保护等
小城镇环境整治和风貌管理	2014年	《浙江省"四边三化"行动方案》(浙委办〔2012〕87号)	公路、铁路边洁化绿化美化、河边洁化绿化美化、山边生态环境整治	场地生态修复、生态廊道延续、水体生态设计等
	2016年	《浙江省小城镇环境综合整治技术导则》	· 加强规划设计引领:加强整体风貌规划管控、强化整治项目设计引导等 · 整治环境卫生:加强地面保洁、保持水体清洁等 · 整治乡容镇貌:加强沿街立面整洁、推动可再生能源建筑一体化、完善配套设施、提升园林绿化等	因地制宜进行整体风貌管控、地域特色建筑建设、已有太阳能屋顶改造、新建太阳能屋顶分离技术推广、垃圾分类设施配置等
	2018年	《小城镇空间特色塑造指南》(T/UPSC 0001—2018)	保护小城镇与自然的和谐、传承小城镇地域文化脉络、塑造小城镇空间特色体系、优化小城镇生态环境、营造小城镇宜人舒适空间、培育小城镇多元发展活力	生态型绿化景观、低碳交通方式、可再生能源利用、"海绵城市"理念应用、生态环境修复、临山建筑场地的整理、临河建筑的布局、建筑尺度协调等

（续表）

政策类别	发布年份	政策/标准/导则名称	相关要求	对应要素
小城镇环境整治和风貌管理	2020年	《浙江省小城镇环境和风貌管理规范》（DB 33/T 2265—2020）	· 环境卫生：垃圾分类与处理等等 · 乡容镇貌：沿街立面、围墙、照明等 · 风貌管控：风貌统筹规划、历史文化传承、公共环境艺术 · 促进安全管理：应急响应、消防安全、防洪排涝等	建筑垃圾处理、垃圾资源化再利用、污水处理、拆后土地再利用、建筑色彩与风格协调、城镇天际线协调、地域性建筑设计、自然山水格局协调等
浙江省美丽城镇建设	2019年	《关于高水平推进美丽城镇建设的意见》（浙委办发〔2019〕52号）	环境综合整治、交通网络优化、市政设施建设、提升城镇数字化水平、提升住房建设水平、商贸文体设施、彰显人文特色	近距离慢行交通网、公共交通为导向、地下空间利用、生活污水治理、生活垃圾分类处理、下沉式绿地、防洪排涝、“坡地村镇”街巷肌理和建筑风貌保护等
	2019年	《浙江省美丽城镇建设评价办法》（征求意见稿）	· 环境美：深化环境综合整治、构建现代化交通网络、推进市政设施网络建设等 · 生活美：提升住房建设水平、加大优质商贸和文体设施供给、加大优质养老服务供给等 · 人文美：彰显人文特色、推进有机更新、强化文旅融合等	保护生态格局、固体废弃物处置、合理布局公共设施、完善交通安全设施、建设“海绵城市”、开放共享文体设施、推进老旧小区改造等
	2020年	《浙江省高水平推进美丽城镇建设工作重点任务指标体系（2020—2022年）》	生活垃圾分类、小区污水零直排、无害化卫生厕所、绿化覆盖率、“未来社区”试点、园林城镇创建、卫生镇创建、文化活动中心建设等	垃圾分类设施规划与设计、场地绿地指标、公共服务设施可及性等
	2020年	《浙江省美丽城镇生活圈配置导则（试行）》	公共设施配置要求、生活圈建设指引	邻里中心配置要求、全面健身场地要求、存量资源利用、服务设施集约布置、开放格局、资源节约绿色建造等
小城镇建设相关其他政策	2014年	《浙江省人民政府关于全面推进城镇低效用地再开发工作的意见》（浙政发〔2014〕20号）	城镇低效用地再开发（城镇低效用地是指不符合现行规划用途、利用粗放、布局散乱、设施落后、闲置废弃以及不符合安全生产和环保要求的存量建设用地；在“三改一拆”中计划实施改造和已拆除建筑物的土地）	废旧场地再利用、场地既有建筑再利用、场地生态修复

(续表)

政策类别	发布年份	政策/标准/导则名称	相关要求	对应要素
小城镇建设相关其他政策	2017年	《浙江省小城镇文明行动方案》	垃圾分类	垃圾分类设施规划与设计
	2018年	《浙江省乡村振兴战略规划(2018—2022年)》	统筹推进生态保护和修复、发挥城镇统筹城乡发展的战略节点作用(增强城镇基础设施的辐射带动作用、促进城乡公共服务共享)、开展美丽城镇示范建设	场地生态修复、公共服务设施开放共享等

(表格来源:作者自绘)

6.2.4 示范:地区绿色建筑示范工程与案例

浙江省小城镇绿色建筑设计导控体系的导控要素需要面向地区情况,并借鉴已建成的绿色建筑设计示范工程经验,因此本章从地区的绿色建筑优秀案例中提取示范要素。地域选择范围参考《夏热冬冷地区超低能耗住宅建筑技术标准》(T/CABEE-004-2021)对夏热冬冷地区的微气候划分,以浙江省为核心,涵盖气候类似的夏季炎热、冬季寒冷地区,共选择案例41个,其中浙江23个、江苏8个、上海4个、湖北和湖南各2个、安徽和江西各1个。

案例筛选原则包括:较为公认的绿色建筑设计优秀案例,具有一定借鉴意义;具有普适性和推广性,排除大型展览馆、体育馆特殊的建筑类型,但不局限于高星级的绿色建筑评价标识项目;考虑到小城镇"亦城亦乡"的特点,选取城市和乡村的绿色建筑设计实践。最终,筛选出40个具有借鉴意义的绿色建筑设计实践案例。

通过多渠道的文献阅读,本章尽可能获取案例的详细资料,运用内容分析法,提取案例的生态设计策略与技术,并进行频数统计,最终结果如表6.9所示。在剔除部分频数过低($N=1$)的绿色设计策略和技术后,将剩余要素列入绿色建筑设计导控要素库。虽然此处的频数统计是基于案例的文本资料,侧重于本案例所采用的有特色的设计策略或技术,如无障碍设计等部分常见或普遍使用的措施可能会有所省略,但整体上所呈现的绿色建筑设计策略偏向性与同类研究相似,具有较大的参考意义。

表6.9 地区绿色常用生态设计策略与技术统计列表

类别	生态设计策略/技术	频数	类别	生态设计策略/技术	频数
场地环境设计	海绵城市设计	22	场地环境设计	复层绿化	14
	透水铺装	22		植物优化热环境	8
	下凹式绿地	3		绿化隔声	7
	生物滞留带	1		节地措施	19
	绿化设计	21		地下空间利用	16
	乡土植物	17		半地下空间利用	2

（续表）

类别	生态设计策略/技术	频数	类别	生态设计策略/技术	频数
场地环境设计	公共服务设施功能复合	4	被动式建筑设计策略	采光天窗	4
	容积率控制	2		下沉庭院/广场	4
	人均居住用地指标控制	2		高侧窗	2
	绿色出行	8		反光板	1
	公共交通可达性	7		遮阳设计	25
	非机动车停车设施	3		活动遮阳	18
	高效车辆优先停车位	1		固定遮阳	13
	水体生态化设计	7		自遮阳	4
	人工湿地	3		玻璃遮阳	4
	污水生态处理	2		内遮阳幕布	2
	生态小岛	2		朝向	10
	生态驳岸	1		保证日照	10
	利用原有地形	4		窗墙比控制	9
	选址安全性和生态性	4		体形系数控制	8
	避免光污染	4		降噪建筑群布局	6
	既有建筑利用	1		灵活隔断	6
	雾森系统	1		被动式太阳能利用	2
	构筑物遮荫	1	室内环境质量优化	室内声环境优化	13
被动式建筑设计策略	自然通风	34		围护结构降噪构造	8
	改善通风建筑群布局	13		建筑群降噪布局	6
	通风中庭/天井/拔风井	13		设备降噪处理	s
	开窗位置、大小设计	11		建筑单体降噪布局	3
	窗户/幕墙可开启面积保证	10		室内空气质量控制	12
	架空层促进通风	7		空气质量监测	6
	天窗辅助通风	3		空气污染物控制	4
	导风构件	2		空气过滤/杀菌系统	2
	冷巷	1	围护结构设计	围护结构保温隔热处理（传热系数控制）	22
	自然采光	29			
	采光系数控制	9		种植屋面	20
	光导照明技术	8		新型墙体材料	18
	采光天井	5		加气混凝土砌块	12

(续表)

类别	生态设计策略/技术	频数	类别	生态设计策略/技术	频数
围护结构设计	双层呼吸玻璃幕墙	2	高效节能设备	照明系统智能化控制	20
	竹制复合墙体	1		照明设计参数控制	10
	相交墙体	1		节能管理模式	16
	固废再生轻质墙	1		垃圾管理系统	8
	水冷墙体	1		绿色建筑技术展示和教育宣传	8
	Low-E 玻璃	17		节能节水和绿化管理制度	3
	垂直绿化	11		资源管理激励机制	2
	断桥铝合金窗	7		定期维修保养制度	1
	气密性控制	6		余热回收利用	9
	热桥处理	5		节能电梯	7
	架空屋面	1		采暖系统	6
	架空楼板	1		天棚辐射采暖系统	4
高效节能设备	可再生能源利用	35		地板辐射采暖	2
	大阳能热水系统	17	节水	雨水收集利用系统	29
	地豫热泵系统	17		节水器具	22
	大阳能光伏系统	16		绿化节水灌溉	14
	空气源热泵系统	4		中水回用系统	10
	地道风系统	4		管网防渗漏措施	9
	地下水源热泵系统	3		充分利用市政水压	6
	风能利用技术	3		用水计量	5
	地下充石蓄冷箱	1		耐旱植物	3
	污水源热泵系统	1	节材	可循环材料	17
	高效节能空调系统	32		高强度建筑材料	10
	二氧化碳监控新风联动	8		预拌混凝土、预拌砂浆	10
	温湿度独立控制空调系统	4		减少装饰性材料	10
	部分负荷运行策略	2		本地材料	8
	结合冰蓄冷技术	1		建筑废弃物回收利用	7
	能源塔热泵空调系统	1		速生材料	2
	智能化系统	30	其他	建筑性能模拟	35
	能源计量管理系统	20		无障碍设计	5
	环境监测系统	13		施工污染控制	2
	设备管理控制系统	12		全龄化设计	2
	安全防范系统	8		适老化设计	1
	节能照明系统	27		行为节能系统	1
	高效节能型灯具	20		BIM 技术应用	1

(表格来源:作者自绘)

将上述多角度提取的绿色建筑设计导控要素进行汇总与初步的分类，并对相似或重复的要素进行整合，形成绿色建筑设计导控要素初选库。

6.3 研选：地域适宜性导控要素的耦合

6.3.1 导控要素与地域因子相关矩阵的建立

为了分析地域因子对导控要素的作用，需要先建立导控要素与地域因子的相关矩阵表，判断两者之间的相互关系。由于导控要素数量较多，逐一分析工作量巨大且意义有限，因此先建立导控小类与地域因子的相关矩阵，区分地域影响因素中起关键作用和辅助作用的因子。如表 6.10 所示，从相关程度强弱和数量比较，可得知地域因子对导控小类影响程度的排序：自然环境维度地域因子＞经济技术维度地域因子＞社会文化维度地域因子。

表 6.10 导控小类与地域因子的相关矩阵表

导控大类	导控小类	自然环境维度			经济技术维度		社会文化维度	
		气候条件	地貌特征	自然资源	经济水平	技术体系	政策法规	文化习俗
场地生态保护与城镇风貌协调	场地要求与评估	○	●	●	—	○	○	—
	场地生态保护	○	●	○	—	—	—	—
	绿地景观设计	●	●	●	○	○	—	—
	城镇风貌协调	●	●	—	—	—	○	●
土地集约利用与空间高效利用	土地高效利用	—	○	—	○	○	○	—
	鼓励绿色出行	—	○	—	○	—	○	○
	公共设施共享	—	—	—	○	○	○	○
	提高空间利用率	—	—	—	○	○	○	○
建筑群体布局与场地微气候优化	光环境优化	●	●	—	—	○	○	—
	风环境优化	●	●	—	—	○	—	—
	声环境优化	—	○	—	—	○	—	—
	热环境优化	●	●	—	—	○	—	—
建筑设计与室内环境质量	重要指标	●	●	—	—	○	○	—
	遮阳设计	●	—	—	○	○	—	○
	自然通风	●	●	—	○	○	—	○
	自然采光和被动式太阳能设计	●	○	●	○	○	—	○
	地域适宜的围护结构设计	●	—	—	○	○	○	○

(续表)

导控大类	导控小类	自然环境维度			经济技术维度		社会文化维度	
		气候条件	地貌特征	自然资源	经济水平	技术体系	政策法规	文化习俗
建筑设计与室内环境质量	室内光环境	●	—	—	○	○	—	○
	室内声环境	—	—	—	○	○	—	—
	室内空气质量	—	—	—	○	○	—	—
资源节约利用和能源优化使用	材料资源	○	○	—	○	●	○	—
	水资源	○	○	●	○	○	○	—
	设施设备节能	○	—	○	●	○	○	○
	可再生能源利用	○	○	●	●	●	○	—
	建筑智能化与建筑运营管理	—	—	—	●	○	○	○
建筑安全性和以人为本设计	建筑安全性	○	○	—	—	○	○	—
	防灾性和适灾韧性	●	●	—	—	○	○	—
	引导绿色生活方式	—	—	—	○	○	○	●
	人文关怀设计	—	—	—	○	○	○	●

注:"●"表示强相关,"○"表示弱相关,"—"表示相关性非常小,可忽略不计。
(表格来源:作者自绘)

在明确导控要素与地域因子的相互关系后,运用4.3.1节中的耦合模式和操作方法,生成具有地域适宜性的绿色建筑设计导控要素。本章接下来将选取部分重要绿色建筑导控要素的地域化过程进行详细阐述。

气候条件是最重要的地域因子之一,主要影响绿色建筑的被动式设计。浙江省的气候特征是夏热冬冷、静风湿润,要求建筑兼顾夏季隔热和冬季保温,将在6.3.2节中,运用建筑气候分析的方法,分析并选择适宜的被动式措施。

地貌特征是较为重要的地域因子,主要影响场地设计、建筑群体布局和建筑的接地形式等要素。浙江省小城镇呈现破碎地貌的特征,主要包括山地丘陵、水网平原和滨海岛屿三大类地貌类型,本章将在6.3.3节中阐释顺应地形地貌的营建策略。

自然资源因子是重要的地域因子,主要影响主动式和被动式可再生能源利用以及雨水回收利用等技术的适用性。浙江省小城镇具备一定的太阳能、浅层地热能、风能和生物质能的应用潜力;较为充沛的降雨量也使得小城镇具备采用雨水回收利用、海绵城市建设等相关技术的条件。而这些技术的推广应用还需要考虑经济和技术的因素。

经济水平和技术体系是重要的地域因子,主要影响绿色建筑主动式措施的选择。浙江省小城镇整体经济水平介于浙江省城市与农村之间,在全国范围内处于较高水平,但目前绿色建筑技术的推广和应用程度一般。鉴于此,本章将在6.3.4节中运用价值工程理论,比较并优选适合浙江省小城镇的生态技术措施。

社会文化属于辅助性因子，对导控要素的作用是偏隐性的。虽然社会文化因子是主流建筑师在设计过程中较为重视的因素，但在绿色建筑标准处于相对忽视状态。因此，为了更好地与建筑师的设计理念契合，并体现浙江小城镇的特色，在浙江省小城镇绿色建筑设计导控体系中强调社会文化因子的整合，主要体现如下：浙江省小城镇普遍历史悠久，部分小城镇与山水格局结合，形成独特的城镇风貌，因此小城镇的绿色建筑需要强调历史景观的保护与传承、地域建筑风格的呼应、城镇轮廓线的协调等；浙江省小城镇常住人口中老人和儿童占比较高，需要强调适老化设计和全龄化设计等；为了响应小城镇相关政策、营造绿色的社会氛围，强调引导垃圾分类、低碳出行等绿色生活方式。

6.3.2 建筑气候导向下的被动式措施

建筑气候分析法通过分析当地的气象数据，结合人体热舒适要求，提出适宜当地气候的被动策略。常用的建筑气候分析软件包括 Weather Tool 和 Climate Consultant。由于 Climate Consultant 可自行选择热舒适模型和边界条件，且包含设计策略类型多于 Weather Tool，本章选用 Climate Consultant 对浙江省小城镇的气候适应性建筑设计策略进行分析。

本研究采用中国标准气象数据(China Standard Weather Data，CSWD)，来源于清华大学和中国气象局合作研发的《中国建筑热环境分析专用气象数据库》，该数据集以 1971—2003 年的实测气象数据为基础，广泛应用于建筑气候分析研究中。Climate Consultant 软件共有 4 种热舒适模型供选择，其边界条件和特点如表 6.11 所示。针对浙江省夏热冬冷、全年湿度较高的气候特征，以及浙江省小城镇居民的生活方式，本章选择 2005 年美国采暖、制冷与空调工程师学会(ASHRAE)基础手册舒适度模型。

表 6.11 Climate Consultant 中热舒适模型的边界条件与特点

热舒适模型	边界条件	特点
California Energy Code 舒适模型 2013	干球温度 20～23.3℃、相对湿度 80%、最大湿球温度 18.9℃	静态模型，舒适区间固定，适用于温和地区和采用集中空调的建筑类型①
现行 ASHRAE 55 标准的 PMV 模型	考虑干球温度、衣着热阻、人体代谢活动量、风速、湿度等因素，通过 PMV-PDD 计算有效温度区间	均假定使用者可自行调整衣着，且有冬季和夏季热舒适范围的区分，但 PMV 模型没有设定湿度下限②
2005 年 ASHRAE 基础手册舒适模型	冬季有效温度 20～23.3℃、最大湿球温度 17.8℃、最低露点 2.2℃、夏季舒适区间比冬季高 2.8℃	
ASHRAE 标准 55—2010 自适应舒适模型	假定使用者可自行开关窗户，并根据室外气候调整衣着；房间内没有制冷或采暖系统	只涉及自然通风策略，无法分析其他设计策略

(表格来源：作者自绘，整理自 Climate Consultant 软件的使用说明)

① 丁育陶，夏博，韩靖，等.西北五省地区民居被动式建筑设计策略模拟[J].西安科技大学学报，2020，40(2)：275-283.

② 何泉，王文超，刘加平，等.基于 Climate Consultant 的拉萨传统民居气候适应性分析[J].建筑科学，2017，33(4)：94-100.

根据前文的浙江省小城镇环境特征综合分区,本章选取浙江省杭州、舟山、衢州和温州,分别代表Ⅰ区浙北平原水乡区、Ⅱ区浙东滨海岛屿区、Ⅲ区浙中丘陵盆地区和Ⅳ区浙南山地丘陵区,以研究浙江省小城镇适宜的被动式策略。在这四个地区的分析中,除了气候数据外,其他参数的设置均保持一致,利用 Climate Consultant 软件得出焓湿图(图 6.17)。焓湿图的横坐标表示干球温度(℃)、纵坐标表示绝对湿度(g)、斜直线表示湿球温度(℃)、斜曲线表示相对湿度(%),全年 8 760 个小时以点的形式显示在图上,热舒适区间和多种被动式措施所调节的气候范围以不同的颜色标注在焓湿图上。

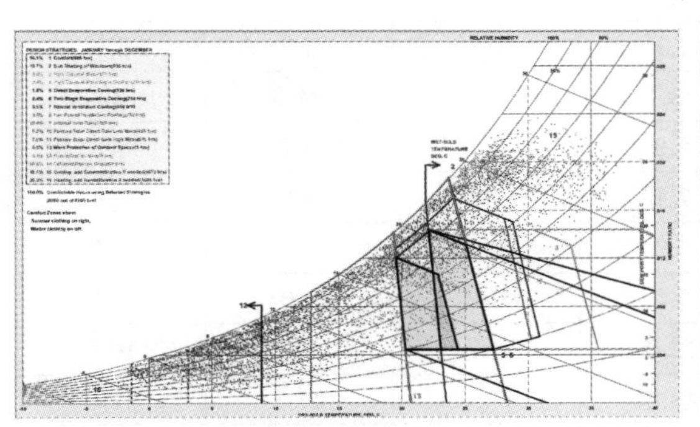

Ⅰ焓湿图-杭州

Ⅱ焓湿图-舟山

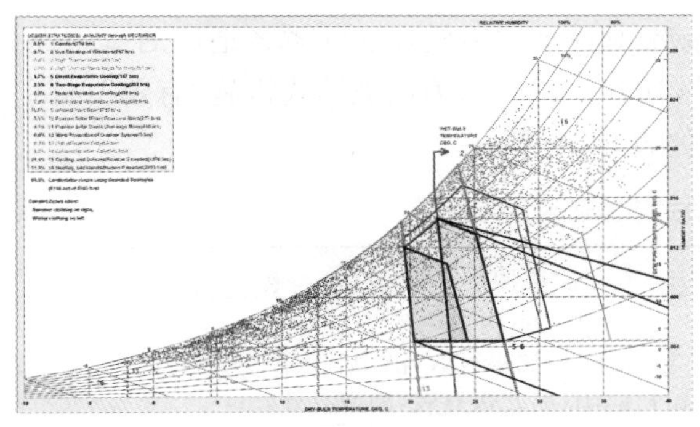

Ⅲ焓湿图-衢州

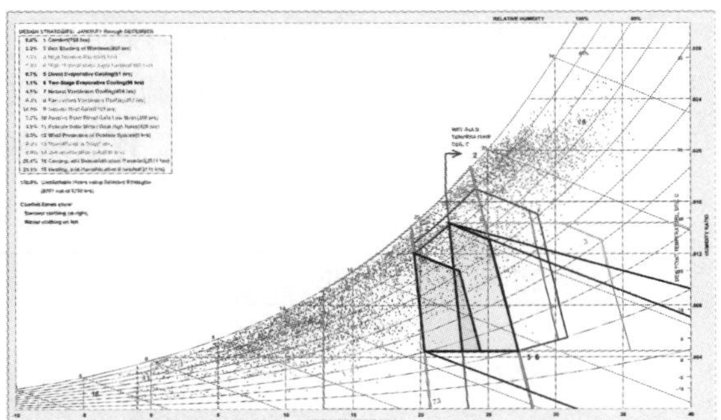

Ⅳ焓湿图-温州

图 6.17　浙江省主要地区焓湿图

(图片来源:作者使用 Climate Consultant 软件绘制)

根据焓湿图,在排除三项主动式措施(“机械通风”“制冷,必要时除湿”“加热,必要时加湿”)后,可整理出各项被动式措施的有效时间比 (α)。有效时间比 (α) 指采用某项设计策略后,增加的舒适时间占全年时间 8 760 小时的比例。由于各项被动式措施在适用时间上存在一定的重叠,因此综合有效时间比小于各项被动式措施有效时间比的直接相加。如表 6.12 所示,对于浙江省各地区而言,无需任何气候调节策略到达室内热舒适时间占全年时间的 8.3%~10.1%左右,即约 727~885 小时,而综合采用多种被动式措施后,舒适时间可增加至 45.0%~48.8%左右,意味着有将近 38.0%的被动式设计潜力。

表 6.12 浙江省主要地区被动式措施有效时间比 单位：%

设计策略	杭州	舟山	衢州	温州	平均
热舒适时间比	10.1	8.3	8.9	8.5	9.0
窗户遮阳	10.7	10.0	9.7	9.2	9.9
高蓄热	2.0	1.2	3.0	1.6	2.0
高蓄热＋夜间通风	2.4	1.3	3.3	1.8	2.2
直接蒸发冷却	1.6	0.7	1.7	0.7	1.2
间接蒸发冷却	2.4	1.1	2.3	1.1	1.7
自然通风降温	6.6	7.1	5.6	4.8	6.0
室内得热	19.4	23.1	19.6	24.9	21.8
被动式太阳得热＋低蓄热	5.2	5.9	3.1	3.7	4.5
被动式太阳得热＋高蓄热	7.0	7.1	4.7	4.9	5.9
防止冷风渗透	0.0	0.2	0.0	0.0	0.1
仅加湿	0.1	0.0	0.2	0.0	0.1
仅除湿	10.6	12.0	9.7	9.6	10.5
综合	47	48.8	45.0	47.1	47.0
被动式设计潜力	36.9	40.5	36.1	38.6	38.0

（表格来源：作者自绘，数据整理自 Climate Consultant 软件模拟结果）

在借鉴相关文献①②的基础上，按照以下标准对被动式措施在浙江省各地区的适用性进行评价：$\alpha>10\%$为该被动式措施“很有效”，$10\%\geqslant\alpha>5\%$为该被动式措施“有效”，$\alpha\leqslant 5\%$为该被动式措施适用性“较差”。评价结果如表 6.13 所示。

表 6.13 浙江省被动式措施适用性评价

被动式措施有效性评价	被动式措施
很有效（$\alpha>10\%$）	室内得热 仅除湿（浙北很有效，浙南有效） 窗户遮阳（浙北很有效，浙南有效）
有效（$10\%\geqslant\alpha>5\%$）	自然通风降温 被动式太阳得热＋低蓄热（浙北有效，浙南较差） 被动式太阳得热＋高蓄热（浙北有效，浙南较差）
较差（$\alpha\leqslant 5\%$）	高蓄热＋夜间通风 高蓄热 直接蒸发冷却 间接蒸发冷却 仅加湿 防止冷风渗透

（表格来源：作者自绘）

① 傅新.夏热冬冷地区超低能耗居住建筑被动式节能技术研究[D].杭州：浙江大学，2019.
② 彭勇.基于软件模拟的夏热冬冷地区办公建筑被动式设计研究[D].长沙：湖南大学，2013.

浙江地区的热舒适时间集中在春、秋季,若不采用任何设计策略,冬季和夏季的热舒适时间接近零。结合被动式措施的有效时间比(表 6.12、表 6.13)和适用季节分析(图 6.19),可对各项被动式措施是否适用于浙江省作出初步判断和排序:

室内得热是一项非常有效的被动式措施,可提高浙江省全年 19.4%~24.9%的舒适时间,尤其在春、秋两季可以大幅度提高室内的舒适性。建筑的室内得热主要来源于灯具、电器等设备和人员的产热,可通过加强围护结构的保温性能和气密性,提高对室内热源的有效利用(图 6.18)。

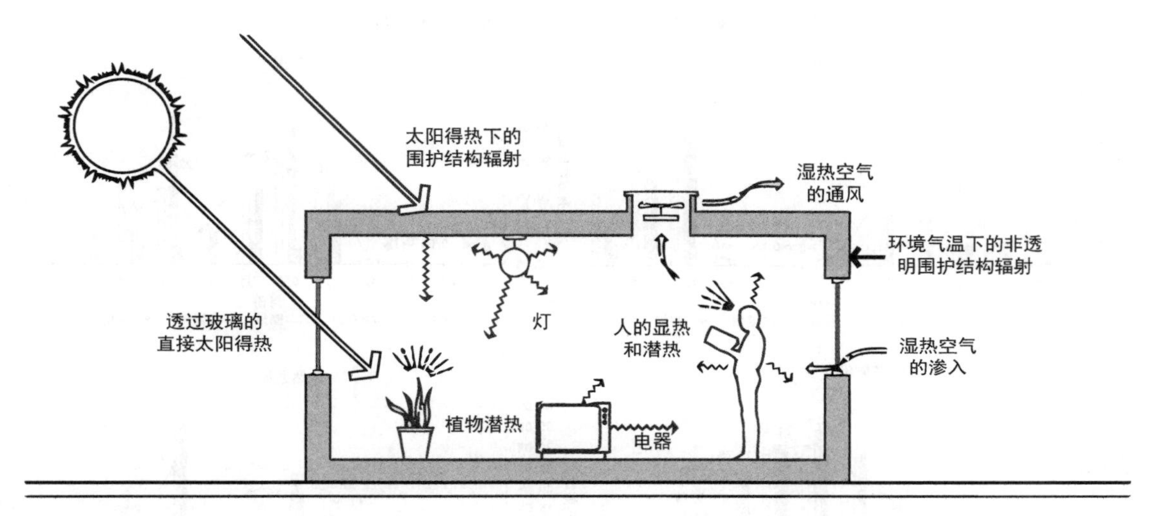

图 6.18 室内得热的综合利用示意图

(图片来源:Climate Consultant 软件)

除湿是一项很有效的设计策略,但目前被动式除湿不适用于浙江省小城镇。根据焓湿图,除湿策略可提高浙江省 9.6%~12.0%的舒适时间,主要作用于 5—7 月和 9—10 月。常用的被动式除湿方式包括通风除湿和采用调湿材料等,其中通风除湿不适用于潮湿气候地区①,因为室内外湿度接近的情况下,直接通风无法降低室内湿度,而浙江省多数地区全年湿度较高;调湿材料具有吸放湿特性,可用于调节室内湿度,但目前调湿材料仍处于研发阶段,缺少价格适中、性能良好的调湿建材②。

遮阳设计是一项很有效的设计策略,而且是少数适用于夏季的被动式措施之一,值得重视。遮阳设计的主要有效时间集中在 6—10 月,通过阻挡太阳辐射进入室内,减少建筑的得热量,从而降低室内温度、减少建筑制冷能耗。

自然通风是一项有效的设计策略。自然通风的有效时间集中在 5—6 月和 9—10 月,在夏季最热月份有效时间较低,其原因在于浙江省夏季风速较低且室外温度很高,采用自然通风反而可能提高室内热量。

① 余晓平,付祥钊.夏热冬冷地区民用建筑除湿方式的适用性分析[J].建筑热能通风空调,2006,25(2):65-69.

② 马新宇,龙翔.调湿建筑材料的研究现状[J].建筑工程技术与设计,2017(22):3435.

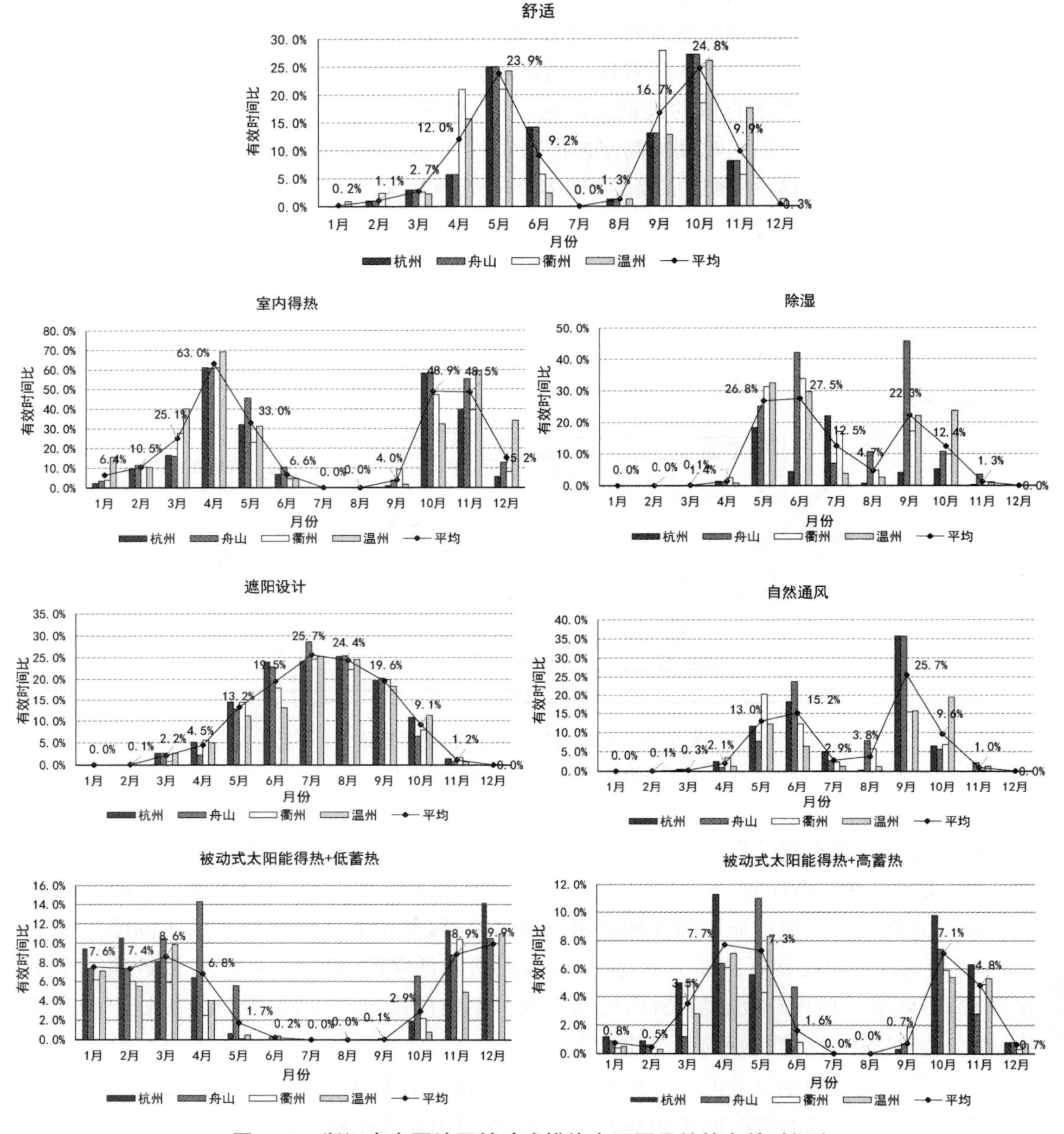

图 6.19 浙江省主要地区被动式措施在不同月份的有效时间比

(图片来源：作者自绘，数据整理自 Climate Consultant 软件的模拟结果)

被动式太阳能利用是一项相对有效的设计策略。在 Climate Consultant 软件中，被动式太阳能利用分为“被动式太阳得热＋高蓄热和被动式太阳得热＋低蓄热两种策略，这两种策略相互矛盾，因为墙体设计在高蓄热和低蓄热之间只能选其一。从策略的有效时间上看，被动式太阳得热＋低蓄热在冬季和春、秋季都有效，被动式太阳得热＋高蓄热则只适用于春、秋季,因此被动式太阳得热+低蓄热更适用于浙江地区。值得注意的是,具体地区的被动式太阳能利用需要结合当地的日照和太阳辐射情况确定。

高蓄热+夜间通风、高蓄热、直接蒸发冷却、间接蒸发冷却、仅加湿和防止冷风渗透的有效时间比均小于5%,表明这些设计策略不适用于浙江省地区。由于浙江省全年气候湿润,仅加湿策略是不适用的。直接蒸发冷却是等晗加湿,间接蒸发冷却是等湿降温①,前者会导致空气湿度增加,降低热舒适性;后者受限于室外气候条件,浙江地区全年相对湿度较高,露点温度高,蒸发潜能低,因此蒸发冷却技术不适用于浙江地区。高蓄热、高蓄热+夜间通风是利用蓄热体延迟和衰减室内温度波动,维持稳定的室内热环境,适用于日温差大的地区,而应用于浙江地区,虽然在春秋季可以提升一定的舒适时间,但会导致夏季室内温度过高,因此不宜使用。

6.3.3 顺应地形地貌的营建策略甄选

1)"单元式"应对破碎地貌,协调城镇山水格局

如前文所述,浙江省小城镇地貌多样,主要分为山地丘陵、水网平原和滨海岛屿三大类地貌类型,均可概括为"破碎地貌"。相关研究指出,"单元式"是应对破碎地貌的有效设计策略②,单元具有体量小、灵活度高的特点,既能促使"人居单元"与"地貌单元"的有机融合,又能达成人地共生、建筑与自然共融的营建效果。

对于浙江省小城镇而言,还需强调小城镇的山水格局特点的保护和凸显。具体而言,山地丘陵类型小城镇宜结合高低错落的地形借势造景,地势较平缓山地可采用团状以及带状布局,地势较陡的山地宜采用台式带状组合布局,营造因山借景的丘陵风貌;平原水乡类型小城镇宜利用自然水体,营造近水亲水的水乡风貌,增加与水体的接触面,营造依水势而建的水乡风貌;滨海岛屿类型小城镇宜利用岸线形态和地形特征,营造沿岸线带状内聚的风貌,形成山、海、人融合的格局(表6.14)。

表6.14 应对不同地貌类型的营建策略

设计策略	地貌类型		
	平原水乡类型小城镇	山地丘陵类型小城镇	滨海岛屿类型小城镇
"单元式"应对破碎地貌	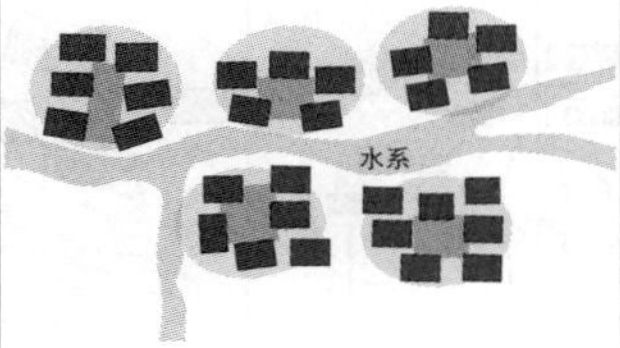 1	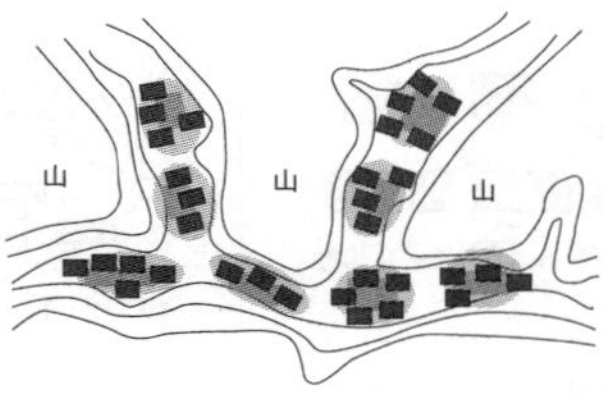 2	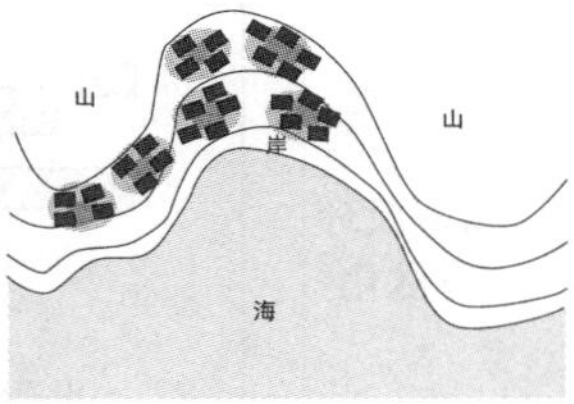 3

① 颜苏芊,黄翔,文力,等.蒸发冷却技术在我国各区域适用性分析[J].制冷空调与电力机械,2004,25(3):25-28.

② 郑媛.基于"气候-地貌"特征的长三角地域性绿色建筑营建策略研究[D].杭州:浙江大学,2020.

(续表)

设计策略	地貌类型		
	平原水乡类型小城镇	山地丘陵类型小城镇	滨海岛屿类型小城镇
城镇山水格局协调	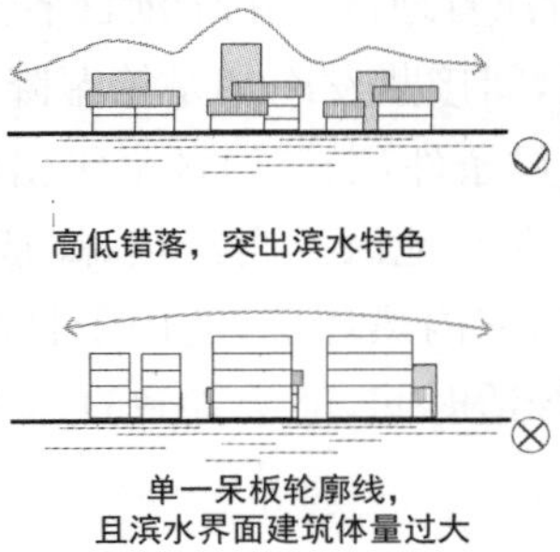 高低错落，突出滨水特色 单一呆板轮廓线，且滨水界面建筑体量过大 4	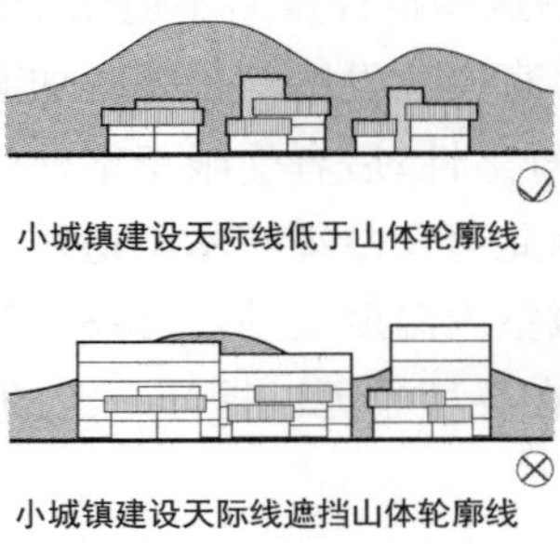 小城镇建设天际线低于山体轮廓线 小城镇建设天际线遮挡山体轮廓线 5	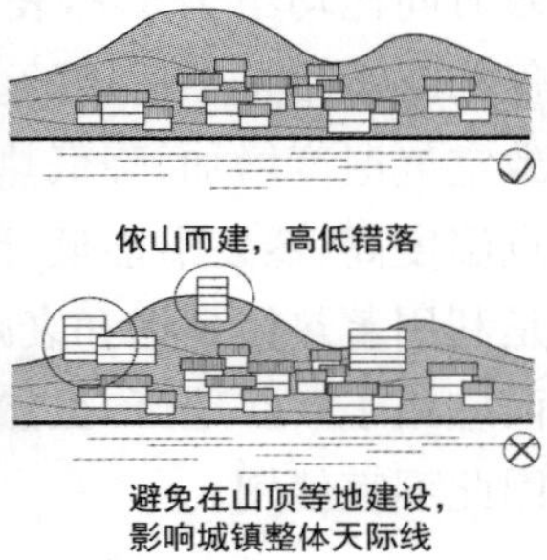 依山而建，高低错落 避免在山顶等地建设，影响城镇整体天际线 6

(表格来源：作者自绘，其中，子图1～2参考冯新刚，李霞，周丹，等.小城镇特色规划编制指南[M].北京：中国建筑工业出版社，2018；子图5参考中国城市规划学会.小城镇空间特色塑造指南：T/UPSC 0001—2018[S].北京：中国建筑工业出版社，2018.)

2）建筑群体布局：地形"因借"，优化场地微气候

场地层面的微气候主要指场地环境内的太阳辐射、风向风速等气候要素以及场地的地形、植被、水体、土壤特性等地貌要素共同作用，因而具有不同的气候特点[①]。通过顺应地形地貌、合理组织建筑群体布局，能积极利用太阳辐射、风速气流等有利气候要素，从而优化场地微气候，提高场地与建筑舒适性。

具体而言，针对山地丘陵、临河近海等特殊地形，因地制宜，积极利用山谷风、水陆风等，优化场地和建筑的风环境。处于临河近海地带的建筑，应留出通风廊道，避免对风造成阻挡；同时结合架空、空中花园等措施充分利用水陆风；处于山地丘陵地带的建筑，顺应地形，通过平面布局和空间布局充分利用山风（表6.15）。此外，为了优化场地与建筑的光环境，宜充分利用"斜坡效应"，通过利用或创造出南低北高的场地条件，以改善日照环境。

表6.15 优化场地微气候的建筑群组织

设计策略	地貌类型		
	平原水乡类型小城镇	山地丘陵类型小城镇	滨海岛屿类型小城镇
场地风环境优化	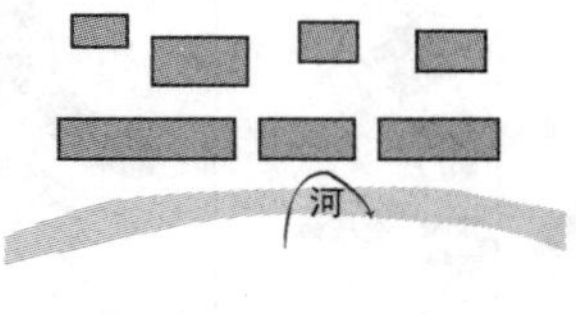 河 ⊗ 沿河建筑对风造成阻挡 1	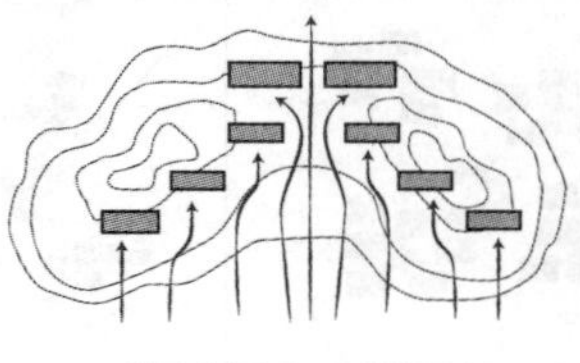 利用山垭风，加强通风 2	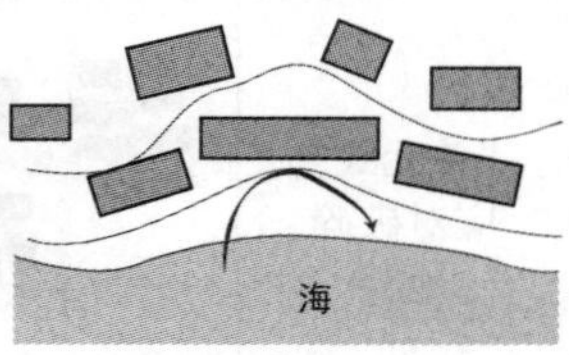 海 ⊗ 沿河建筑对风造成阻挡 3

① 杨柳.建筑气候学[M].北京：中国建筑工业出版社，2010：23.

（续表）

设计策略	地貌类型		
	平原水乡类型小城镇	山地丘陵类型小城镇	滨海岛屿类型小城镇
场地风环境优化	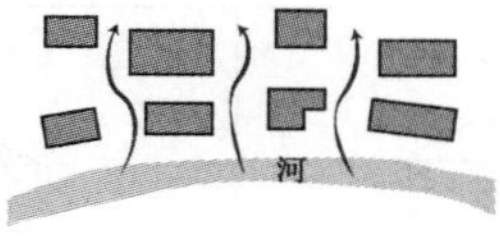 沿河建筑留出通风廊道 4	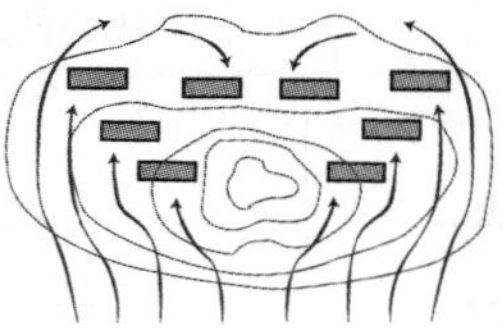 利用越山风，加强通风 5	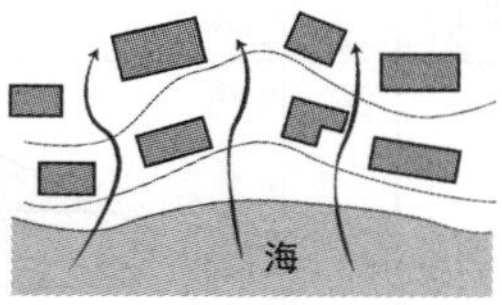 沿河建筑留出通风廊道 6
	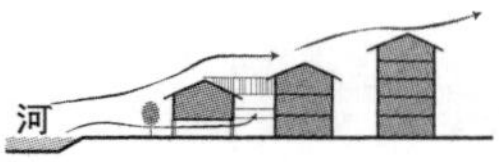 结合地形利用陆风 7	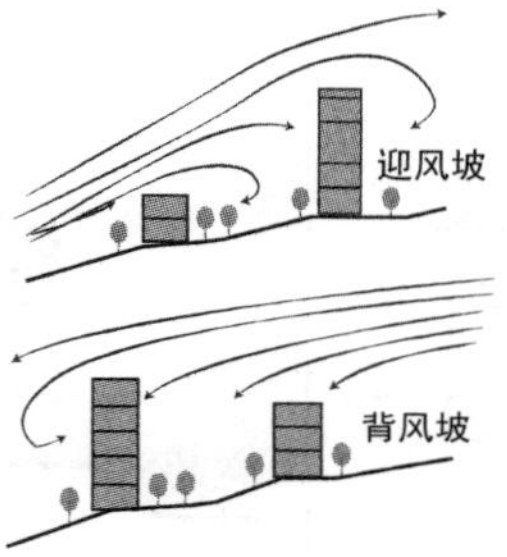 结合地形利用山风 8	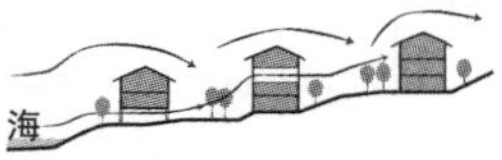 结合地形利用海陆风 9
场地光环境优化		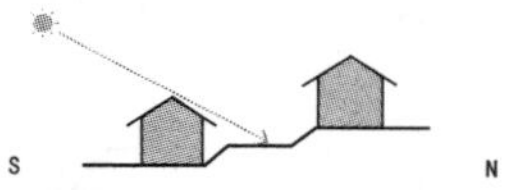 利用或创造南低北高的场地条件 10	

（表格来源：作者自绘，其中子图1、3、4、6参考《长沙市绿色建筑设计导则》；子图2、5参考邓玉婷.适应生态过程的西南山地城市坡地规划策略研究[D].重庆：重庆大学，2019.）

3）单体建筑层面：柔性接地形式，适应场地地貌

建筑的接地(Landing)指如何在特殊的场地地貌下布置建筑与基地的接触方式，其实质在于建筑与地貌之间形成的互动关系①。对于浙江省小城镇而言，场地层面的地貌可概括为坡地类型、滨水类型和平地类型三大类，这里主要讨论特殊的地貌类型，即坡地类型和滨水类型。

为了适应场地不同的地貌，可通过建筑多样的柔性接地形式，创造建筑与场地之间的弹性缓冲空间，以减少土方开挖，节约土地资源。具体而言，在山地丘陵地区，以顺应山势为主要原则，通过架空、吊脚楼、填方、挖方等方式应对坡地地形，能减少对地表自然形态与原有

① 霍慧霞.山地建筑接地营建策略研究[J].华中建筑，2008，26(5)：92-93.

生物群落的破坏；在水网平原或滨海岛屿等地区，可通过亲水平台、滨水廊、架空等方式应对滨水地貌，形成建筑与水体之间的柔性过渡，同时营造出亲水空间与氛围（表 6.16）。

表 6.16　适应不同地貌的接地方式

地貌	适应地貌的建筑接地方式		
滨水类型	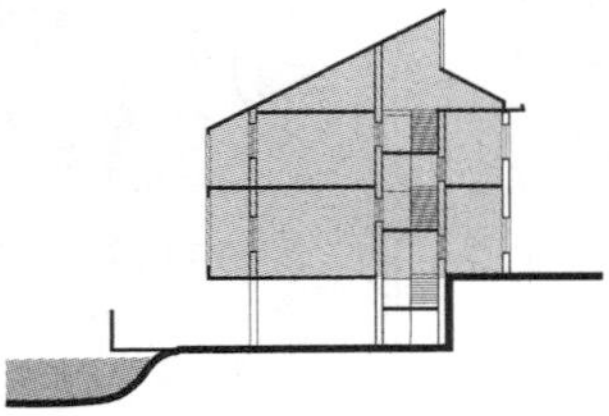 亲水平台	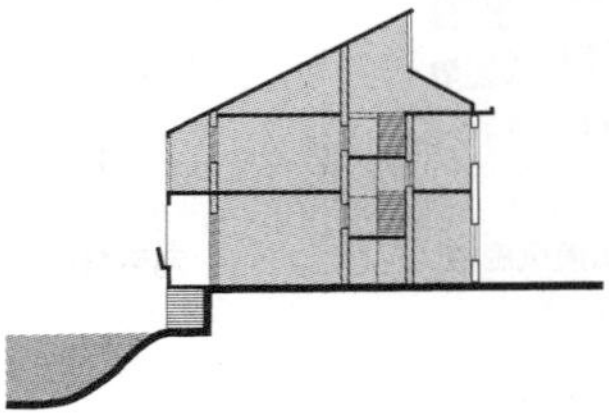 滨水檐廊	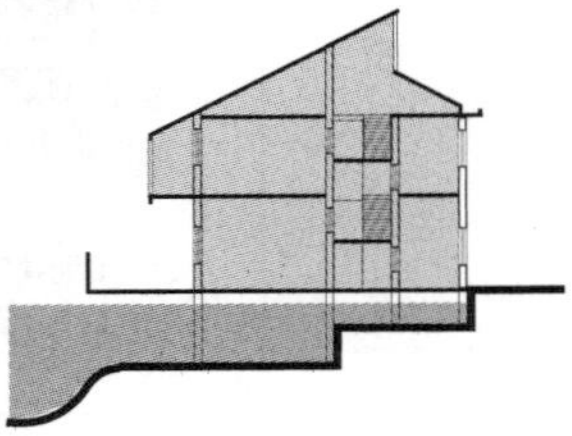 滨水挑台
	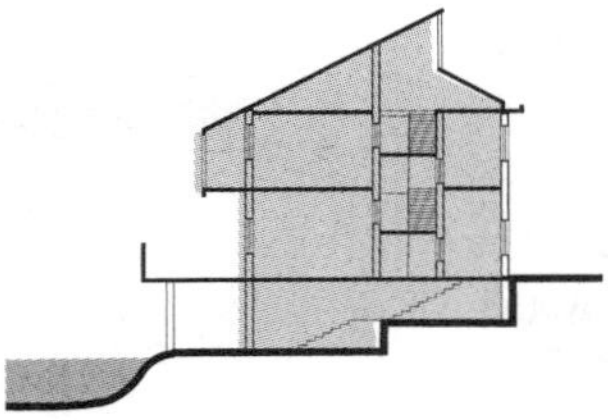 底层架空	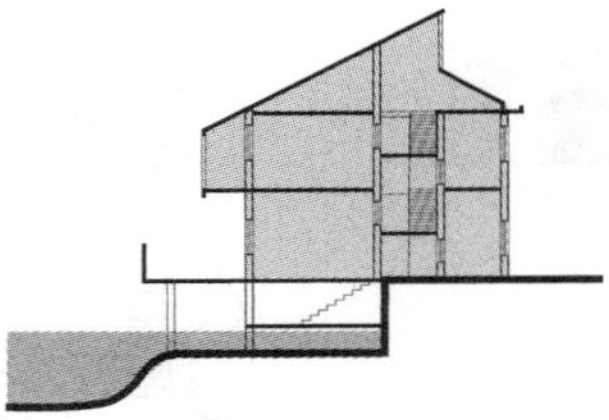 二级平台	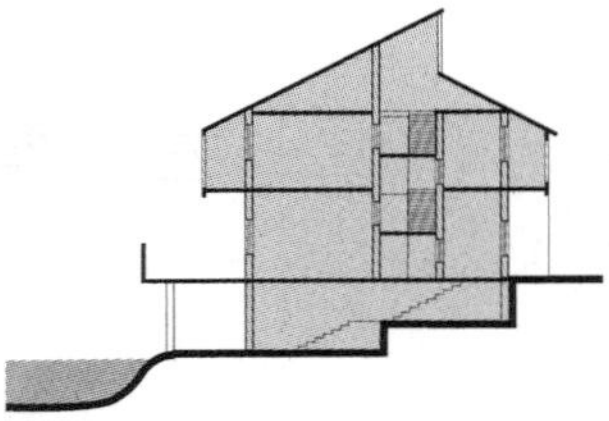 组合形式
坡地类型	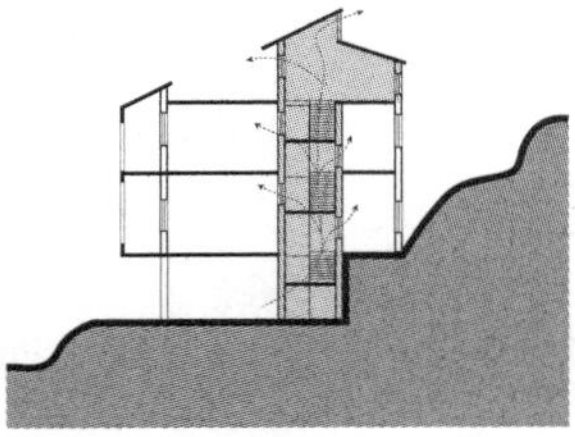 半边楼	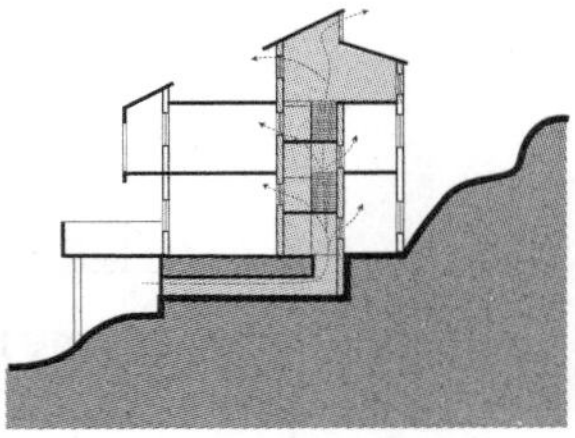 吊脚楼	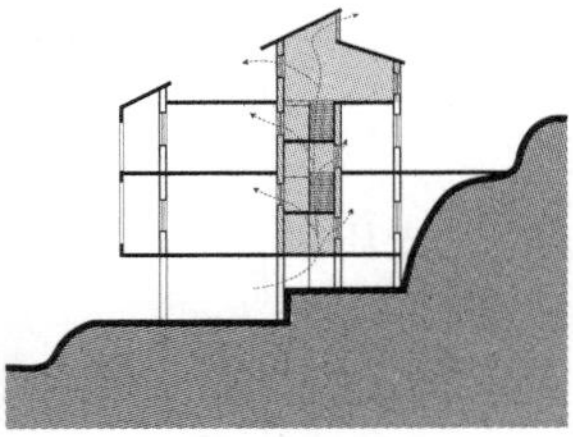 底层架空
	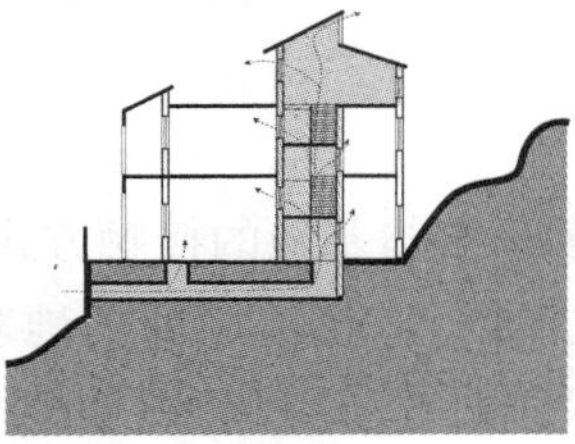 填方	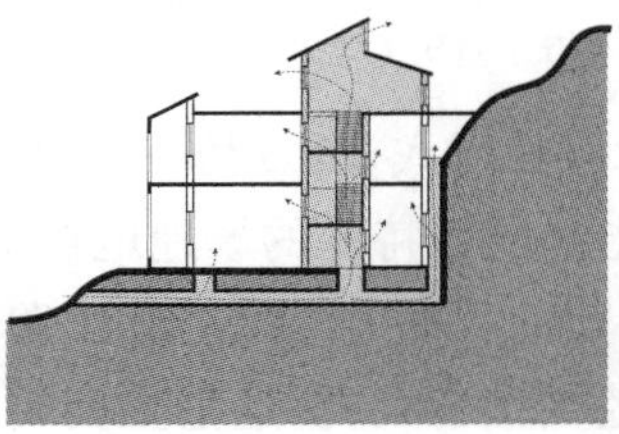 挖方	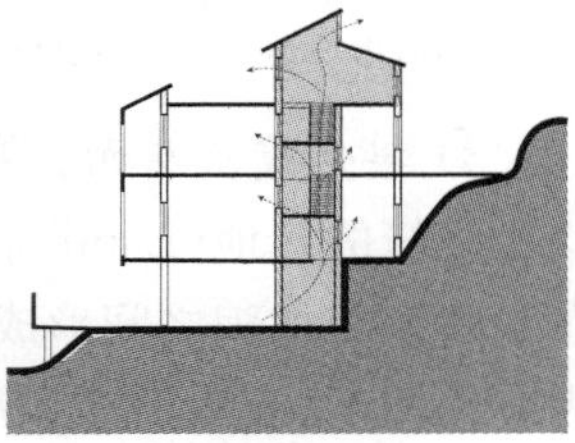 组合形式

（表格来源：作者自绘）

6.3.4　基于价值工程的生态技术比选

如 2.3.3 节所述，价值工程的核心是通过调整全寿命周期成本和功能，提升价值，可用以下公式表示：

$$V=\frac{F}{C} \tag{6.1}$$

其中，V 为价值，F 为功能，C 为全寿命周期成本。

对于绿色建筑而言，其功能 F 指采用某项绿色建筑设计策略或技术后带来的增量效益，可分成以下三部分：①经济效益(F_1)，属于显性效益，指绿色建筑带来的投资收益情况，包括节能、节水、节材、节地和节约运营管理成本带来的经济效益，可用投资回收期、内部收益率等指标衡量；②环境效益(F_2)，属于隐形效益，指降低对环境的负面影响、提升室内外环境质量，主要包括减少 CO_2 等温室效应气体的排放、减少建筑废弃物污染、场地环境微气候优化等；③社会效益(F_3)，属于隐形效益，从影响尺度上可分为微观效益和宏观效益，微观社会效益指绿色建筑为人们提供健康、舒适、安全的使用空间、引导使用者形成绿色生活方式，宏观社会效益指提升城镇或社区的风貌和形象、加强社会绿色环保意识，如营造社区街道活力、创造积极的城镇新景观等。

对于绿色建筑，全寿命周期成本 C 涵盖从建筑设计、建造、运营管理到拆除各阶段，由于采用绿色建筑设计策略或技术而增加的成本，可分成以下三部分：①设计阶段增量成本(C_1)，主要指相对于传统建筑设计，进行绿色建筑设计增加的设计费或建筑性能模拟费用，这部分费用较少，通常可忽略不计；②建造阶段增量成本(C_2)，指采用的生态技术、节能设备、绿色材料等造成的采购和建造成本，如为了降低照明系统能耗，而增加的高效节能灯具的采购和安装成本；③运营阶段增量成本(C_3)，指为了保证绿色建筑的正常运转而采取日常维护措施导致的成本，包括日常维护成本、人工成本、设备替换成本、大修成本等，这部分成本差别较大且容易被忽略。

以导光管采光系统为例，一套光导采光系统价格约为 3 000 元，根据浙江省《民用建筑可再生能源应用核算标准》(DB 331105—2014)，一套导光管采光系统的年节电量为848 kW·h，浙江省电价存在阶梯和高峰低谷时间差异，按平均单价 0.55 元/(kW·h)，采用静态回收计算，大约 6.4 年能回收成本。浙江省其他常用生态技术措施的适用性分析如表 6.17 所示。

表 6.17 基于价值工程理论的浙江省小城镇常用生态技术措施的适用性分析

生态技术措施	增量成本	功能			价值综合判断
		经济效益	环境效益	社会效益	
太阳能热水系统	较低	静态回收周期为 3—7 年[①]	高	较高	有热水需求的建筑优先采用
太阳能光伏技术	中等	静态回收周期约为 5 年[①]	高	较高	优先采用
空气源热泵系统	较低	静态回收周期约为 1.5 年[①]	高	较高	优先采用(尤其适用于浙南地区)
地源热泵系统	较高	夏季能耗与传统中央空调系统持平	较高	较高	可采用

① 马聪，葛坚，赵康.浙江省绿色办公建筑可再生能源技术应用的适宜性[J].建筑与文化，2019(11)：97-99.

（续表）

生态技术措施	增量成本	功能			价值综合判断
		经济效益	环境效益	社会效益	
风能利用技术	较高	根据当地风能情况确定	高	较高	适用于滨海岛屿等风能丰富地区
雨水回收利用技术	较高	静态回收周期为5—8年[①]	高	高	优先采用
中水回收利用技术	高	节约水费	较高	高	可采用
透水铺装	低	节省城市排水设施运行费用、节省水费等	高	高	优先采用
下凹式绿地、雨水公园等	较低		高	高	优先采用
节水器具	较低	节约水费	较高	高	优先采用
节水灌溉	较高	节约水费	较高	高	适用于绿化面积较大的项目
节能灯具	低	节约电费	高	高	优先采用
智能照明控制系统	较高	节约电费	高	高	适用于公共区域
导光管采光系统	较高	静态回收周期为5—8年[①]	较高	高	适用于地下空间
排风热回收技术	较高	投资回收周期约为5.5年[②]，经济性受运行风量、运行时长等影响	较高	较高	可采用(需结合建筑类型、运行风量、运行时长等综合判断)
建筑智能化系统	高	提高能耗管理水平，从而节约电费	较高	高	适用于大型公共建筑

（表格来源：作者自绘）

6.3.5 建筑性能模拟的导控指标推导

1）建筑朝向

浙江省位于夏热冬冷地区，建筑朝向选择的基本原则是夏季隔热、冬季保温，即夏季尽量减少太阳热辐射并能利用自然通风，冬季获得尽可能多的太阳辐射并避开主导风向。同时考虑到多数情况下小城镇的建筑是多排而非单排的，适当偏离夏季的主导风向有利于其他建筑的通风。

本章使用Ecotect软件中的气象分析工具(Weather Tool)对浙江省主要地区的最佳建筑朝向进行分析。与前文类似，分别选取浙江省杭州、舟山、衢州和温州，代表Ⅰ区(浙北平原水乡区)、Ⅱ区(浙东滨海岛屿区)、Ⅲ区(浙中丘陵盆地区)和Ⅳ区(浙南山地丘陵区)。Weather Tool通过对全年各朝向的太阳辐射量进行分析，使得全年中过热期(Overheated Periods)的太阳辐射量最小，过冷期(Underheated Periods)的太阳辐射量最大，平衡两者确

① 马聪，葛坚，赵康.浙江省绿色办公建筑可再生能源技术应用的适宜性[J].建筑与文化，2019(11)：97-99.

② 刘宇宁，李永振.不同地区采用排风热回收装置的节能效果和经济性探讨[J].暖通空调，2008，38(9)：15-19.

定最佳建筑朝向。浙江主要地区的综合建筑朝向分析如表 6.18 所示。

表 6.18 浙江主要地区综合最佳建筑朝向分析

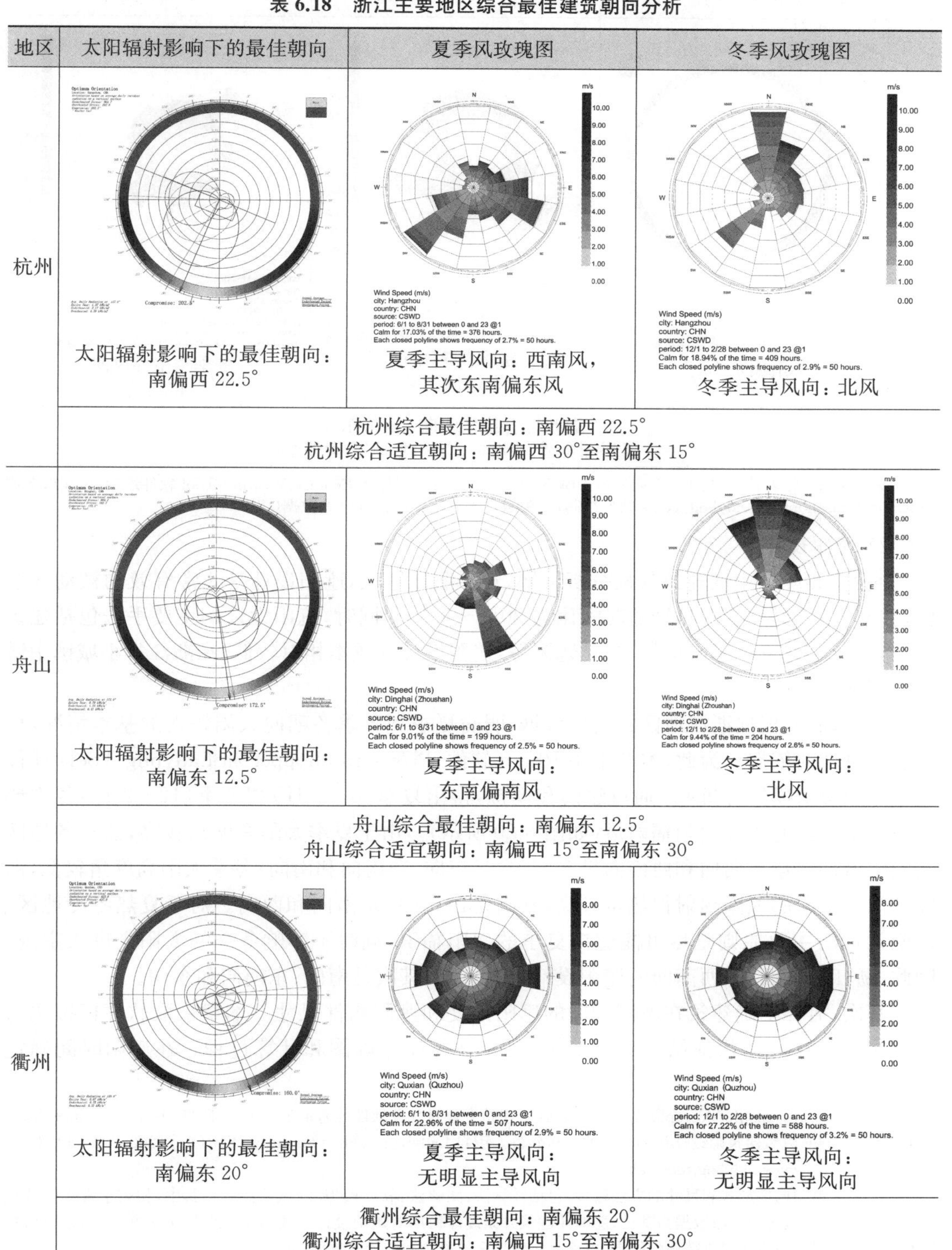

地区	太阳辐射影响下的最佳朝向	夏季风玫瑰图	冬季风玫瑰图
杭州	太阳辐射影响下的最佳朝向：南偏西 22.5°	夏季主导风向：西南风，其次东南偏东风	冬季主导风向：北风
	杭州综合最佳朝向：南偏西 22.5° 杭州综合适宜朝向：南偏西 30°至南偏东 15°		
舟山	太阳辐射影响下的最佳朝向：南偏东 12.5°	夏季主导风向：东南偏南风	冬季主导风向：北风
	舟山综合最佳朝向：南偏东 12.5° 舟山综合适宜朝向：南偏西 15°至南偏东 30°		
衢州	太阳辐射影响下的最佳朝向：南偏东 20°	夏季主导风向：无明显主导风向	冬季主导风向：无明显主导风向
	衢州综合最佳朝向：南偏东 20° 衢州综合适宜朝向：南偏西 15°至南偏东 30°		

（续表）

地区	太阳辐射影响下的最佳朝向	夏季风玫瑰图	冬季风玫瑰图
温州	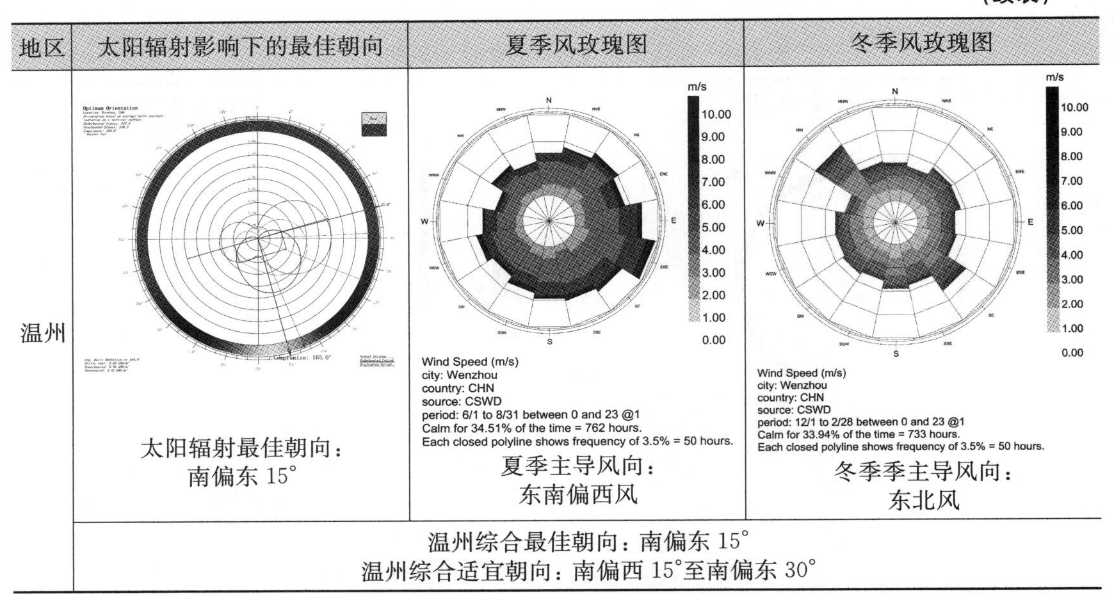太阳辐射最佳朝向：南偏东 15°	夏季主导风向：东南偏西风	冬季季主导风向：东北风
	温州综合最佳朝向：南偏东 15° 温州综合适宜朝向：南偏西 15°至南偏东 30°		

［表格来源：作者自绘，其中：太阳辐射影响下的最佳朝向分析图使用 Ecotect、Weather Tool 软件绘制；风玫瑰图使用 Rhino、Grasshopper、Ladybug Tools 软件绘制；气象数据来源于中国标准气象数据（CSWD）］

2）遮阳设计

通过 6.3.3 节中的建筑气候分析可知，对于浙江地区，遮阳设计是非常有效的被动式措施，在 6—9 月提高室内热舒适时间比为 20%～25%。同时，遮阳设计的主要手法包括建筑形态自遮阳、窗户外遮阳构件、绿化遮阳等，遮阳设计的成本相对较低，在浙江省小城镇中适用性较强。

首先，需要根据浙江地区的气象数据，明确夏季和冬季各朝向太阳辐射的基本情况，作为遮阳设计的依据。为此，本章采用 Rhino 软件，搭配 Grasshopper 和 Ladybug Tools 插件进行太阳辐射模拟分析①。通过建模和模拟，得出夏季（6—9 月）和冬季（12—2 月）各主要朝向单位面积的累计太阳辐射量（如图 6.20 所示）。由于夏季太阳高度角较高，浙江各地区太阳辐射得热量在西向和西南向最多，其次是东向、东南向和南向；冬季太阳高度角较低，浙江各地区南向的太阳辐射得热量最高，其次是西南向、东南向和西向。对于夏热冬冷地区，遮阳设计的主要原则是尽可能遮挡夏季的太阳辐射，同时不影响冬季的太阳光进入室内。因此，浙江地区西向、西南向的遮阳设计最为重要，其次是南向、东南向和东向。

其次，需要明确建筑在不同朝向的遮阳角度和遮阳构件尺寸。本章采取软件模拟法与图解法相结合②，既保证结果的精准和全面，又能简化画图和计算过程。在遮阳时间确定

① Ladybug Tools 由 Mostapha 等开发人员针对建筑专业对气象软件的需求于 2012 年研发，并于 2013 年发布，已逐渐取代 Ecotect 成为建筑师设计初期阶段的分析软件。引自 Ladybug Tools. Our story [EB/OL].(2022-01-11)[2022-03-16]. https://www.ladybug.tools/about.html.

② 求解遮阳构件形式和尺寸的方法较多，包括计算法、图解法、软件模拟法、试验法等。其中，相较于常规的计算法，图解法以某一地区的气象数据为基础，能够在建筑方案设计初期对遮阳设计方式给出简单的定量判断，结果较为精准和全面。若需进一步获得更精确的结果，可设立实验房来检验遮阳装置的效果。

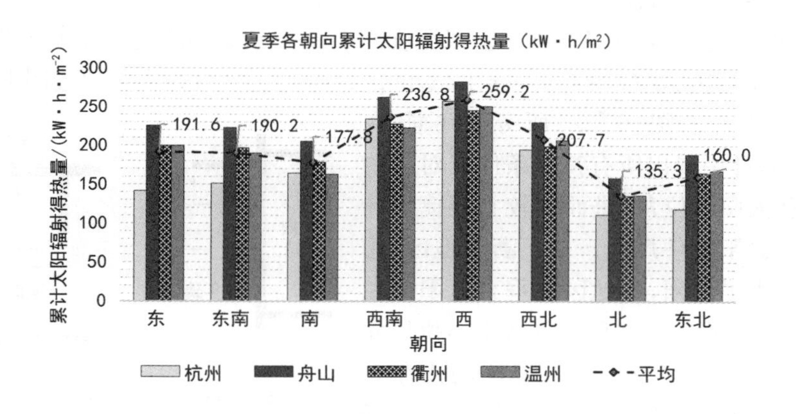

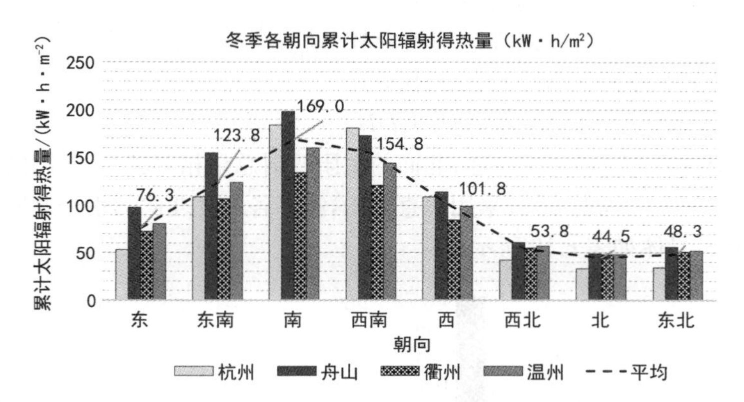

图 6.20　浙江省主要地区夏季和冬季各朝向累计太阳辐射得热量统计图

[图片来源：作者自绘，气象数据来源于中国标准气象数据(CSWD)；太阳辐射数据整理自 Rhino、Grasshopper、Ladybug Tools 软件的模拟结果]

中，借鉴相关文献①②，本章选用人体舒适指数 DI，以考虑温度和相对湿度对人体热舒适程度的影响，即

$$DI = F - (0.55 - 0.55U)(F - 58) \tag{6.2}$$

$$F = T \times \frac{9}{5} + 32 \tag{6.3}$$

其中，DI 为人体舒适指数，T 为摄氏温度，F 为华氏温度，U 为空气相对湿度。根据人体舒适度指数分级要求，选取 $DI=75$(微热，稍不舒适)③，计算得出浙江主要地区的 T 取值在 25.1～25.3℃之间，考虑到浙江省小城镇较为注重节能经济性，本章选取 $T=26$℃。同

① 朱春.上海地区住宅建筑外遮阳设计优化研究[J].绿色建筑，2012，4(5)：36-39.

② 郑媛.基于“气候-地貌”特征的长三角地域性绿色建筑营建策略研究[D].杭州：浙江大学，2020.

③ 人体舒适指数是指考虑气温、湿度、风等气象要素对人体的综合作用后，一般人群对外界气象环境感到舒适与否的程度，本文选取的是应用较为广泛的 9 级等级划分方法。其中，$DI<40$，表示极冷，极不舒适；40～45 表示寒冷，不舒适；45～55 表示偏冷，较不舒适；55～60 表示清凉，舒适；60～65 表示舒适；65～70 表示暖，舒适；70～75 表示偏热，较舒适；75～80 表示闷热，不舒适；>80 表示极其闷热，极不舒适。

时,将太阳辐射强度定为 261 W/m²①。以温度高于 26℃和太阳辐射强度大于 261 W/m² 为限定条件,通过用 Rhino、Grasshopper、Ladybug Tools 软件,可在太阳轨迹图上直接筛选出符合条件的点,如图 6.22 所示,并能在 Grasshopper 软件中得出所有符合条件点对应的太阳高度角和太阳方位角,进而可较为便捷地计算出遮阳角和遮阳构件尺寸。对于浙江地区,建筑南向宜采用水平遮阳,各地区的垂直遮阳角在 57.6°～60.1°之间,换算为遮阳构件水平出挑尺寸 A 与遮阳构件底部距离窗下沿距离 B 的比在 0.58～0.63 之间;西向下午太阳辐射较强,不宜开窗,若开窗宜采用综合式或挡板式等遮阳效果较好的措施;东向若采取水平遮阳,垂直遮阳角在 30°左右,计算出来遮阳水平出挑尺寸 $A = 1.7B$,因此采用垂直遮阳或综合遮阳更为合适;北向的太阳辐射总量相对较小,遮阳的主要目的是遮挡东北和西北方向的太阳辐射,适合采用垂直遮阳,浙江各地区北向的水平遮阳角和遮阳构件推荐尺寸有所差异,具体如表 6.19 所示。

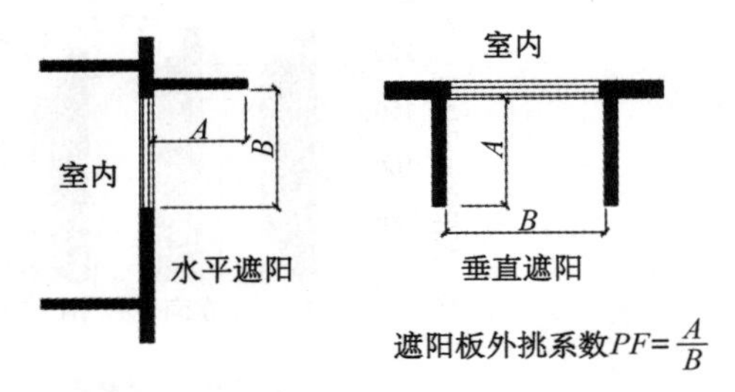

图 6.21 遮阳板外挑系数示意图

[图片来源:《浙江省公共建筑节能设计标准》(DB 33/1036—2007)]

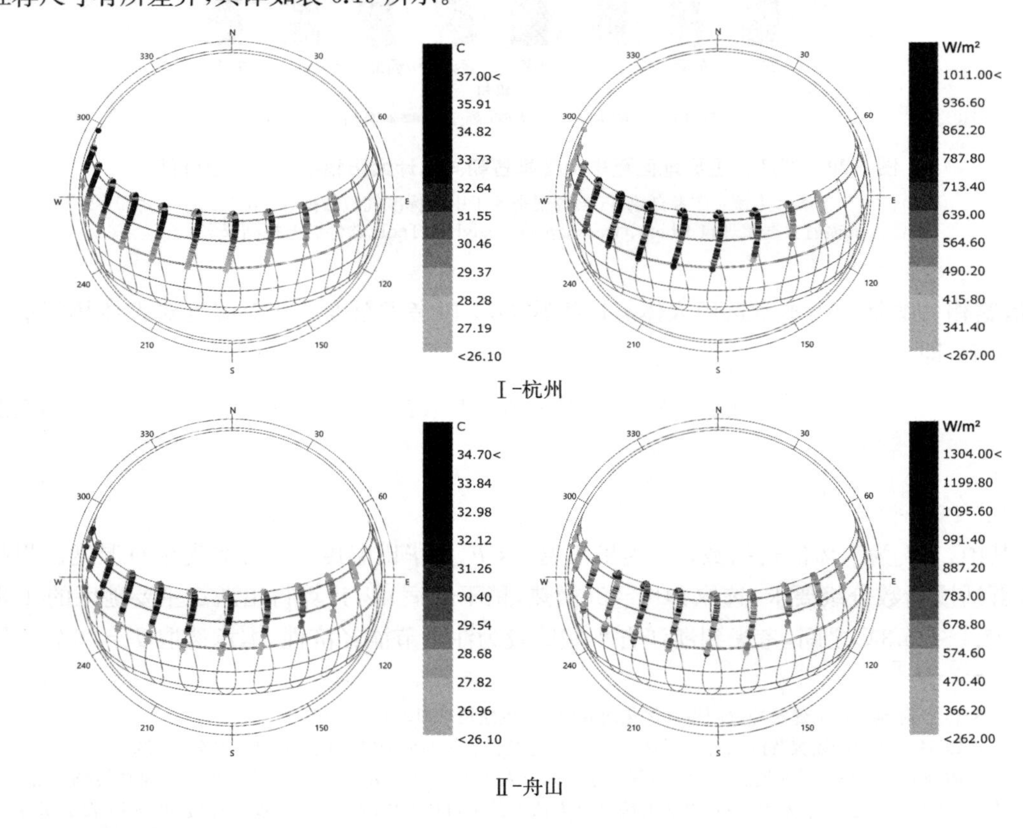

① 朱春.上海地区住宅建筑外遮阳设计优化研究[J].绿色建筑,2012,4(5):36-39.

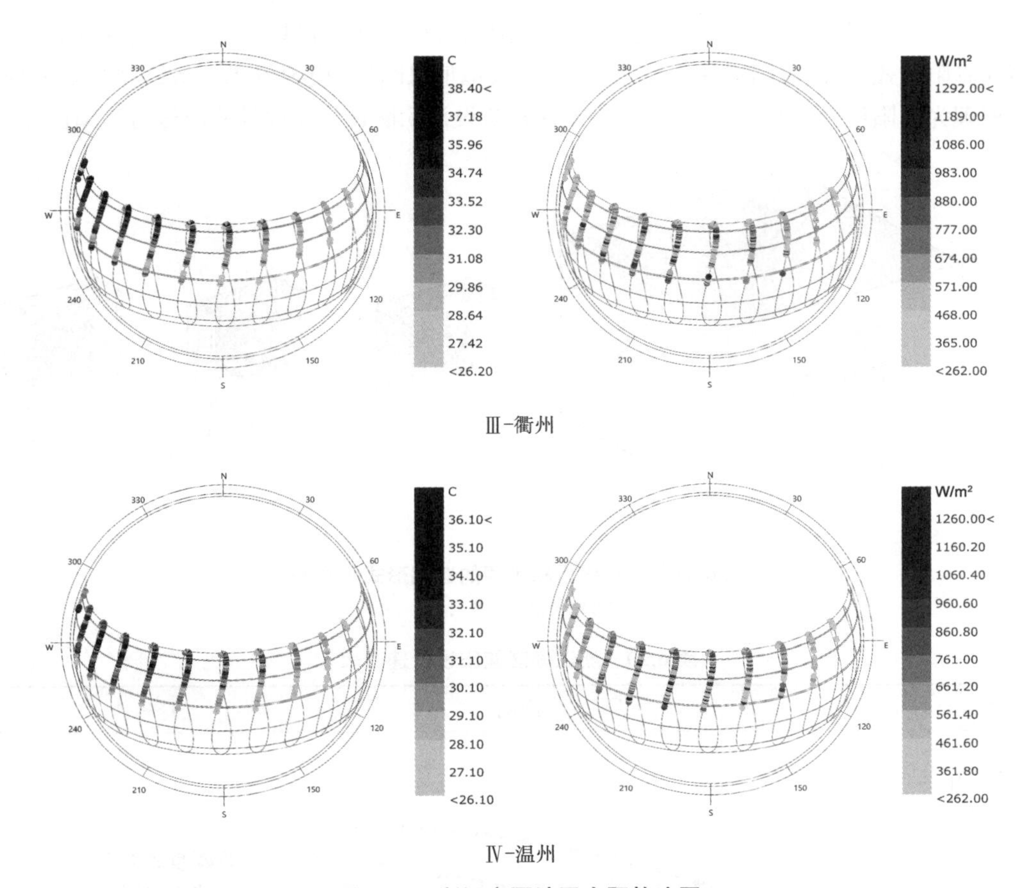

图 6.22 浙江主要地区太阳轨迹图

[图片来源:作者使用 Rhino、Grasshopper、Ladybug Tools 软件绘制,气象数据来源于中国标准气象数据(CSWD)]

表 6.19 浙江省主要地区各朝向遮阳角

地区	南向		东向	北向			
	垂直遮阳角	遮阳板外挑系数	垂直遮阳角	水平遮阳角(东北)	遮阳板外挑系数	水平遮阳角(西北)	遮阳板外挑系数
杭州	59.2°	0.60	31.1°	8.2°	0.14	13.8°	0.25
舟山	57.6°	0.63	31.8°	12.5°	0.22	14.0°	0.25
衢州	59.7°	0.58	28.8°	13.3°	0.24	14.0°	0.25
温州	60.1°	0.58	29.6°	15.0°	0.27	14.6°	0.26

(表格来源:作者自绘)

此外,为了提供更详细的遮阳设计指导信息,进行太阳辐射模拟计算,以进一步分析各主要朝向不同遮阳形式与构件尺寸的遮阳效果。在模型选取上,建立开间为 6 m、高度为 4 m的建筑模型;窗户高 2 m、宽 2 m,且开窗位置在正中间;遮阳板分为水平遮阳、垂直遮阳和综合遮阳三种,都与窗户齐平,如图 6.23 所示。在模拟时间上,与前文类似,夏季取 6 —9

月，冬季取 12—2 月，均模拟 0—24 时的累计太阳辐射单位面积得热量，并对比各朝向无遮阳和不同遮阳方式、不同遮阳板外挑尺寸(L)下的模拟值，比较其模拟效果。最终将主要的模拟结果整理为遮阳设计速查表(表 6.20)，以方便建筑设计团队在早期设计阶段进行遮阳设计。

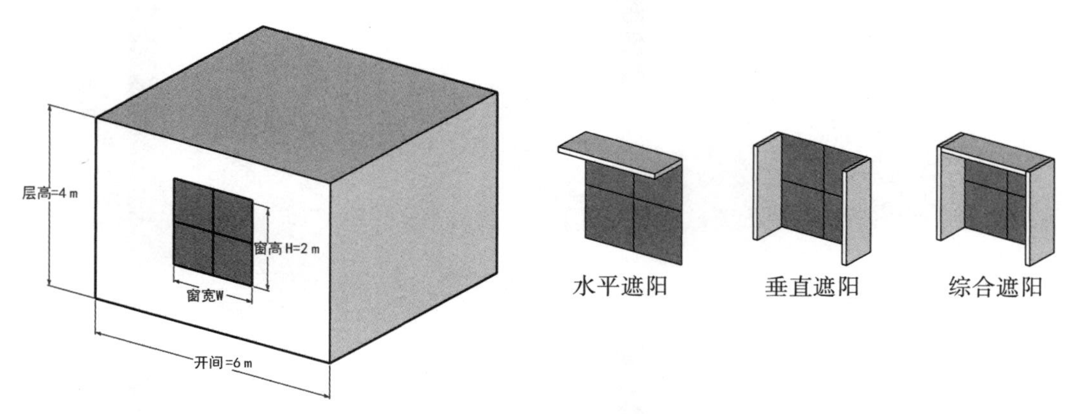

图 6.23 分析模型和不同的遮阳形式示意图

(图片来源：作者自绘)

表 6.20 浙江地区遮阳设计速查表

<table>
<tr><th colspan="2">南向</th></tr>
<tr><td colspan="2">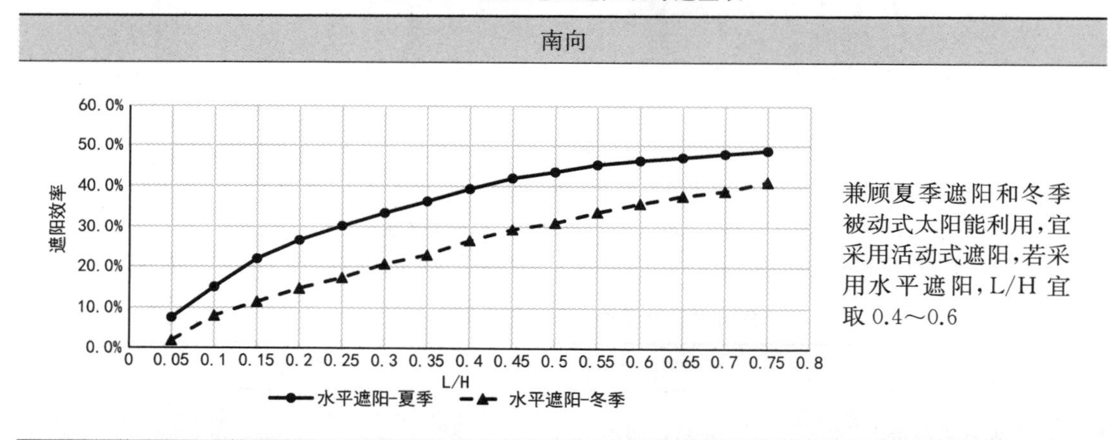

兼顾夏季遮阳和冬季被动式太阳能利用，宜采用活动式遮阳，若采用水平遮阳，L/H 宜取 0.4～0.6</td></tr>
<tr><th>西向</th><th>东向</th></tr>
<tr><td colspan="2">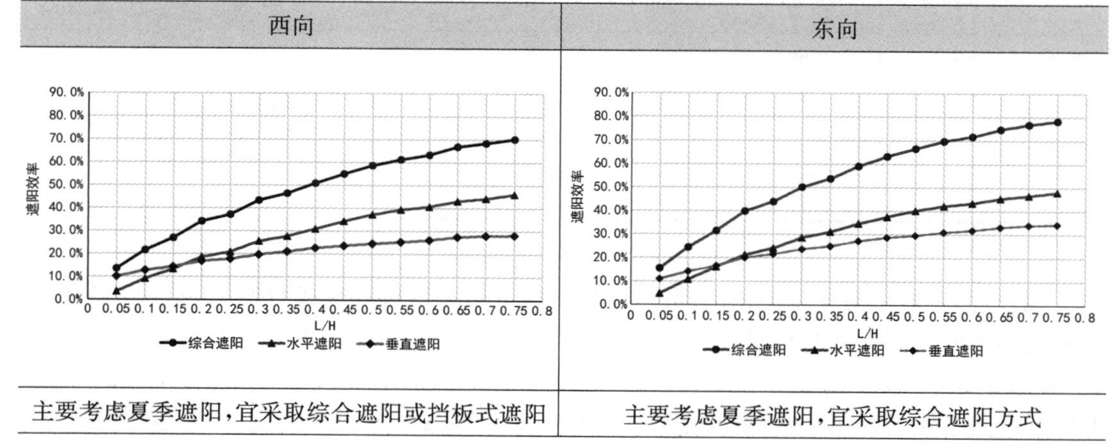
</td></tr>
<tr><td>主要考虑夏季遮阳，宜采取综合遮阳或挡板式遮阳</td><td>主要考虑夏季遮阳，宜采取综合遮阳方式</td></tr>
</table>

（续表）

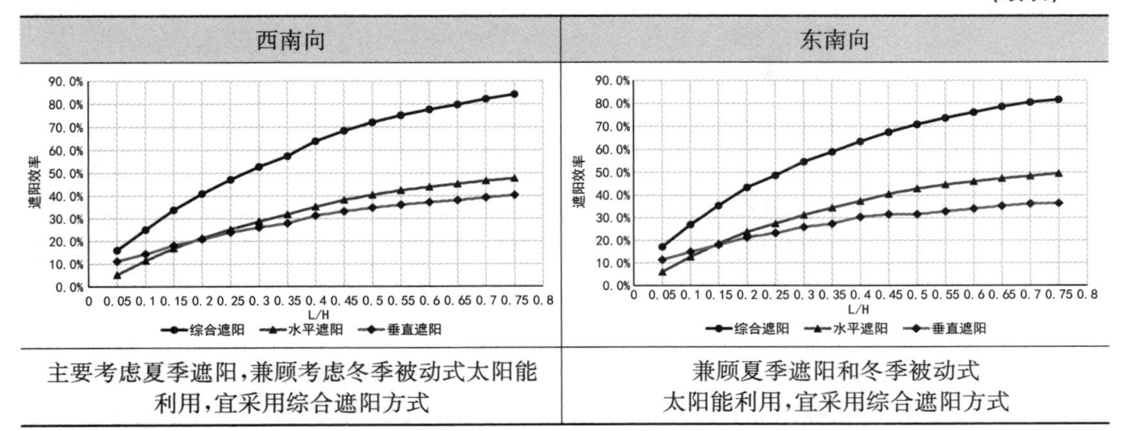

西南向	东南向
主要考虑夏季遮阳，兼顾考虑冬季被动式太阳能利用，宜采用综合遮阳方式	兼顾夏季遮阳和冬季被动式太阳能利用，宜采用综合遮阳方式

（表格来源：作者自绘，数据整理自 Rhino、Grasshopper、Ladybug Tools 软件的太阳辐射模拟结果，其中夏季计算时间为 6—9 月，冬季计算时间为 12—2 月）

6.4 建构：导控手段的处置与运用

6.4.1 基于专家共识法的关键导控要素识别

1）调查问卷设计与预处理

本次问卷调研在 2020 年 5 月进行，主要利用“问卷星”平台，共回收电子调查问卷 357 份，其中有效问卷 345 份，问卷有效率为 96.6%。调查问卷主要由三部分组成：个人背景信息、对导控类别的重要性判断和对导控要素的重要性判断，完整的调查问卷见附录 3。本章采用 5 级量表，按表 6.21 的结构规则对回收问卷的数据进行转换。

表 6.21 调查问卷中主要条目的量化处理

熟悉程度	量化值	重要程度	量化值
非常熟悉	5	非常重要	5
比较熟悉	4	比较重要	4
一般	3	一般重要	3
不太熟悉	2	不重要	2
完全不熟悉	1	无关	1

（表格来源：作者自绘）

由于调查问卷涉及大量绿色建筑设计的专业知识，需要被调查者对绿色建筑设计和浙江省小城镇有较高的了解程度，因此用专家熟悉程度（C_r）对问卷做筛选。专家熟悉程度主要由对绿色建筑的熟悉程度（C_g）和对浙江省小城镇的熟悉程度（C_C）共同决定，其计算公式为：

$$C_r = \frac{C_g + C_C}{2} \tag{6.4}$$

本章采用 $C_r \geqslant 3$ 作为筛选标准，即专家熟悉程度需要在一般熟悉以上。经筛选，共 282 份问卷达到此标准，占有效问卷的 81.7%。

2）专家背景分析

被调查者主要为高等院校或科研机构的教师（107 人，占 44.4%）和研究生（26 人，占比 10.8%），其中 77%的教师职称为副高级或高级；设计事务所的建筑师（55 人，占 22.8%），其中 87.2%从事建筑设计及相关工作年限在 5 年以上，92.7%拥有中级及以上职称；政府部门人员（24 人，占 10.0%）；以及来自房地产公司、建筑施工单位等其他工作单位（24 人，占 12.0%）。其中，31.5%和 42.7%的被调查者正在攻读或已获得的最高学历为硕士研究生和博士研究生。因此，参与研究的被调查者既有学术造诣深厚的专家，也有实践经验丰富的建筑行业从业人员，以及来自政府部门的管理人员，保证了研究的代表性和可靠性。

3）信度分析

信度指测验或量表工具所得结果的一致性和稳定性①。在社会调查中一般采用克朗巴赫（Cronbach）α 系数衡量调查问卷的信度，其计算公式为：

$$\alpha = \frac{K}{K-1}\left(1 - \frac{\sum S_i^2}{S^2}\right) \tag{6.5}$$

其中，K 为整个量表或子量表的条目数，S_i^2 为第 i 个条目的方差，S^2 为整个量表或子量表的方差。当克朗巴赫 α 系数大于 0.8 时，表示问卷有较高的内部一致性。在研究中，整个量表的信度为 0.988，六个维度的信度分别如表 6.22 所示，均大于 0.8，反映研究的内部一致性很好。

表 6.22 问卷各维度信度

维度	信度
维度 1：场地生态保护与城镇风貌协调	0.951
维度 2：土地集约利用与空间高效利用	0.933
维度 3：建筑群体布局与场地微气候优化	0.959
维度 4：气候适应性建筑设计与室内环境质量	0.976
维度 5：资源节约利用和能源优化使用	0.966
维度 6：建筑安全性和以人为本设计	0.951

（表格来源：作者自绘，数据使用 SPSS 软件得出）

4）重要性指数（SI）

重要性指数用于反映导控要素 i 的相对重要性，其优点为简单易懂（表 6.23）。重要性指数的计算公式如下：

① 吴明隆.问卷统计分析实务：SPSS 操作与应用[M].重庆：重庆大学出版社，2010：237-238.

$$SI = \frac{\sum_{i=1}^{5} W_i T_i}{A \times N} \times 100 \tag{6.6}$$

其中，W_i 表示在五级量表中的1到5数值，T_i 表示专家在要素 i 中选择对应量表中数值的频率，A 表示量表中最高数值(本章的研究中取5)，N 表示参与的专家数。

表 6.23　要素重要性的量化表

要素有效性判断	*SI* 值
极有效	$80 < SI < 100$
很有效	$60 < SI < 80$
有效	$40 < SI < 60$
不大有效	$20 < SI < 40$
不适用	$0 < SI < 20$

(表格来源：作者自绘，参考 Al-Gahtani K, Alsulaihi I, El-Hawary M, et al. Investigating sustainability parameters of administrative buildings in Saudi Arabia[J]. Technological Forecasting and Social Change, 2016, 105: 41-48.)

5) 满分频率(p_i)

满分频率是指给导控要素 i 打出满分的专家数 m'_i 与参与该导控要素打分的专家总数 m_i 之比。满分频率越高，说明导控要素 i 的相对重要性越大。

$$p_i = \frac{m'_i}{m_i} \tag{6.7}$$

式中：m'_i 为给导控要素 i 打出满分的专家数；m_i 为参与为导控要素打分的专家数。

6) 变异系数(V_i)

变异系数反映专家对导控要素 i 相对重要性认识上的差异程度。V_i 越小，反映专家在要素 i 上意见越统一。其计算公式为：

$$V_i = \frac{\delta_i}{\bar{x}_i} \tag{6.8}$$

式中：V_i 为第 i 个要素的变异系数，$\bar{x}_i$ 为要素 i 的算术平均值，δ_i 为要素 i 的标准差，即

$$\delta_i = \sqrt{\frac{1}{m_i - 1} \sum_{i=1}^{m_i} (x_{ij} - \bar{x})} \tag{6.9}$$

式中：x_{ij} 为专家 j 对导控要素 i 的评分值，m_i 为参与对要素 i 作出评分的专家数。

7) 重要性界定标准与结果分析

本章主要采用界值法进行导控要素的重要性界定，由相对重要系数(SI)、满分频率(p_i)和变异系数(V_i)三个指标共同衡量，具体如表6.24所示。若两个以上指标的值均在某一界限内，导控要素直接纳入该类别；本章中三个指标在完全不同的界限内，需要根据科学性、合理性、可行性等原则讨论后取舍，研究中并未出现此种情况。根据上述原则，各导控要素的重要性判断如表6.25所示。

表 6.24 绿色建筑设计导控要素重要性界定依据

分类	重要性指数（SI）	满分频率（p_i）	变异系数（V_i）
关键要素	$SI \geqslant$（均值＋标准差）	$p_i \geqslant$（均值＋标准差）	$V_i \leqslant$（均值－标准差）
重要要素	均值 $\leqslant SI <$（均值＋标准差）	均值 $\leqslant p_i <$（均值＋标准差）	（均值－标准差）$\leqslant V_i <$ 均值
一般要素	（均值－标准差）$\leqslant SI <$ 均值	（均值－标准差）$\leqslant p_i <$ 均值	均值 $\leqslant V_i <$（均值＋标准差）
剔除	$SI <$（均值－标准差）	$p_i <$（均值－标准差）	$V_i >$（均值＋标准差）

（表格来源：作者自绘）

表 6.25 绿色建筑设计导控要素重要性界定

导控大类	导控小类	编号	导控要素	重要性指数	变异系数	满分频率	分类判断		
							关键要素	重要要素	一般要素
场地生态保护与城镇风貌协调	场地要求与评估	A1-1	选址安全性	89.80	0.146 1	56.8%	*		
		A1-2	选址生态性	88.80	0.135 8	48.5%	*		
		A1-3	废弃场地再利用	78.00	0.197 2	20.7%			*
		A1-4	场地内既有建筑再利用	79.00	0.189 6	21.2%			*
		A1-5	场地自然环境和资源评估	84.40	0.166 6	34.9%		*	
		A1-6	场地建成环境和设施评估	82.80	0.157 7	25.3%		*	
		A1-7	场地可再生能源勘察和评估	80.40	0.184 8	23.2%			*
	场地生态保护	A2-1	保持城镇生态廊道的完整性和连续性	89.00	0.144 3	51.0%	*		
		A2-2	场地自然资源保护	88.20	0.150 1	49.0%	*		
		A2-3	自然环境有机共生	87.60	0.156 6	44.8%	*		
		A2-4	保护生物多样性	87.40	0.152 4	44.4%	*		
		A2-5	生态缓冲带	86.00	0.161 6	40.7%		*	
		A2-6	场地生态修复	87.20	0.164 0	46.9%	*		
		A2-7	施工污染防治	84.80	0.172 6	37.3%		*	
	绿地景观设计	A3-1	绿地指标控制	81.00	0.190 9	27.4%		*	
		A3-2	复层绿化方式	75.80	0.222 4	18.7%		（剔除）	
		A3-3	优化场地声、光、热环境的种植设计	81.20	0.182 5	24.5%		*	
		A3-4	气候和土壤适宜的本地植物	85.80	0.166 4	39.4%		*	
		A3-5	植物种类丰富度	79.40	0.174 1	19.1%			*
		A3-6	水体生态化设计	83.00	0.177 3	29.5%		*	
		A3-7	雨洪控制规划	87.00	0.156 3	44.0%	*		
		A3-8	低影响力开发系统(海绵城市设计)	81.20	0.181 0	27.0%		*	

（续表）

导控大类	导控小类	编号	导控要素	重要性指数	变异系数	满分频率	分类判断		
							关键要素	重要要素	一般要素
场地生态保护与城镇风貌协调	城镇风貌协调	A4-1	城镇山水格局协调	84.40	0.182 7	36.9%		*	
		A4-2	城镇轮廓线和街道协调	80.60	0.192 6	25.3%			*
		A4-3	城镇历史景观的继承和保护	87.40	0.165 4	46.5%	*		
		A4-4	地域建筑风格的呼应	82.00	0.197 6	32.0%		*	
		A4-5	本土文化特色的彰显	84.20	0.181 0	35.3%	*		
		A4-6	社区街道活力的营造	82.60	0.190 8	31.5%		*	
		A4-7	建筑对场地和环境的回应	83.00	0.166 3	28.2%		*	
		A4-8	创造积极的城镇新景观	78.40	0.203 3	19.1%			*
		A4-9	保留居民对原有地段的认知性	83.80	0.176 8	33.2%		*	
（篇幅有限，以下省略）									

注：* 表示导控要素所属分类。
（表格来源：作者自绘）

6.4.2　基于探索性因子分析的导控要素提炼

本节通过探索性因子分析（Exploratory Factor Analysis，EFA）深入分析导控要素之间的关系，剔除相关性较低的要素，并结合因子分析的结果调整导控要素的类别，从而更科学地划分导控体系的类别。

1）效度检验和相关性分析

效度采用 KMO（Kaiser-Meyer-Olkin）与 Bartlett 的球形检验，如表 6.26 所示，KMO 值为 0.917（>0.5），Bartlett 球形检验的 Sig.值为 0.000（<0.01），说明数据样本充足，变量之间存在显著相关性，非常适合进行探索性因子分析。

表 6.26　KMO 和 Bartlett 的检验表

取样足够度的 KMO 度量		0.917
Bartlett 的球形度检验	近似卡方	51 587.181
	df	15 576
	Sig.	0.000

（表格来源：作者使用 SPSS 软件绘制）

相关文献指出，因子分析前需要进行相关矩阵分析，剔除相关性不够高（<0.3）和相关性太高（>0.9）的变量。在此阶段，共 15 个导控要素与其他要素相关性较弱，包括“饮用水水质达标”“排水水质达标”“建筑结构安全性”“建筑抗震性能”等。这类要素提出的要求是大多数建筑必须达到的，与绿色建筑的内涵相关性较弱，因此将其剔除。

2）探索性因子分析

本节的探索性因子分析法按照特征根大于 1 的方式抽取因子，因子提取法采用主成分分析法，所得样本变量总计表如表 6.27 所示。共获得 29 项主成分因子，对 162 项导控要素可构建得到的模型累计描述到达 75.26%，大于 60%的标准。

表 6.27 解释总方差表

成分	初始特征值			提取平方和载入			旋转平方和载入
	合计	方差的百分数/%	累积百分数/%	合计	方差的百分数/%	累积百分数/%	合计
1	64.628	39.649	39.649	64.628	39.649	39.649	48.417
2	6.855	4.205	43.855	6.855	4.205	43.855	36.485
3	4.75	2.914	46.769	4.75	2.914	46.769	26.242
4	4.299	2.637	49.406	4.299	2.637	49.406	34.636
5	3.441	2.111	51.517	3.441	2.111	51.517	30.13
6	2.948	1.809	53.326	2.948	1.809	53.326	39.902
7	2.806	1.721	55.047	2.806	1.721	55.047	34.325
8	2.48	1.521	56.569	2.48	1.521	56.569	17.757
9	2.31	1.417	57.986	2.31	1.417	57.986	30.509
10	2.133	1.309	59.294	2.133	1.309	59.294	29.417
11	1.988	1.22	60.514	1.988	1.22	60.514	32.084
12	1.894	1.162	61.676	1.894	1.162	61.676	16.105
13	1.753	1.076	62.751	1.753	1.076	62.751	22.638
14	1.64	1.006	63.757	1.64	1.006	63.757	15.276
15	1.552	0.952	64.709	1.552	0.952	64.709	8.805
16	1.497	0.919	65.628	1.497	0.919	65.628	23.452
17	1.482	0.909	66.537	1.482	0.909	66.537	16.886
18	1.441	0.884	67.421	1.441	0.884	67.421	20.263
19	1.351	0.829	68.25	1.351	0.829	68.25	14.745
20	1.308	0.802	69.052	1.308	0.802	69.052	8.263
21	1.261	0.774	69.826	1.261	0.774	69.826	2.176
22	1.211	0.743	70.569	1.211	0.743	70.569	2.995
23	1.179	0.723	71.293	1.179	0.723	71.293	5
24	1.146	0.703	71.996	1.146	0.703	71.996	28.309
25	1.12	0.687	72.683	1.12	0.687	72.683	5.393
26	1.069	0.656	73.339	1.069	0.656	73.339	18.114

(续表)

成分	初始特征值			提取平方和载入			旋转平方和载入
	合计	方差的百分数/%	累积百分数/%	合计	方差的百分数/%	累积百分数/%	合计
27	1.067	0.655	73.993	1.067	0.655	73.993	2.756
28	1.042	0.639	74.632	1.042	0.639	74.632	7.072
29	1.023	0.628	75.26	1.023	0.628	75.26	20.788
30	0.99	0.607	75.867				
31	……(以下省略)						

(表格来源:作者使用 SPSS 软件绘制)

为了进一步明确因子之间的关系和结构,采用斜交旋转方法,这是因为斜交旋转方法允许因子间存在相关性,更符合绿色建筑设计特点,同时斜交法有利于更容易地解释因子,并确保了因子间的简单结构①。具体的斜交旋转方法为 Promax 法,筛选载荷时采用大于 0.4 的经验数值,所得出的载荷表见表 6.28。从表 6.28 中也能看出此前预设的要素层级结构基本合理,且气候适应性设计、可再生能源利用、场地生态保护、节水和节材等类别的重要性更高。

表 6.28 斜交旋转后主成分包含要素和对应类别

主成分	要素数量	剔除	具体要素	对应类别
1	18	1	遮阳设计、自然通风、自然采光、地域适宜围护结构、关键指标控制等	气候适应性设计
2	8	2	被动式太阳能利用、可再生能源利用、地域适宜围护结构	可再生能源利用
3	7	1	自然环境有机共生、场地自然资源保护、保持城镇生态廊道的完整性与连续性等	场地生态保护
4	11	1	选用本土材料、较少纯装饰性构建、建筑废弃物管理、节水器具设施和绿色管材等	节水和节材
5	6	0	照明智能控制、空气质量监测、建筑能耗监控等	建筑智能化与建筑运营管理
6	7	1	场地噪声限制、建筑防噪声布局、噪声分析和降噪措施等	场地声环境优化
7	7	0	建筑材料和装修材料中污染物控制、室内产生异味或污染物房间隔离、室内吸烟控制等	室内空气质量优化
8	5	0	外立面选材安全性、应对洪涝的场地水文组织、防滑设计、应对地质灾害的工程防护措施、外遮阳构件的防脱落设计	安全性
9	7	0	生活垃圾分类设施配置、使用者控制、提供健身场地和设施、绿色教育宣传和实践机制、鼓励使用楼梯等	引导绿色生活方式

① 孙晓军,周宗奎.探索性因子分析及其在应用中存在的主要问题[J].心理科学,2005,28(6):1440-1442.

（续表）

主成分	要素数量	剔除	具体要素	对应类别
10	4	0	动力设备系统的节能优化、空调制冷系统的节能优化、照明系统的节能优化、供配电系统的节能优化	设施设备节能
11	4	0	城镇历史景观的继承和保护、城镇山水格局协调、城镇轮廓线和街道协调、地域建筑风格的呼应等	城镇风貌协调
12	4	0	围护结构防凝防潮设计、围护结构热工性能、墙体和门窗保温设计、提高门窗的气密性	地域适宜围护结构
13	3	0	集约型停车设施、土地利用率控制、清洁能源车辆出行便利性	土地集约利用
14	6	1	建筑朝向优化调整、满足日照要求、建筑体形系数控制、建筑窗墙面积比控制等	关键指标控制
15	6	1	建筑适变性设计、建筑空间共享、提高空间利用率的设计、公共建筑功能复合等	高效空间利用
16	4	1	自行车出行便利性、公共交通可及性、场地内慢行道设计、公共设施可及性	交通与公共设施便捷
17	6	1	良好的户外视野、噪声源空间的隔声设计、减少不舒适眩光、减少噪声影响的空间布局等	室内光环境和声环境优化
18	3	0	场地自然环境和资源评估、场地建成环境和设施评估、场地可再生能源勘察和评估	场地要求与评估
19	5	0	保证城镇通风廊道通畅、建筑群立体布置、建筑通风布局、场地风环境舒适性、风环境性能模拟	场地风环境优化
20	2	0	无障碍设计、全龄化设计	人文关怀设计
21	3	0	废弃场地再利用、场地内既有建筑再利用	废弃物再利用
22	2	1	植物种类丰富度、水体生态化设计	景观生态设计
23	2	0	污水绿色处理、避免管网漏损	水资源节约利用
24	1	2	场地生态性	场地生态性
25	2	0	充分利用场地地形地貌、减少场地改造工程和平衡土方量	土地集约利用
26	4	2	绿地率控制、优化场地声光热环境的种植设计、空调室外机位置控制	场地景观设计
27	2	0	室外照明控制以防止夜间光污染、建筑外立面材料反射比控制以避免光污染	避免光污染
28	3	0	中水回收利用、雨水回收利用、地下空间开发利用	场地水资源和土地资源利用
29	1	0	场地安全性	场地安全性

（表格来源：作者自绘）

以载荷表为基础,重新梳理导控要素之间的层级关系,着重审视对因子贡献度较小的导控要素,即荷载时采用小于 0.4 的、被剔除的要素,适当地进行重组、合并或去除,如将“选用低能耗、低资源消耗的材料”与“选用可再生循环和可再生利用材料”等合并为“材料选择原则”。同时,对于部分靠后、包含要素数量较少的主成分,也可以考虑适当的合并,如主成分 27 中,可将“室外照明控制以防止夜间光污染”和“建筑外立面材料反射比控制以避免光污染”合并为“避免光污染”。

经过上述操作,对导控体系的类别和要素进行一定的调整,使得导控要素之间的层次结构、相互关系更加清晰。

6.4.3 结合定性分析的导控手段判断

导控手段的确定需要综合以下三方面的考虑:①基于专家判断的导控要素相对重要性;②在国家标准《绿色建筑评价标准》和浙江省《绿色建筑评价标准》中是否属于控制项,在相关标准规范中是否属于强制性条目;③控制该要素的可操作性。

通过 6.4.1 节中基于专家的导控要素相对重要性判断,定为“关键要素”的导控要素原则上需要采用刚性控制的手段,对于部分在操作层面难以度量和控制的要素,可采用弹性引导的手段,如“城镇历史景观的继承与保护”“亲自然设计”“全龄化设计”等。

如表 6.29 所示,在国家标准《绿色建筑评价标准》和浙江省《绿色建筑评价标准》中控制项涉及的导控要素共 38 项。这些导控要素中大部分属于“底线控制”类别,一旦不达标,会对自然生态环境、人体健康安全、能源资源利用等方面造成较大的负面效应,严重影响建筑的绿色性能,因此需要采取刚性控制的导控手段;同时,囿于浙江省小城镇当前的经济、技术与社会发展水平,部分导控要素可能需要适当放松,采取弹性引导的导控手段,如“建筑能源资源管理机制”“清洁能源车辆出行便利性”等。

表 6.29 国家标准《绿色建筑评价标准》和浙江省《绿色建筑评价标准》中控制项所涉及的导控要素

	《绿色建筑评价标准》(GB/T 50378—2019)		浙江省《绿色建筑评价标准》(DB33/T 1039—2007)
A1-1	选址安全性	A1-1	选址安全性
A3-4	气候和土壤适宜的本地植物	A1-2	选址生态性
A3-7	雨洪控制规划	A2-7	施工污染防治
B2-1	公共交通可及性	A3-1	绿地指标控制
B2-4	清洁能源车辆出行便利性	A3-4	气候和土壤适宜的本地植物
D5-1	围护结构热工性能	B1-1	土地利用率控制
D5-2	围护结构防凝防潮设计	C1-3	保证场地公共活动区域和绿地的日照要求
D6-1	满足日照要求	D1-5	外窗通风开口面积
D7-1	噪声级和隔声量控制	D5-1	围护结构热工性能

（续表）

	《绿色建筑评价标准》(GB/T 50378—2019)		浙江省《绿色建筑评价标准》(DB33/T 1039—2007)
D8-1	建筑材料和装修材料中污染物控制	D5-2	围护结构防凝防潮设计
D8-3	室内场所异味或污染物房间隔离	D6-1	满足日照要求
E1-8	减少纯装饰性构件	D6-2	天然采光质量
E1-5	选用本地的建筑材料	D6-3	人工采光质量
E2-7	合理水压，避免浪费	D7-1	噪声级和隔声量控制
E2-9	饮用水水质达标	D8-1	建筑材料和装修材料中污染物控制
E2-10	排水水质达标	E1-8	减少纯装饰性构件
E2-11	储水设施满足卫生要求	E2-5	节约景观用水
E5-1	用水监测	E2-4	避免管网漏损
F1-1	建筑结构的安全性	E2-10	排水水质达标
F1-2	建筑构件和设施的安全性	E2-8	节水器具、设施和绿色管材
F1-4	非传统水源的用水安全	E3-2	照明系统的节能优化
F2-4	救援疏散和应急避难设计	E3-4	空调制冷系统的节能优化
F3-4	生活垃圾分类收集设施	E5-5	建筑能源资源管理机制
F4-2	无障碍设计	F1-4	非传统水源的用水安全
		F3-4	生活垃圾分类收集设施

（表格来源：作者自绘）

6.5 转译：《浙江省小城镇绿色建筑设计导则》的诠释

成果表达阶段的主要目的是将上一阶段推演得出的导控框架、导控要素转译为可操作、可感知的具体形式，即《浙江省小城镇绿色建筑设计导则》，以方便建筑设计团队或公众理解与运用。

6.5.1 总体目标与营建原则

1）总体目标设定

《浙江省小城镇绿色建筑设计导则》以提升小城镇建筑品质、融入绿色生态理念为基本出发点，重点解决小城镇在绿色建筑设计与建设过程中面临的诸多问题，如环境污染加剧、建设品质不高、地域文脉割裂等，并综合考虑小城镇居民、政府管理部门、投资方等利益相关者的多元诉求(图 6.24)。因此，其总体目标包括：第一，营造适度舒适、健康安全的人居环境，提升小城镇的建设质量；第二，加强建筑的人文关怀设计，关注小城镇的地域文脉延续；

第三,保护自然生态,降低资源消耗,以转变既往小城镇高能耗、高污染的建设模式;第四,关注经济高效,平衡经济成本投入与绿色性能实现,鼓励探索采用适宜技术、本土材料及具有地域特点的营建经验;第五,因地制宜、分类指导,针对不同类型的小城镇,为建筑师、工程师等提供对应的绿色建筑设计的参考和建议,为小城镇建设和政府管理部门等提供评价的基本依据。

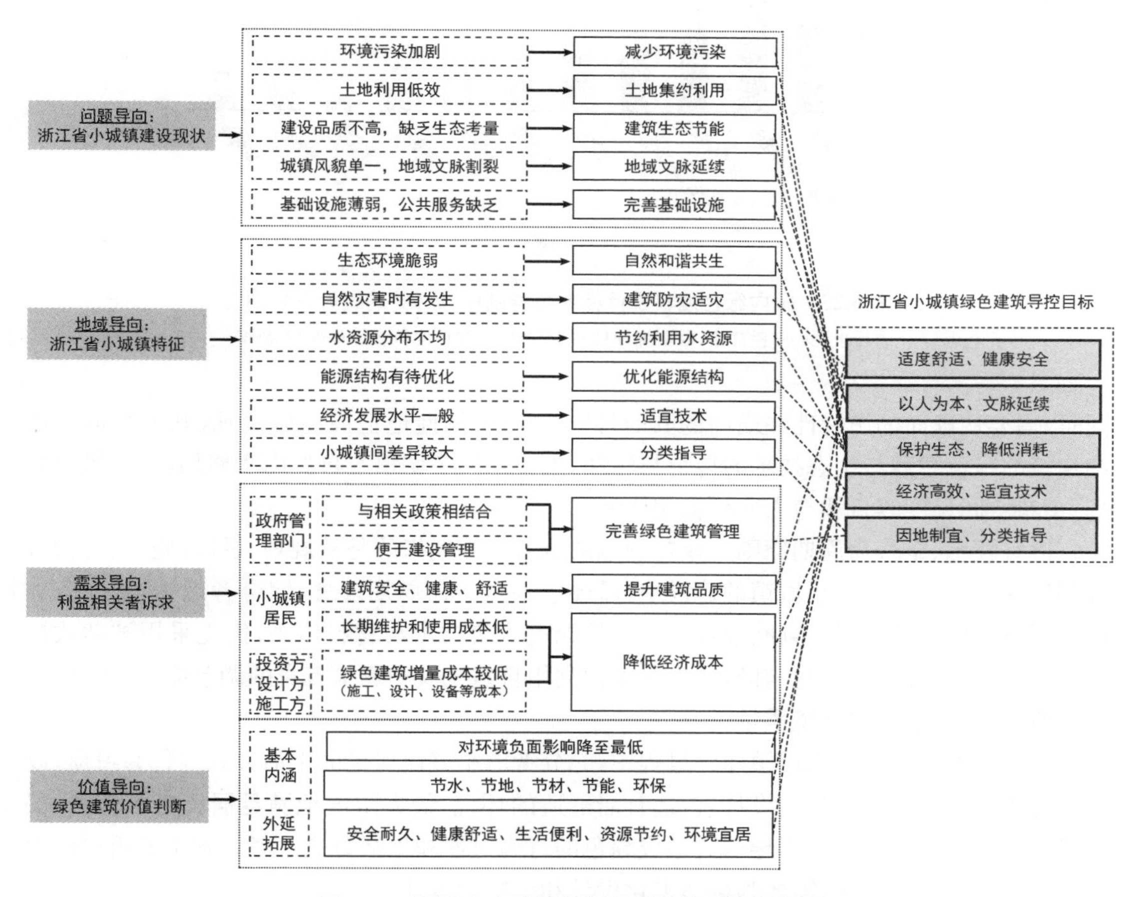

图 6.24 浙江省小城镇绿色建筑导控目标设定图

(图片来源:作者自绘)

2) 营建原则确立

在营建原则上,一般可分成两大类:一类是普适性原则,面向普遍情况下的绿色建筑设计,如绿色建筑设计导则中最常提及的因地制宜原则、全寿命周期原则、共享平衡集成理念等(图 6.25);另一类是专有性原则,是针对特定地区或特定情况下的绿色建筑设计,具有一定的特殊性。对于《浙江省小城镇绿色建筑设计导则》而言,需要在普适性原则的基础上,增加和强调专有性原则。

因地制宜、地域文脉延续原则。在小城镇建设过程中,需要因地制宜,结合地方气候地理条件、经济技术水平、社会文化习俗等特点,选用适宜的绿色建筑设计策略与生态技术。

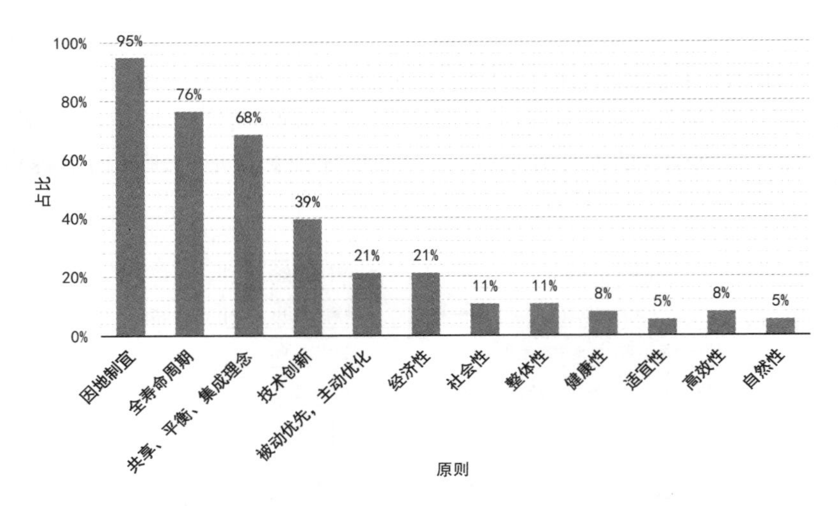

图 6.25 国内绿色建筑设计标准与导则中“原则”的统计分析图

（图片来源：作者自绘，数据统计自共 38 个地方绿色建筑设计标准与导则）

同时，需要从纵向的历时性和横向的共时性①出发，整体性地把握地域文脉，既重视地域传统建筑的绿色智慧与生态技术的传承与转译，也要强调小城镇与自然山水格局、城镇风貌肌理、街巷空间尺度等自然与人文环境相协调。

适宜技术、全寿命周期原则。建筑领域的全寿命周期指的是从规划、设计、施工、运营管理到拆除的全过程。在小城镇的建设中，需要引入全寿命周期理念，综合考虑生态、经济和社会等方面效益，以分析、判断和选用合适的绿色建筑技术与材料体系，优先采用被动式措施，注重主动式技术的优化辅助，最大程度地利用自然气候和建筑自身的调节能力来降低整个建筑能耗、改善室内环境质量。

以人为本原则。在小城镇建设过程中，充分考虑小城镇居民的生活方式与行为习惯，以使用者为核心进行绿色建筑设计，营造宜居舒适的环境，最大限度地满足居民身心健康、安全舒适、生活便利等需求，引导居民形成绿色的行为习惯和生活方式。考虑到小城镇居民中儿童和老人的占比较高，需要强调适老化设计和全龄化设计。

6.5.2 整体结构与表达形式

1）框架结构

浙江省小城镇绿色建筑设计导则包括总则、细则、附录三个层面的内容。其中，总则是整个导则的概括性内容，提出总体目标要求、绿色建筑营建原则、适用范围、基本术语等。细则是对导控要素的分类、分层级，并进行详细、具体的解释，包括场地生态保护与城镇风貌协调、土地集约利用与空间高效利用、建筑群体布局与场地微气候优化、气候适应性建筑设计与室内环境质量、资源节约利用和能源优化使用、建筑安全性和以人为本设计等六大类（图

① 魏秦，王竹.建筑的地域文脉新解[J].上海大学学报（社会科学版），2007，24(6)：149-151.

6.26)。由于很多绿色设计导控要素涉及多个专业,整体框架上打破以传统的专业划分的框架,采用以导控要素和导控类别为核心的框架,以促进设计专业之间的分工与协作。附录是导则的补充内容和参考资料,包括目标检查清单、设计速查表格等。

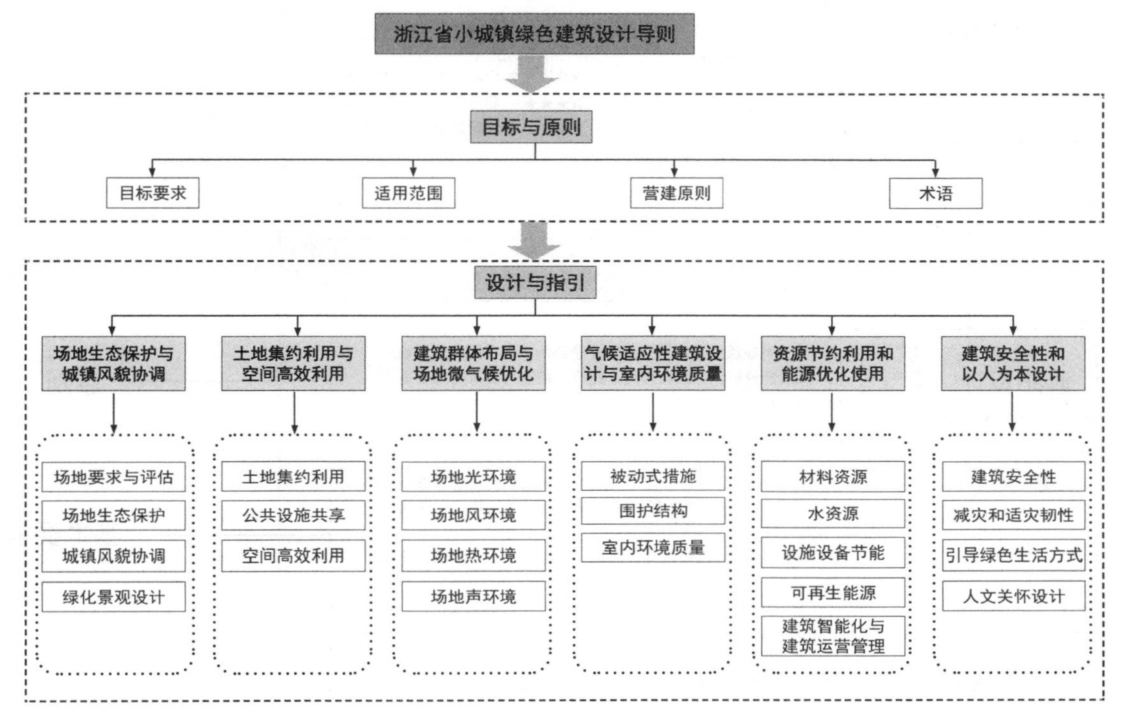

图 6.26　浙江省小城镇绿色建筑设计导则整体框架

(图片来源:作者自绘)

2)表达形式:图文并茂,清晰易懂

为提高导控信息传达的准确性与可读性,设计导则主要采用条文与建筑图示语言相结合的表达形式。条文型叙述采取平实易懂、清晰明确的语言风格,对导控要素的要点加以说明,在必须使用专业术语时,通过“术语”小节对绿色建筑的相关术语进行深入浅出的解释,便于设计团队与公众理解。同时,借鉴亚历山大的《建筑模式语言:城镇·建筑·构造》①,将适用的绿色建筑设计策略和生态措施归纳并转译为图示化的模式语言,起到简化设计思维、指导绿色建筑设计的作用,并具备不断扩充与发展的优点。

在每个导控要素的内容表达上,以清晰明确、方便查找、简洁易懂为主要原则,并充分考虑导则使用者的思维方式和工作流程,为其提供绿色建筑设计的全过程指导。具体而言,每个导控要素的内容包括以下几方面(图 6.27):

① [美]克里斯托弗·亚历山大.建筑模式语言:城镇·建筑·构造[M].王听度,周序鸿,译.北京:知识产权出版社,2002.

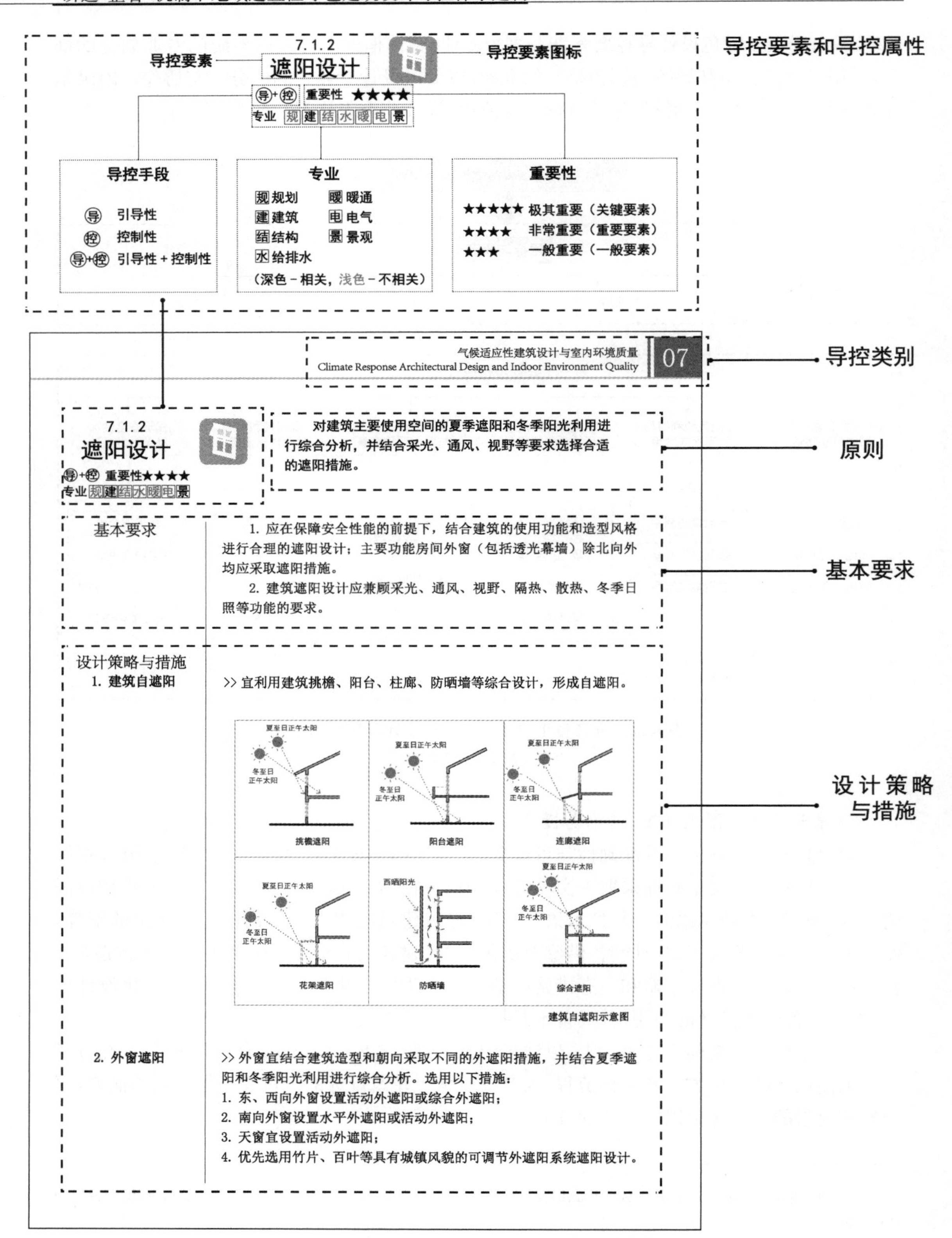

图 6.27 《浙江省小城镇绿色建筑设计导则》页面分析图

（图片来源：作者自绘）

第一,“导控要素和导控属性”通过抽象图标和颜色变化等方式直观地表示该导控要素的导控手段(引导性、控制性),涉及专业(规划、建筑、结构、给排水等)和重要性,方便不同专业之间的分工协作,以及对导控要素相对重要性的把握。此外,这部分为每个导控要素设计了小图标,以方便查找,并起到加强对导控要素的认识的作用。

第二,“原则”部分是对该导控要素主要内容的概述,表达此导控要素的实质和内在要求。

第三,“基本要求”是对指该导控要素需要满足的条件或达到的性能目标,是控制性手段的主要体现,采用条文的表达形式,一般表达为“应避免……”“应禁止……”或“应满足……指标”等。

第四,“设计策略与措施”提供为达到导控目标的、可选择的生态设计手法或技术措施,为引导性质,一般采用建筑图示语言表达,必要时通过“正确/错误”的对比示范加强解释。

值得注意的是,绿色建筑设计导则的表达方式并非一成不变,而是需要根据导则使用者的需求进行调整。比如,随着浙江省小城镇绿色建筑的不断推广与发展,设计团队和公众对绿色建筑的认识程度的加深,未来的设计导则可减少绿色建筑理念和原理的表达,增加绿色建筑优秀案例、细部构造参考等内容。

6.5.3 各类别导控要点与内容解析

1)场地生态保护与城镇风貌协调

此类别主要针对前期策划、场地规划和景观设计中需要解决的绿色建筑相关问题。其中,“场地要求与评估”要求场地选址时注意生态性与安全性,鼓励在有条件的情况下利用废弃场地和原有建筑;“场地生态环境保护”要求在场地规划时,从小城镇、周围环境和场地内环境等不同尺度综合考虑项目对生态环境的影响,并将负面影响降至最低,实现与生态环境的有机共生;“城镇风貌协调”强调建筑与城镇风貌、空间肌理等相协调,包括小城镇的山水格局、城镇轮廓线、街道尺度、地域建筑风格、城镇历史景观等;“景观设计”要求在植物配置、水体与绿化设计等场地景观要素设计时考虑生态性,尤其是与雨洪规划、低影响开发策略相结合,通过下凹式绿地、雨水花园、雨水塘等措施,提高场地的雨水渗透、调蓄和排放能力(表 6.30)。

各小类中的导控要素及其相应的导控手段、导控方式、相对重要性等属性见表 6.30。其中,导控手段是指采取引导性和/或控制性的手段;导控方式指采取定性和/或定量的方法来导控绿色建筑设计;相对重要性指该导控要素对于实现绿色建筑目标的重要程度,由高到低依次为关键要素、重要要素和一般要素;分类指导指该导控要素在涉及不同类型小城镇或不同建筑类型时,是否会有所侧重,如针对“选址安全性”导控要素,滨海岛屿类型、山地丘陵类型和平原水乡类型小城镇在选址上需要规避自然灾害的类型和侧重是有所差别的。

表 6.30 “场地生态保护与城镇风貌协调”类别导控要素和导控属性

小类	导控要素	释义	相对重要性	导控手段		导控方式		分类指导	
				控制性	引导性	定性	定量	小城镇类型	建筑类型
场地要求与评估	选址安全性	场地条件应安全可靠，选址避开地质危险地段和易发生自然灾害的地段；远离危险源和散发污染源等对人体安全健康造成威胁的环境因素	关键要素	*		*		*	
	选址生态性	场地选址应避开生态敏感区，且不应占用基本农田、耕地	关键要素	*		*		*	
	场地评估	对场地内外可利用的自然资源和生物资源、可再生能源、基础设施和公共服务设施等进行调查和利用评估	重要要素	*	*	*		*	
	废弃场地再利用	优先选用已开发场地，鼓励对废弃场地、城镇低效用地的再利用	一般要素		*	*			
	场地内既有建筑再利用	对场地内有利用或保护价值的既有建筑纳入场地的规划设计，避免大规模拆除	一般要素		*	*			*
场地生态环境保护	生态廊道有效延续	在场地规划中，保持城镇生态廊道的完整性和连续性，并结合区域地形特点和功能需求，利用城镇生态廊道	关键要素	*	*	*		*	
	自然环境有机共生	规划与场地设计应因地制宜，和周围自然环境建立有机共生关系，减少对场地和周围生态环境的影响	关键要素		*	*			
	场地生态修复	对场地内受污染的水体、山体、土壤等进行生态修复	关键要素		*	*		*	
	施工污染防治	通过控制水土流失、水道沉积、扬尘产生，减少施工活动造成的污染	重要要素		*	*			
城镇风貌协调	城镇山水格局协调	保护城镇水域景观、山地景观、滨海景观等，尊重山形水势	关键要素	*	*	*		*	
	城镇轮廓线和街道协调	建筑高度、体形与城镇轮廓线和街道尺度协调；考虑从主要道路、景观眺望点等看到的建筑视觉感等	重要要素	*	*	*		*	
	地域建筑风格的呼应	在建筑风格、色彩和材料上呼应城镇既有的地域建筑	重要要素		*	*			
	城镇历史景观的继承和保护	保护和协调城镇历史性街道、历史文化街区、历史文化名城名镇的风貌	重要要素	*	*	*		*	

（续表）

小类	导控要素	释义	相对重要性	导控手段		导控方式		分类指导	
				控制性	引导性	定性	定量	小城镇类型	建筑类型
景观设计	绿地指标控制	场地内合理设置绿化用地，并满足绿地率、人均公共绿地面积等指标的要求	重要要素	*			*		*
	乡土植物配置	优先选择适宜当地气候和土壤的乡土植物，不应选择对人体健康不利的植物	重要要素	*	*	*	*		
	水体生态化设计	充分保护场地内水体水系，通过生态化设计手法，提升水质并改善场地内水环境	重要要素	*	*	*		*	
	雨洪控制规划	对场地进行雨洪控制利用的评估和规划，发挥河道、景观水系的容纳能力	关键要素	*		*	*		
	低影响开发	在确保排水防涝安全的前提下，通过生态措施，提高雨水的渗透、调蓄、净化、利用和排放能力，实现良性的水文循环	重要要素		*	*	*		*

注：* 表示所属分类。
（表格来源：作者自绘）

2）土地集约利用与空间高效利用

“土地集约利用与空间高效利用”类别的导控目的是节约土地资源，所包含的小类、导控要素及其属性见表 6.31。其中，“土地集约利用”小类要求在规划和场地设计层面集约利用土地；针对小城镇公共服务设施存在重复建设的问题，“公共设施共享”小类要求公共服务设施配置合理、功能复合、开放空间共享，在集约化建设的基础上，为小城镇居民提供便利的公共服务；“空间高效利用”小类要求建筑设计以提高空间利用率为原则进行，避免因设计不当形成难以使用的空间，同时在设计过程考虑未来使用功能和方式的改变，提高空间适应变化能力。

表 6.31 “土地集约利用与空间高效利用”类别导控要素和导控属性

小类	导控要素	释义	相对重要性	导控手段		导控方式		分类指导	
				控制性	引导性	定性	定量	小城镇类型	建筑类型
土地集约利用	土地利用率	在场地资源利用不超出环境承载力的前提下，节约集约利用土地，提高土地利用率，通过容积率、人居居住用地指标衡量	重要要素	*			*		*
	地下空间利用	综合规划和利用浅层地下空间，并加强地下空间的自然采光和自然通风	一般要素		*	*		*	
	节地停车方式	鼓励采用地下停车库、立体停车车库等节地的停车设施，以及对外开放、错时停车等停车措施	重要要素		*	*			

（续表）

小类	导控要素	释义	相对重要性	导控手段		导控方式		分类指导	
				控制性	引导性	定性	定量	小城镇类型	建筑类型
公共设施共享	公共设施可达性	居住建筑应为居住者提供便利的公共服务设施	重要要素	*	*		*		*
	公共设施复合高效	场地内配置公共服务设施和市政基础设施时，应与周边区域共享、互补，做到集约化建设	重要要素	*	*	*			*
	建筑开放空间共享	鼓励建筑公共活动空间、公共开放空间的共享使用	重要要素		*	*			
空间高效利用	提高空间利用率	应以提高空间利用率为原则进行建筑设计	重要要素		*	*			*
	空间适变性设计	建筑空间具有一定弹性和可变性，以适应未来使用功能和使用方式的改变	重要要素		*	*			*

注：* 表示所属分类。
（表格来源：作者自绘）

3）建筑群体布局与场地微气候优化

此类别的导控目的是通过建筑群体布局的合理规划和性能模拟调整，优化场地微气候，各小类所包含的导控要素及其属性见表 6.32。其中，“场地光环境优化”要求场地布局紧凑，以满足日照条件，同时通过材料选择、灯具控制等方式避免光污染；“场地风环境优化”要求通过调整街道布局、植物绿化配置、建筑群平面布局和立体布局等方式，引导夏季季风、遮挡冬季风，保证场地行走和活动的舒适性，并给出针对山地丘陵、临河近海等特殊地形的风环境优化策略；“场地热环境优化”要求通过场地绿地、水面等下垫面的合理规划，控制室外地面铺装和建筑外墙、屋顶等材料的选择，以及空调室外机的安装位置，减轻热岛效应，控制指标包括活动场地遮荫率、慢行道路遮荫率和材料的太阳能辐射吸收率等；“场地声环境优化”要求通过建筑群的平面布局、功能区划分、绿化与围墙设计等方式，减轻周边噪声但对场地声环境舒适性的影响。

表 6.32 “建筑群体布局与场地微气候优化”类别导控要素和导控属性

小类	导控要素	释义	相对重要性	导控手段		导控方式		分类指导	
				控制性	引导性	定性	定量	小城镇类型	建筑类型
场地光环境优化	改善日照建筑布局	通过调整建筑规划布局，满足日照规范要求，并改善日照环境	重要要素	*	*	*	*	*	*
	避免光污染	建筑外表面选材和场地照明设计应避免产生光污染	重要要素	*	*	*	*		

（续表）

小类	导控要素	释义	相对重要性	导控手段		导控方式		分类指导	
				控制性	引导性	定性	定量	小城镇类型	建筑类型
场地风环境优化	场地风环境舒适性	场地内风环境有利于冬季室外行走、活动的舒适，以及过渡季、夏季的自然通风	重要要素	*			*		
	改善通风建筑布局	通过街道布局、建筑群平面布局和立面布局，以及植物绿化配置等场地规划设计，改善自然通风，避免无风区和旋涡区	重要要素	*	*	*			
	特殊地形风环境优化	针对山地丘陵、临河近海等特殊地形，因地制宜，积极利用山谷风、水陆风等，优化场地和建筑的风环境	重要要素		*	*		*	
场地热环境优化	场地下垫面设计	场地内合理规划绿地、乔木、水体、透水铺装等下垫面，保障场地热环境舒适性	重要要素	*	*	*	*		
	材料吸收率控制	通过控制地面铺装、屋顶、建筑外墙等材料的吸收率，改善室外热舒适度	重要要素	*	*	*	*		
	空调室外机位置	在保证空调室外机通风顺畅的前提下，减轻空调室外机对场地热环境的不利影响	一般要素		*	*			
场地声环境优化	场地噪声控制	预测并减轻场地周边噪声对场地声环境舒适性的影响，以及场地内噪声源对周边环境的影响	重要要素	*			*		
	降噪布局	从功能区划分、绿化与隔离带设计、建筑物屏蔽利用、朝向选择和平面布局等作综合考虑，优化场地声环境	重要要素		*	*			*

注：* 表示所属分类。
（表格来源：作者自绘）

4）气候适应性设计与室内环境质量

此导控类别主要针对建筑单体和细部构造尺度上的绿色设计和生态技术，各小类所包含的导控要素及其属性见表 6.33 和图 6.28。其中，“适应气候的被动式措施”提倡通过腔体设计、遮阳设计、自然通风、自然采光等手段抵御和缓解外界的不利气候，并给出关键导控指标供参考；“地域适宜的围护结构设计”要求结合浙江省小城镇的自然气候、地理环境、建筑功能等条件，采取复合表皮策略，对建筑表皮进行系统化构造设计，涵盖屋面、墙体、门窗和地面等建筑部件，建议的适宜技术包括种植屋面、太阳能光伏屋面、自然通风型屋面、复合墙体结合通风层、绿化墙体、架空楼地面等；“室内环境质量”主要包括室内声环境和室内环境质量两方面，要求通过建筑空间布局、建筑构件、细部构造等设计，减少外部交通和内部建筑设备等噪声的干扰，以及控制建筑材料和装修材料产生的室内空气污染。

表 6.33 “气候适应性建筑设计与室内环境质量”类别导控要素和导控属性

小类	导控要素	释义	相对重要性	导控手段		导控方式		分类指导	
				控制性	引导性	定性	定量	小城镇类型	建筑类型
适应气候的被动式措施	关键指标控制	结合场地自然条件，建筑的体形、朝向、窗墙比、开窗面积等关键指标应符合要求	重要要素	*			*		*
	腔体设计	利用中庭、天井、拔风井、冷巷等腔体空间作为气候缓冲空间	关键要素		*	*			
	遮阳设计	对建筑主要使用空间的夏季遮阳和冬季阳光利用进行综合分析，并结合采光、通风、视野等要求选择合适的遮阳措施	重要要素	*	*	*			
	自然通风	根据小城镇的主导风向，结合日照和采光要求，利用风压通风、热压通风及机械通风等形式进行自然通风优化设计，并兼顾冬季防寒的要求	重要要素		*	*			
	自然采光	应充分利用自然采光，保证日照要求和良好的视野	重要要素		*	*			*
	被动式太阳能利用	通过建筑朝向、空间布局、形体处理和建筑材料的恰当选择，冬季充分利用太阳辐射进行采暖，夏季结合遮阳和通风策略，减少太阳能辐射导致的室内温度上升	一般要素		*	*	*		*
地域适宜的围护结构设计	复合表皮	通过对建筑表皮的系统化设计，合理选用被动式建筑表皮组件，综合解决采光、遮阳、通风、太阳能利用等问题	关键要素	*	*	*			
	屋面设计	结合建筑造型和气候特征等因素，采用遮阳型屋面、自然通风型屋面、蒸发冷却型屋面等屋面形式提高屋面保温隔热性能	重要要素		*	*			
	墙体设计	墙体设计应提高保温隔热性能，避免热桥的产生，可采用复合墙体结合通风层、绿化墙体、节能墙体材料等构造措施	重要要素		*	*			
	地面设计	地面设计宜做防潮处理，可采用架空楼地面、地源热泵地面等构造措施提高保温隔热性能	一般要素		*	*			
	门窗设计	门窗应兼具夏季隔热和冬季保温，同时满足采光需求，并有良好的气密、水密和抗风压性能	重要要素		*	*			*
室内环境质量	噪声防治	通过建筑空间布局、建筑构件、细部构造等设计，减少外部交通和内部建筑设备等造成的噪声干扰	重要要素	*	*	*			*
	室内空气质量	应控制建筑材料和装修材料产生的室内空气污染	重要要素	*	*	*			*

注：* 表示所属分类。

（表格来源：作者自绘）

7.1.2
腔体设计

导+控 重要性★★★★
专业 规建结水暖电景

宜利用中庭、天井、拔风井、冷巷等腔体空间作为气候缓冲空间。

设计策略与措施

>> 宜利用中庭、天井、拔风井、冷巷等腔体空间作为气候缓冲空间，并结合自然通风、遮阳设计、太阳能利用、复合表皮等进行整合设计。

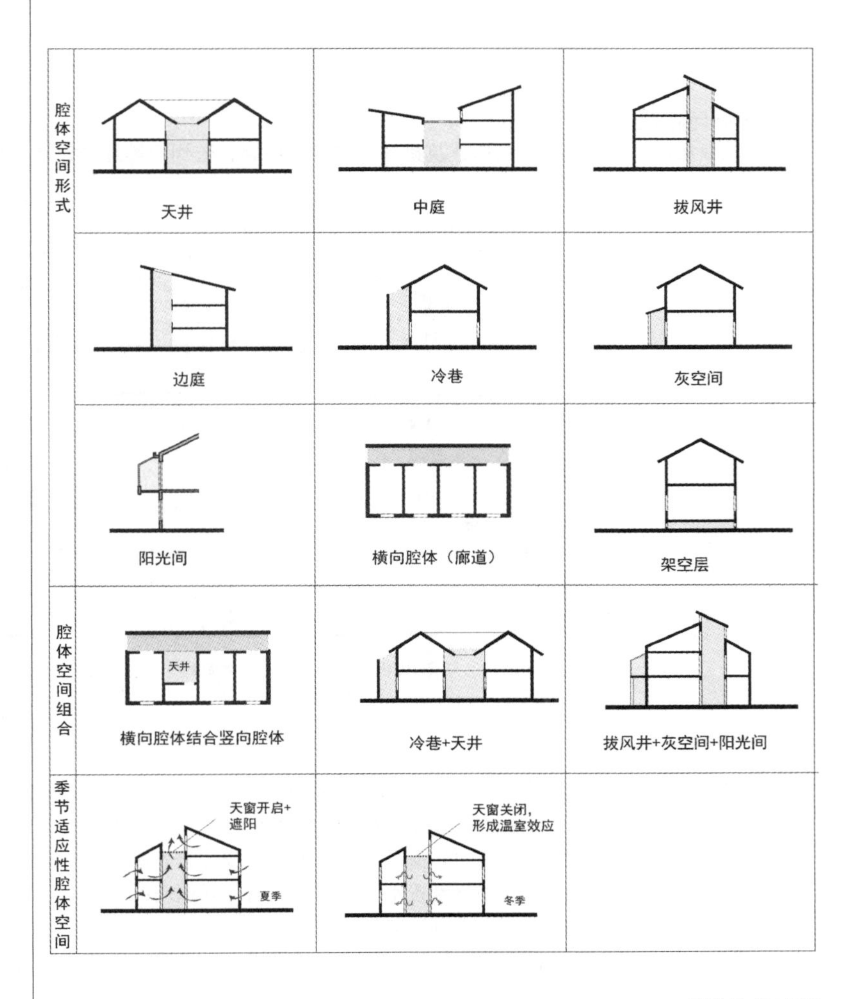

腔体形式示意图

气候适应性建筑设计与室内环境质量
Climate Response Architectural Design and Indoor Environment Quality
07

7.1.2
遮阳设计

导+控 重要性★★★★
专业 规 建 结 水 暖 电 景

对建筑主要使用空间的夏季遮阳和冬季阳光利用进行综合分析，并结合采光、通风、视野等要求选择合适的遮阳措施。

基本要求

1. 应在保障安全性能的前提下，结合建筑的使用功能和造型风格进行合理的遮阳设计；主要功能房间外窗（包括透光幕墙）除北向外均应采取遮阳措施。
2. 建筑遮阳设计应兼顾采光、通风、视野、隔热、散热、冬季日照等功能的要求。

设计策略与措施

1. 建筑自遮阳

>> 宜利用建筑挑檐、阳台、柱廊、防晒墙等综合设计，形成自遮阳。

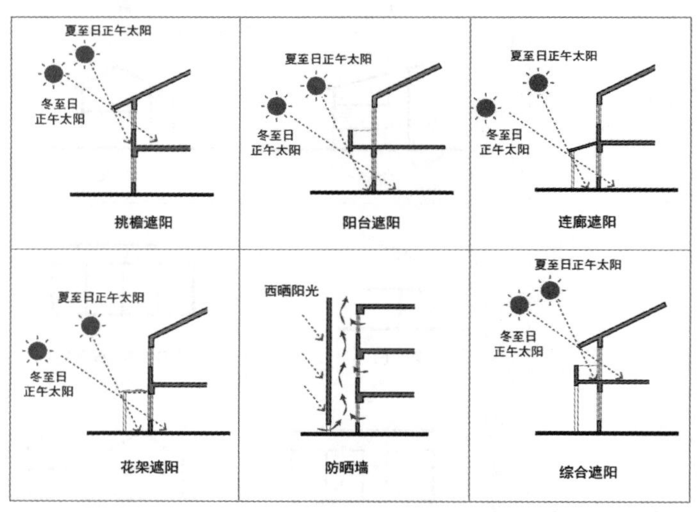

建筑自遮阳示意图

2. 外窗遮阳

>> 外窗宜结合建筑造型和朝向采取不同的外遮阳措施，并结合夏季遮阳和冬季阳光利用进行综合分析。选用以下措施：
1. 东、西向外窗设置活动外遮阳或综合外遮阳；
2. 南向外窗设置水平外遮阳或活动外遮阳；
3. 天窗宜设置活动外遮阳；
4. 优先选用竹片、百叶等具有城镇风貌的可调节外遮阳系统遮阳设计。

图 6.28 “适应气候的被动式措施”小类所对应的部分导则页面

（图片来源：作者自绘）

5) 资源节约利用与能源优化使用

“资源节约利用和能源优化使用”类别的导控目的是节约利用材料、资源和能源,各小类所包含的导控要素及其属性见表 6.34。其中,“材料资源节约利用”给出了材料选择的主要原则,并提倡通过建筑造型简约、建筑工业化、建筑废弃物管理等方式提高材料的利用率;“水资源节约利用”要求从供水系统、节水器具和设施、非传统水源利用和污水绿色处理四个方面实现水资源的节约利用、源头扩充和无害处理;“设备设施节能”主要涉及暖通和电气专业,要求供配电系统、照明系统、动力系统、暖通空调系统等主要设备合理选择、优化升级,从而减少能耗。结合浙江省小城镇的实际情况,“可再生能源利用”要求有生活热水需求的建筑优先选择太阳能热水系统或空气能热泵热水系统,其他建筑应优先选择太阳能光伏系统,设置中央空调系统且技术经济条件许可的场合,优先选择地源热泵空调系统,其他有条件的情况下可采用生物质能、风能等可再生能源应用系统;“建筑智能化与建筑运营管理”要求建立建筑能源资源管理机制,通过对建筑用水、能耗、空气质量等进行监测,采取措施优化用水、用能的管理。

表 6.34 “资源节约利用和能源优化使用”类别导控要素和导控属性

小类	导控要素	释义	相对重要性	导控手段		导控方式		分类指导	
				控制性	引导性	定性	定量	小城镇类型	建筑类型
材料资源节约利用	材料选择原则	鼓励选择对环境影响较小、资源消耗量较小、对人体健康无害的建筑材料	关键要素	*	*	*			*
	建筑造型简约	建筑造型应简约朴素、无大量装饰构件	一般要素	*	*	*	*		
	建筑工业化	遵循建筑工业化设计原则,设计过程遵循模数协调统一,优先选用预制构件或工业化部品	重要要素		*	*			*
	建筑废弃物管理	对建筑废弃物实现全过程管理,实现建筑废弃物的减量化、资源化和无害化	重要要素		*	*			
水资源节约利用	供水系统	应充分利用市政管网压力、合理控制水压,并减少热水系统的无效冷水量和热能损耗	重要要素	*	*	*		*	
	节水器具和设施	应采取节水器具、设施和节水的绿化灌溉,并避免管网漏损	重要要素	*	*	*			*
	非传统水源利用	鼓励综合利用雨水、中水、海水等非传统水源	重要要素	*	*	*			*
	污水绿色处理	结合景观设计,采取生态措施进行污水处理	一般要素		*	*			

（续表）

小类	导控要素	释义	相对重要性	导控手段		导控方式		分类指导	
				控制性	引导性	定性	定量	小城镇类型	建筑类型
设备设施节能	供配电系统	应合理设计供配电系统，合理选择变压器，降低电能损耗	重要要素	*	*	*			*
	照明节能	应合理选择照明方式，使用高效、节能的光源，并充分利用自然采光	重要要素	*	*	*			*
	动力系统	对动力系统进行优化升级，合理选择和使用绿色节能设备	重要要素		*	*			
	暖通空调系统	暖通空调系统设计应合理选择冷热源、配置水系统和通风系统，减少能耗	重要要素	*	*	*			
可再生能源利用	太阳能光热光伏系统	有生活热水需求的建筑优先选择太阳能热水系统，其他建筑应优先选择太阳能光伏系统	重要要素		*	*		*	*
	热泵系统	技术经济条件许可的场合，鼓励选择地源热泵系统或空气源热泵系统	一般要素		*	*		*	*
	风能建筑一体化	在沿海和近海风能资源丰富区，将新建建筑与风力发电设备进行一体化设计建造	一般要素		*	*		*	
	生物质能利用	在具备生物质转换技术条件且生物质资源较丰富的地区，宜采用生物质转换技术将生物质资源转化为清洁、便利的燃料加以使用	一般要素		*	*		*	
建筑智能化与建筑运营管理	用水监测	通过设置水表，合理制定用水计划、加强用水管理，发现漏水隐患、实现节约用水	重要要素		*	*			*
	照明智能控制	对照明采用分区控制、光控、时控、程控等高效控制方法	重要要素		*	*			*
	能耗监测管理	建立建筑分项用能计量系统，为节能管理提供数据支撑	一般要素		*	*			*
	空气质量监测	对人员密度变化大的功能空间和地下车库采用空气质量监控以保证空气品质	重要要素		*	*			*
	建筑能源资源管理机制	建立建筑能源资源管理机制，定期对建筑运营效果进行评估，并根据结果进行优化	重要要素		*	*			*

注：* 表示所属分类。
（表格来源：作者自绘）

6）建筑安全性与以人为本设计

此类别主要目的在于提高建筑的安全性和防灾韧性，并鼓励以人为本的设计，各小类所包含的导控要素及其属性见表6.35。其中，“建筑安全性”要求建筑结构和构件安全牢固，并采取防坠落设计、防脱落设计、防滑设计等措施，保障人的安全健康；针对浙江省小城镇易发的自然灾害，“防灾性和适灾韧性”要求建筑具备一定的抵御灾害和应对灾害的能力，包括抗震性能、应对洪涝设计、救援疏散和应急避难设计等；“引导绿色生活方式”要求通过建筑设计引导小城镇居民培养绿色出行、垃圾分类、使用楼梯等绿色生活习惯；“人文关怀设计”要求建筑设计过程中结合建筑类型，考虑不同人群的需求，融入无障碍设计、全龄化设计、居民参与设计、亲自然设计等理念。

表 6.35 “建筑安全性和以人为本设计”类别导控要素和导控属性

小类	导控要素	释义	相对重要性	导控手段		导控方式		分类指导	
				控制性	引导性	定性	定量	小城镇类型	建筑类型
建筑安全性	建筑构件安全牢固	建筑围护结构、非结构构件、设备和附属设施应连接牢固、安全、耐久	关键要素	*		*			
	建筑安全防护措施	采取提高阳台、窗台等安全防护水平的措施，以及外墙饰面、门窗玻璃意外脱落等防护措施	重要要素	*	*	*			
	防滑设计	建筑公共区域和主要活动场所宜设置防滑措施	重要要素		*	*			*
防灾性和适灾韧性	抗震性能	建筑应具备一定抗震性能，满足相关标准的抗震要求	关键要素	*		*			
	应对洪涝设计	在洪涝频发的地区，建筑应采取应对洪涝的水文组织设计和建筑设计手段	关键要素		*	*		*	
	救援疏散和应急避难设计	突发事件发生时，建筑设计应有利于安全、快速、有序地疏散人群，并提供应急避难保障	重要要素		*	*			
引导绿色生活方式	绿色出行	建筑设计应为公交出行、自行车出行、电动车出行等绿色出行方式提供便利	重要要素	*	*	*	*		
	生活垃圾分类	生活垃圾分类设施的配置应坚持布局合理、卫生适用、节能环保和便于管理的原则	重要要素		*	*			*
	楼梯使用	通过建筑设计鼓励人们使用楼梯，减少电梯的使用，以利于使用者健康和节约能源	一般要素		*	*			*
	使用者控制	使用者能自行调节房间或局部区域的温度、通风、遮阳等	重要要素	*	*	*			*

（续表）

小类	导控要素	释义	相对重要性	导控手段		导控方式		分类指导	
				控制性	引导性	定性	定量	小城镇类型	建筑类型
人文关怀设计	无障碍设计	应根据功能特性及现行国家标准的要求，进行完善的无障碍设计	关键要素	*	*	*			*
	全龄化设计	建筑室内外公共区域有针对地满足全龄化设计要求	重要要素		*	*			*
	亲自然设计	将自然环境和自然元素融入建筑和场地设计，保障居民健康	重要要素		*	*			*
	居民参与设计	借鉴社区营造理念，建筑设计过程应紧扣社区居民的实际需求	重要要素		*	*			*

注：* 表示所属分类。
（表格来源：作者自绘）

6.6 本章小结

本章以浙江省小城镇为例，阐释绿色建筑设计导控体系的建构过程。首先，从自然环境维度、经济技术维度和社会文化维度解析了浙江省小城镇地域因子，并形成浙江省小城镇环境特征综合分区，为要素耦合和分类指导提供依据。在“提取”阶段，从国内外绿色建筑标准导则、浙江小城镇的相关政策、地区绿色建筑示范工程与优秀案例中选取绿色建筑设计导控要素。在“研选”阶段，将绿色建筑设计导控要素与浙江省小城镇地域因子进行耦合分析，建立导控要素与地域因子的相关矩阵，以厘清两者之间的关联与影响，进而通过建筑气候分析法、价值工程理论、建筑性能模拟等方法，优选适宜的绿色建筑技术措施。在“建构”阶段，通过专家咨询法、探索性因子分析法等方法，识别出关键导控要素，并提炼、合并、重组导控要素，优化层次结构。在“转译”阶段，将上一阶段推演得出的导控框架、导控要素转译为可操作、可感知的具体形式，最终形成《浙江省小城镇绿色建筑设计导则》，为浙江省小城镇的绿色建筑设计提供参考与依据。

7　结语

7.1　总结与概括

本书立足于浙江省小城镇，通过定性与定量相结合、多学科融合的方式，建立了地域适宜性绿色建筑设计导控体系，以期拓宽绿色建筑设计与评价的研究维度。主要研究内容概括总结如下：

1）解析了当前以评价标准为导向的绿色建筑设计模式

通过对国内外绿色建筑标准与导则的解析，本书指出我国已建立较为全面的绿色建筑标准和导则体系，其中绿色建筑评价标准起到主导作用，但也存在缺少重点把控、缺乏地域性指导、形式单一等问题。继而，本书以建筑师为调查对象，通过基于扎根理论的质性研究与基于问卷调查的量化研究，揭示当前绿色建筑评价标准与设计实践的作用机制，提出绿色建筑评价标准以结果为导向，与绿色建筑设计过程相脱节，并指出这是造成当下绿色建筑设计中"凑分数""技术堆砌"等问题的原因之一。

2）提出了绿色建筑设计"导控"以应对当下绿色建筑设计实践困境

针对当前绿色建筑设计的实践困境与导控需求，本书借鉴系统控制论、信息传达原理等相关理论的核心概念，将绿色建筑设计视为复杂系统，提出绿色建筑设计"导控"，强调地域适宜性在其中的主导地位。绿色建筑设计导控的基本思路在于通过刚性控制和弹性引导相结合的导控方式，有的放矢地把握关键要素，以有效引导和控制绿色建筑设计。

3）建构了地域适宜性绿色建筑设计导控的认知框架

在借鉴系统控制论、信息科学理论等理论的核心概念的基础上，本书试图提出一种诠释和把握绿色建筑设计导控的认知框架，从逻辑起点、运作机制和信息流动三个方面来认知绿色建筑设计导控的核心概念、与设计实践的作用机制。绿色建筑设计导控聚焦方案设计阶段，强调建筑师的主导与统筹地位，其核心为地域适宜性和刚弹性结合，其实质是控制绿色建筑设计偏离目标的一种作用过程，通过提供绿色建筑设计参考信息、决策信息和导控指标等多方面信息，对绿色建筑设计过程和成果进行引导和控制。

4）提出了地域适宜性绿色建筑设计导控体系的建构路径

本书提出了针对特定地区，建构具有地域适宜性绿色建筑设计导控体系的方法与策略，其核心是"研选-整合"机制，强调导控要素的科学甄选和有序整合。进而，以整体协调性、目标多维性、刚弹性结合和动态调整性为基本原则，以地域适宜性要素的研选、关键导控要素的识别和导控框架结构的建立等为建构策略，通过"目标设定—内容推导—成果表达—程序架构"四个步骤逐层推进，形成地域适宜性绿色建筑设计导控体系的生成路径，为特定地区构建地域适宜的绿色建筑设计导控体系提供可参考的方法。

5）基于“研选-整合”机制，建构了浙江省小城镇绿色建筑设计导控体系

本文针对浙江省小城镇的地域特征，以“研选-整合”机制为指导，通过“提取—研选—建构”三个步骤，推演出适用于浙江省小城镇的绿色建筑设计导控要素与导控框架，从而建立浙江省小城镇绿色建筑设计导控体系，并将之转译为具有实践意义的《浙江省绿色建筑设计导则》，以期为浙江省小城镇绿色建筑设计提供参考与依据。

7.2 问题与不足

由于笔者视域的局限性，以及时间与能力的限制，本书对绿色建筑设计导控的研究仅仅是个开始，还存在诸多的不足与未竟工作：

其一，本书的研究侧重定性研究，虽然本书在绿色建筑设计要素研选的过程中进行了一些建筑性能模拟和定量分析，但并未涉及大量依托数据采集与分析的定量研究，今后可借助建筑性能模拟软件与相关算法，加强定量分析研究；

其二，由于小城镇绿色建筑项目较少和基础数据缺乏，本书的研究采用基于专家共识的方法识别关键绿色建筑设计导控要素，缺少来自实际项目的反馈与调整，有待在今后的研究与实践中继续探索与论证；

其三，受限于篇幅，本书的研究对部分内容，如绿色建筑设计导控要素与地域因子的具体耦合过程、浙江省小城镇绿色建筑设计导控要素的解析等方面内容进行了概括性阐述，未对其进行深入探讨，需要在后续研究中进一步深化。

7.3 愿景与展望

1）浙江省小城镇绿色建筑设计导控体系的验证、反馈与完善

本书的研究试图建立地域适宜性绿色建筑设计导控体系，并在实证研究阶段编制了《浙江省小城镇绿色建筑设计导则》。2021 年 10 月 29 日，该导则已由浙江省住房和城乡建设厅正式发布并投入使用。为了进一步验证绿色建筑设计导控体系的有效性，后续研究将通过对建筑师进行回访、对实际案例进行跟踪调研等方式，了解导控体系在绿色建筑设计实践中的具体作用方式，以及从事一线设计工作的建筑师对其的评价与建议，并将之作为完善和更新绿色建筑设计导控体系的依据。

2）绿色建筑设计决策要素的量化与进一步研究

本书的研究从建筑整体性能角度提取绿色建筑设计导控要素，涵盖场地规划、景观绿化、建筑设计、材料利用、资源和能源使用等方面的内容，采用基于专家共识的方法识别出关键导控要素。在后续研究中，可聚焦早期设计阶段、建筑专业视角下的绿色建筑设计决策要素，通过多目标决策方法、神经网络算法等方法，筛选出关键要素，并与建筑性能模拟相结合，对关键导控要素进行更深入和系统的研究。

3）绿色建筑设计导控内容对不同地域的动态调适

本书的研究指出地域特征是建立绿色建筑设计导控的主导因素，并以浙江省小城镇为

例，对绿色建筑设计导控要素与地域因子的耦合过程与结果进行了初步的探讨。在研究中也发现，各导控要素对不同地域因子的敏感程度是有差异的，因此对关键导控要素，可通过建筑性能模拟和建筑项目现场实测等方式，量化地域因子对导控要素的作用，从而建立导控要素与地域因子的动态调适机制，推广绿色建筑设计导控体系在不同地区的应用。

4）绿色建筑设计导控工具的拓展与研发

在本书的研究中，绿色建筑设计导控体系在实践层面转译为设计导则形式，为绿色建筑设计实践提供参考信息与指导建议。为了加强绿色建筑导控体系与设计过程的互动，需要提高导控工具的易用性和可操作性，可将导控内容与常用的建筑设计软件平台相结合，如建立基于循证的绿色建筑设计知识库，并整合至 Rhino 和 Grasshopper 等设计软件中，形成“绿色建筑设计—建筑性能模拟—导控指标验证”的设计流程，方便建筑师实时优化绿色建筑设计方案，同时使研究成果更好地应用到实践中。

参考文献

专著书目：

[1] Hamilton D K, Watkins D H. Evidence-based design for multiple building types[M]. New Jersey: John Wiley & Sons, 2016.

[2] Kibert C J. Sustainable construction: Green building design and delivery[M]. New Jersey: John Wiley & Sons, 2016.

[3] Murakami S, Iwamura K, Cole R J. CASBEE, A decade of development and application of an environmental assessment system for the built environment[M]. Tokyo: Institute for Building Environment and Energy Conservation, 2014.

[4] [美]阿摩斯·拉普卜特.宅形与文化[M].常青，徐菁，李颖春，等译.北京：中国建筑工业出版社，2007.

[5] [美]安塞尔姆·施特劳斯，朱丽叶·科宾.质性研究概论[M].徐宗国，译.台北：巨流图书公司，1997.

[6] [美]克里斯托弗·亚历山大.建筑模式语言：城镇·建筑·构造[M].王昕度，周序鸿，译.北京：知识产权出版社，2002.

[7] [美]桑德拉·门德勒，奥德尔·威廉.建筑师实践手册：HOK 可持续设计指南[M].董军，译.北京：中国水利水电出版社，2006.

[8] [美]约翰·W.克雷斯维尔.混合方法研究导论[M].李敏谊，译.上海：格致出版社，2015：1-10.

[9] [美]朱丽叶·M.科宾，安塞尔姆·L.施特劳斯.质性研究的基础：形成扎根理论的程序与方法[M].朱光明，译.重庆：重庆大学出版社，2015：1.

[10] [英]凯西·卡麦兹.建构扎根理论：质性研究实践指南[M].边国英，译.重庆：重庆大学出版社，2009：5-7.

[11] 陈向明.质的研究方法与社会科学研究[M].北京：教育科学出版社，2000：22-23.

[12] 陈晓扬，仲德崑.地方性建筑与适宜技术[M].北京：中国建筑工业出版社，2007.

[13] 仇保兴.应对机遇与挑战：中国城镇化战略研究主要问题与对策[M].2 版.北京：中国建筑工业出版社，2009：5-6.

[14] 褚冬竹.可持续建筑设计生成与评价一体化机制[M].北京：科学出版社，2015：161.

[15] 费孝通.小城镇四记[M].北京：新华出版社，1985：10.

[16] 国家统计局，生态环境部.中国环境统计年鉴 2018[M].北京：中国统计出版社，2019：111-112.

[17] 国家统计局.2020 年中国统计年鉴[M].北京：中国统计出版社，2021：236.

[18] 国家统计局.中华人民共和国 2020 年国民经济和社会发展统计公报[M].北京：中国

统计出版社，2021：8.
[19] 胡昌平.信息管理科学导论[M].2 版.北京：高等教育出版社，2001：248-250.
[20] 吕爱民.应变建筑：大陆性气候的生态策略[M].上海：同济大学出版社，2003：71.
[21] 绿色奥运建筑研究课题组.绿色奥运建筑评估体系[M].北京：中国建筑工业出版社，2003：9.
[22] 日本可持续建筑协会.建筑物综合环境性能评价体系：绿色设计工具[M].石文星，译.北京：中国建筑工业出版社，2005：12-13.
[23] 佘德余.浙江文化简史[M].北京：人民出版社，2006：439.
[24] 王雨田.控制论、信息论、系统科学与哲学[M].2 版.北京：中国人民大学出版社，1988：36-47.
[25] 魏秦.地区人居环境营建体系的理论方法与实践[M].北京：中国建筑工业出版社，2013：83-84.
[26] 吴明隆.问卷统计分析实务：SPSS 操作与应用[M].重庆：重庆大学出版社，2010：237，238，320-327.
[27] 杨柳.建筑气候学[M].北京：中国建筑工业出版社，2010：23.
[28] 张培申，郭力民.浙江气候及其应用[M].北京：气象出版社，1999：6-9.
[29] 赵晖，张雁，陈玲，等.说清小城镇：全国 121 个小城镇详细调查[M].北京：中国建筑工业出版社，2017：154-159.
[30] 中国城市科学研究会.中国绿色建筑 2013[M].北京：中国建筑工业出版社，2013：77-84.
[31] 中国社会科学院.浙江经验与中国发展：经济卷[M].北京：社会科学文献出版社，2007：1-9，37-38.
[32] 钟义信.信息科学原理[M].3 版.北京：北京邮电大学出版社，2002：15-19.
[33] 朱海滨.近世浙江文化地理研究[M].上海：复旦大学出版社，2011：276-288.

学术期刊：

[1] Abokhamis Mousavi S，Hoşkara E，Woosnam K. Developing a model for sustainable hotels in northern Cyprus[J]. Sustainability，2017，9(11)：2101.
[2] Ahmad T，Thaheem M J，Anwar A. Developing a green-building design approach by selective use of systems and techniques[J]. Architectural Engineering and Design Management，2016，12(1)：29-50.
[3] Akhanova G，Nadeem A，Kim J R，et al. A multi-criteria decision-making framework for building sustainability assessment in Kazakhstan[J]. Sustainable Cities and Society，2020，52：101842.
[4] Alawneh R，Ghazali F，Ali H，et al. A Novel framework for integrating United Nations Sustainable Development Goals into sustainable non-residential building assessment and managementin Jordan[J]. Sustainable Cities and Society，2019，

49: 101612.

[5] Al-Gahtani K, Alsulaihi I, El-Hawary M, et al. Investigating sustainability parameters of administrative buildings in Saudi Arabia[J]. Technological Forecasting and Social Change, 2016,105: 41-48.

[6] Ali H H, Al Nsairat S F. Developing a green building assessment tool for developing countries — Case of Jordan[J]. Building and Environment, 2009,44(5): 1053-1064.

[7] Alwisy A, Buhamdan S, Gül M. Evidence-based ranking of green building design factors according to leading energy modelling tools [J]. Sustainable Cities and Society, 2019,47: 101491.

[8] Alyami S H, Rezgui Y, Kwan A. Developing sustainable building assessment scheme for Saudi Arabia: Delphi consultation approach [J]. Renewable and Sustainable Energy Reviews, 2013,27: 43-54.

[9] Alyami S H, Rezgui Y. Sustainable building assessment tool development approach [J]. Sustainable Cities and Society, 2012,5: 52-62.

[10] Attia S, Gratia E, de Herde A, et al. Simulation-based decision support tool for early stages of zero-energy building design[J]. Energy and Buildings, 2012, 49: 2-15.

[11] Azhar S, Carlton W A, Olsen D, et al. Building information modeling for sustainable design and LEED® rating analysis[J]. Automation in Construction, 2011, 20(2): 217-224.

[12] Chandratilake S R, Dias W P S. Sustainability rating systems for buildings: Comparisons and correlations[J]. Energy, 2013,59: 22-28.

[13] Chen X, Yang H X, Lu L. A comprehensive review on passive design approaches in green building rating tools[J]. Renewable and Sustainable Energy Reviews, 2015, 50: 1425-1436.

[14] Chlela F, Husaunndee A, Inard C, et al. A new methodology for the design of low energy buildings[J]. Energy and Buildings, 2009,41(9): 982-990.

[15] Cole R J, Larsson N K. GBC'98 and GBTool: Background[J]. Building Research & Information, 1999,27(4): 221-229.

[16] Cole R J. Building environmental assessment methods: clarifying intentions [J]. Building Research & Information, 1999,27(4): 230-246.

[17] Cole R J. Building environmental assessment methods: Redefining intentions and roles[J]. Building Research & Information, 2005,33(5): 455-467.

[18] Crawley D, Aho I. Building environmental assessment methods: Applications and development trends[J]. Building Research & Information, 1999,27(4): 300-308.

[19] D'cruz N, Radford A D, Gero J S. A Pareto optimization problem formulation for building performance and design[J]. Engineering Optimization, 1983, 7(1): 17-33.

[20] Ding G K C. Sustainable construction—The role of environmental assessment tools

[J]. Journal of Environmental Management, 2008,86(3): 451-464.

[21] Gou Z H, Xie X H. Evolving green building: Triple bottom line or regenerative design? [J]. Journal of Cleaner Production, 2017,153: 600-607.

[22] Han J H, Kim S S. Architectural professionals' needs and preferences for sustainable building guidelines in Korea[J]. Sustainability, 2014, 6(12): 8379-8397.

[23] Hester J, Gregory J, Kirchain R. Sequential early-design guidance for residential single-family buildings using a probabilistic metamodel of energy consumption[J]. Energy and Buildings, 2017,134: 202-211.

[24] Huo X S, Yu A T W, Darko A, et al. Critical factors in site planning and design of green buildings: A case of China[J]. Journal of Cleaner Production, 2019, 222: 685-694.

[25] Ilhan B, Yaman H K. Green building assessment tool (GBAT) for integrated BIM-based design decisions[J]. Automation in Construction, 2016, 70: 26-37.

[26] Inyim P, Rivera J, Zhu Y M. Integration of building information modeling and economic and environmental impact analysis to support sustainable building design [J]. Journal of Management in Engineering, 2015, 31(1): A4014002.

[27] Kang H, Lee Y, Kim S. Sustainable building assessment tool for project decision makers and its development process[J]. Environmental Impact Assessment Review, 2016,58: 34-47.

[28] Larsson N, Macias M. Overview of the SBTool assessment framework[J]. The International Initiative for a Sustainable Built Environment (iiSBE) and Manuel Macias, UPM Spain, 2012.

[29] Liu Y, Prasad D, Li J, et al. Developing regionally specific environmental building tools for China[J]. Building Research & Information, 2006,34(4): 372-386.

[30] Lützkendorf T, Lorenz D P. Using an integrated performance approach in building assessment tools[J]. Building Research & Information, 2006,34(4): 334-356.

[31] Magent C S, Korkmaz S, Klotz L E, et al. A design process evaluation method for sustainable buildings[J]. Architectural Engineering and Design Management, 2009,5 (1): 62-74.

[32] Markelj J, Kitek Kuzman M, Grošelj P, et al. A simplified method for evaluating building sustainability in the early design phase for architects[J]. Sustainability, 2014,6(12): 8775-8795.

[33] Mateus R, Bragança L. Sustainability assessment and rating of buildings: Developing the methodology SBTool^{PT}-H [J]. Building and Environment, 2011, 46 (10): 1962-1971.

[34] Meiboudi H, Lahijanian A, Shobeiri S M, et al. Development of a new rating system for existing green schools in Iran[J]. Journal of Cleaner Production, 2018, 188:

136-143.
[35] Raslanas S, Kliukas R, Stasiukynas A. Sustainability assessment for recreational buildings[J]. Civil Engineering and Environmental Systems, 2016,33(4): 286-312.
[36] Robichaud L B, Anantatmula V S. Greening project management practices for sustainable construction[J]. Journal of Management in Engineering, 2011, 27(1): 48-57.
[37] Salzer C, Wallbaum H, Lopez L, et al. Sustainability of social housing in asia: A holistic multi-perspective development process for bamboo-based construction in the Philippines[J]. Sustainability, 2016,8(2): 151.
[38] Sev A. A comparative analysis of building environmental assessment tools and suggestions for regional adaptations[J]. Civil Engineering and Environmental Systems, 2011,28(3): 231-245.
[39] Shad R, Khorrami M, Ghaemi M. Developing an Iranian green building assessment tool using decision making methods and geographical information system: Case study in Mashhad City[J]. Renewable and Sustainable Energy Reviews, 2017,67: 324-340.
[40] Shari Z, Soebarto V. Development of an office building sustainability assessment framework for Malaysia[J]. Pertanika Journal of Social Science and Humanities, 2017,25(3): 1449-1472.
[41] Shaviv E, Yezioro A, Capeluto I G, et al. Simulations and knowledge-based computer-aided architectural design (CAAD) systems for passive and low energy architecture[J]. Energy and Buildings, 1996,23(3): 257-269.
[42] Shen L Y, Yan H, Fan H Q, et al. An integrated system of text mining technique and case-based reasoning (TM-CBR) for supporting green building design[J]. Building and Environment, 2017,124: 388-401.
[43] Shi X, Tian Z C, Chen W Q, et al. A review on building energy efficient design optimization from the perspective of architects[J]. Renewable and Sustainable Energy Reviews, 2016,65: 872-884.
[44] Shi X, Yang W J. Performance-driven architectural design and optimization technique from a perspective of architects[J]. Automation in Construction, 2013,32: 125-135.
[45] Soebarto V I, Williamson T J. Multi-criteria assessment of building performance: Theory and implementation[J]. Building and Environment, 2001,36(6): 681-690.
[46] Suzer O. A comparative review of environmental concern prioritization: LEED vs other major certification systems[J]. Journal of Environmental Management, 2015, 154: 266-283.
[47] Todd J A, Geissler S. Regional and cultural issues in environmental performance assessment for buildings[J]. Building Research & Information, 1999, 27(4): 247-256.

[48] Vyas G S, Jha K N. Identification of green building attributes for the development of an assessment tool: A case study in India[J]. Civil Engineering and Environmental Systems, 2016,33(4): 313-334.

[49] Wang W M, Zmeureanu R, Rivard H. Applying multi-objective genetic algorithms in green building design optimization[J]. Building and Environment, 2005,40(11): 1512-1525.

[50] Xiao X, Skitmore M, Hu X. Case-based reasoning and text mining for green building decision making[J]. Energy Procedia, 2017,111: 417-425.

[51] Yand J L, Ogunkah I C B. A multi-criteria decision support system for the selection of low-cost green building materials and components[J]. Journal of Building Construction and Planning Research, 2013, 1(4): 89-130.

[52] Yu J, Ouyang Q, Zhu Y, et al. A comparison of the thermal adaptability of people accustomed to air-conditioned environments and naturally ventilated environments [J].Indoor Air, 2012, 22(2): 110-118.

[53] Zarghami E, Fatourehchi D, Karamloo M. Establishing a region-based rating system for multi-family residential buildings in Iran: A holistic approach to sustainability [J]. Sustainable Cities and Society, 2019,50: 101631.

[54] 白鲁建,杨柳.不同区划方法在建筑节能设计气候区划中的应用研究[J].暖通空调,2018,48(12): 2-11.

[55] 班淇超,陈冰,格伦,等.医疗建筑环境设计辅助工具与可持续评价标准的研究[J].建筑学报,2016(11): 99-103.

[56] 本刊编辑部.小城镇之路在何方?——新型城镇化背景下的小城镇发展学术笔谈会[J].城市规划学刊,2017(2): 1-9.

[57] 车俊.全面推进新时代美丽城镇建设 把初心使命书写在城乡大地上[J].政策瞭望,2019(9): 4-7.

[58] 陈冰,张华,尹金秋,等.循证设计原理及其在绿色建筑领域的应用[J].动感(生态城市与绿色建筑),2016(2): 35-41.

[59] 陈海燕.浙江省陆域主要自然灾害概述[J].科技通报,2004(4): 283-288.

[60] 陈虹宇,徐刚,吴贤国,等.基于 BIM 绿色建筑信息化设计和绿色度评价研究[J].建筑技术,2019,50(8): 996-1000.

[61] 成玉宁,袁旸洋,成实.基于耦合法的风景园林减量设计策略[J].中国园林,2013,29(8): 9-12.

[62] 程光,宋德萱.性能驱动绿色建筑优化设计研究[J].住宅科技,2016,36(10): 41-46.

[63] 迟庆娜,孙睿珩.基于参数化技术的绿色建筑地域性设计优化方法初探[J].长春工程学院学报(自然科学版),2011,12(4): 63-65.

[64] 褚天骄.新视角下的小城镇大战略: 我国小城镇发展滞后原因及发展战略研究[J].城乡建设,2017(11): 33-37.

[65] 丁育陶，夏博，韩靖，等.西北五省地区民居被动式建筑设计策略模拟[J].西安科技大学学报，2020，40(2)：275-283.

[66] 董旭娟，闫增峰，魏成幸.夏热冬冷地区住宅供暖气候分区研究[J].工业建筑，2016，46(4)：55-59.

[67] 费孝通.论中国小城镇的发展[J].小城镇建设，1996(3)：3-5.

[68] 付祥钊，张慧玲，黄光德.关于中国建筑节能气候分区的探讨[J].暖通空调，2008，38(2)：44-47.

[69] 傅筱，陆蕾，施琳.基本的绿色建筑设计：回应气候的形式空间设计策略[J].建筑学报，2019(1)：100-104.

[70] 顾文涛，王以华，吴金希.复杂系统层次的内涵及相互关系原理研究[J].系统科学学报，2008，16(2)：34-39.

[71] 韩笑，李百毅，付晓慧.基于全寿命周期的绿色建筑优选决策模型研究[J].四川建筑，2012，32(3)：61-62.

[72] 何莉莎，孟冲，盖轶静，等.我国绿色公共建筑技术选用情况分析[J].暖通空调，2019，49(8)：23-30.

[73] 何泉，王文超，刘加平，等.基于 Climate Consultant 的拉萨传统民居气候适应性分析[J].建筑科学，2017，33(4)：94-100.

[74] 何兴华，张立.小城镇发展战略的由来及实际效果[J].小城镇建设，2017(4)：100-103.

[75] 黄艳，蔡敏，严红梅.浙江省太阳能资源分布特征及其初步区划研究[J].科技通报，2014，30(5)：78-85.

[76] 黄一翔，栗德祥.关于国内生态住宅评价标准的指导性分析：从《中国生态住宅技术评估手册》到《绿色建筑评价标准》[J].华中建筑，2006，24(10)：107-109.

[77] 霍慧霞.山地建筑接地营建策略研究[J].华中建筑，2008，26(5)：92-93.

[78] 冀媛媛，Genovese P V，车通.亚洲各国及地区绿色建筑评价体系的发展及比较研究[J].工业建筑，2015，45(2)：38-41.

[79] 姜涌，张志勇，宋晔皓，等.建筑师的生态设计工具[J].时代建筑，2008(2)：12-17.

[80] 荆子洋，刘茂灼.浅谈国内低碳建筑的技术堆砌问题[J].中外建筑，2014(3)：78-80.

[81] 柯泉.“代际公平”与“代内公平”的环境法思考：以罗尔斯的《正义论》为线索[J].法学，2020，8(4)：602-607.

[82] 李传翘.控制论、信息论及其哲学思考[J].广东机械学院学报，1995(2)：91-95.

[83] 李纪伟，王立雄，郭娟利，等.基于《绿色建筑评价标准》的程序化设计研究[J].建筑节能，2018，46(10)：48-54.

[84] 李涛，林尧林，杨薇.基于遗传算法的绿色建筑优化设计[J].建筑节能，2016，44(6)：53-57.

[85] 李晓燕.小城镇公共服务区域差异研究：基于省际数据的实证分析[J].首都经济贸易大学学报，2012，14(4)：40-45.

[86] 李章兵.用螺旋模型开发多媒体 CAI 课件[J].电化教育研究，2001，22(3)：65-67.

[87] 连璐,张悦,程晓喜,等.绿色公共建筑的形体空间气候适应性机理及其若干关键指标研究综述[J].世界建筑,2019(12):121-125.

[88] 梁锐,成辉,张群,等.西北荒漠化乡村绿色建筑评价研究[J].西北大学学报(自然科学版),2017,47(1):132-136.

[89] 林波荣,肖娟.我国绿色建筑常用节能技术后评估比较研究[J].暖通空调,2012,42(10):20-25.

[90] 蔺文静,刘志明,王婉丽,等.中国地热资源及其潜力评估[J].中国地质,2013,40(1):312-321.

[91] 刘聪.绿色建筑并行设计过程研究[J].城市建筑,2007(4):32-34.

[92] 刘凯英,田慧峰.基于《绿色建筑评价标准》的绿色建筑设计流程优化[J].施工技术,2014,43(4):60-62.

[93] 刘启波,周若祁.论绿色住区建设中的地域性评价[J].建筑师,2003(1):44-47.

[94] 刘亭.新型城镇化助推共同富裕示范区建设[J].浙江经济,2021(3):20.

[95] 刘宇宁,李永振.不同地区采用排风热回收装置的节能效果和经济性探讨[J].暖通空调,2008,38(9):15-19.

[96] 刘煜,王军,任娟,等.青海省地域适宜性绿色建筑设计标准的构建研究[J].建筑学报,2016(2):43-46.

[97] 刘煜.绿色建筑方案设计阶段导控指标构建分析[J].建筑技艺,2019(1):19-21.

[98] 刘煜.绿色建筑工具的分类及系统开发[J].建筑学报,2006(7):36-40.

[99] 刘煜.面向建筑师建立绿色建筑设计决策支持工具的思考[J].南方建筑,2010(5):14-16.

[100] 龙惟定.对建筑节能 2.0 的思考[J].暖通空调,2016,46(8):1-12.

[101] 卢求.德国 DGNB:世界第二代绿色建筑评估体系[J].世界建筑,2010(1):105-107.

[102] 马聪,葛坚,赵康.浙江省绿色办公建筑可再生能源技术应用的适宜性[J].建筑与文化,2019(11):97-99.

[103] 马新宇,龙翔.调湿建筑材料的研究现状[J].建筑工程技术与设计,2017(22):3435.

[104] 莫于川.行政指导比较研究[J].比较法研究,2004(5):80-92.

[105] 裴文华,杭锋,施以正,等.管理控制的性质[J].管理世界,1986(5):115-125.

[106] 齐瑀,王春森,孙宇辉.螺旋模型在开发专家系统中的应用[J].计算机工程,1997,23(4):53-55.

[107] 任娟,刘煜,郑罡.基于 BIM 平台的绿色办公建筑早期设计决策观念模型[J].华中建筑,2012,30(12):45-48.

[108] 沈丹丹.LEED 与《绿色建筑评价标准》认证体系的比较[J].建设科技,2018(6):40-43.

[109] 施政.人口与地域空间耦合协调视角下浙江小城镇高质量发展路径探析[J].浙江建筑,2020,37(4):1-4.

[110] 石磊,陈楚琳.基于地域文化传承的绿色建筑评价体系研究:以长沙安沙镇美村创客

项目为例[J].西北大学学报(自然科学版),2019,49(5):772-780.
[111] 宋代军,杨贵庆.“关联耦合法”在城市设计中的运用与思考[J].城市规划学刊,2007(5):65-71.
[112] 涂序彦.大系统控制论探讨[J].系统工程理论与实践,1986,6(1):2-6.
[113] 宋晔皓.托马斯·赫尔佐格的整合设计[J].世界建筑,2004(9):69-70.
[114] 孙大明,汤民,张伟.我国绿色建筑特点和发展方向[J].建设科技,2011(7):24-27.
[115] 孙晓军,周宗奎.探索性因子分析及其在应用中存在的主要问题[J].心理科学,2005,28(6):162-164, 170.
[116] 谭琳琳,戴自祝,刘颖.空调环境对人体热感觉和神经行为功能的影响[J].中国卫生工程学,2003,2(4):193-195.
[117] 唐增才,袁强.浙江地质灾害发育类型和分布特征[J].灾害学,2007,22(1):94-97.
[118] 田冬.新时期政策调整下的小城镇演变特征与趋势研究[J].小城镇建设,2017(9):68-72.
[119] 田慧峰,张欢,孙大明,等.中国建筑项目 LEED 认证现状与前景[J].施工技术,2012,41(3):34-38.
[120] 万百五.二阶控制论及其应用[J].控制理论与应用,2010,27(8):1053-1059.
[121] 万百五.社会控制论及其进展[J].控制理论与应用,2012,29(1):1-10.
[122] 王焯瑶,钱振澜,王竹,等.长三角地区绿色建筑设计规范性文件解析:基于内容分析法[J].新建筑,2020(5):98-103.
[123] 王岱霞,王诗云,吴一洲.区域小城镇空间结构解析与优化:以浙江省为例[J].浙江工业大学学报(社会科学版),2020,19(1):47-53.
[124] 王晖,陈丽,陈垦,等.多指标综合评价方法及权重系数的选择[J].广东药学院学报,2007,23(5):583-589.
[125] 王晋,刘煜,任娟.我国绿色建筑地方设计标准的对比分析[J].华中建筑,2017,35(10):28-31.
[126] 王树恩.反馈控制与前馈控制[J].齐鲁学刊,1989(6):23-27.
[127] 王雪花.适度冗余在科技传播中的必要性[J].科技情报开发与经济,2006(4):190-192.
[128] 王竹,王玲.绿色建筑体系的导衡机制[J].建筑学报,2001(5):58-59.
[129] 王佐方.浙江省分散式风电现状及发展[J].中国电力企业管理,2019(10):76-77.
[130] 魏宏森,曾国屏.试论系统的层次性原理[J].系统辩证学学报,1995,3(1):42-47.
[131] 魏秦,王竹.地区建筑可持续发展的理念与架构[J].新建筑,2000(5):16-18.
[132] 魏秦,王竹.建筑的地域文脉新解[J].上海大学学报(社会科学版),2007,24(6):149-151.
[133] 翁季,蔡坤妤.绿色建筑评价标准的地域性研究[J].新建筑,2016(2):110-113.
[134] 夏海山,姚刚.绿色建筑设计的过程性评价导控模式[J].华中建筑,2007,25(11):23-25.

[135] 向科，胡显军，胡炜，等.适应夏热冬暖气候的绿色公共建筑设计模式及其技术路线研究[J].建筑技艺，2019(1)：14-18.
[136] 肖毅强.基于可持续性的地域绿色建筑设计研究思考[J].城市建筑，2015(31)：21-24.
[137] 熊杰，姚润明，李百战，等.夏热冬冷地区建筑热工气候区划分方案[J].暖通空调，2019，49(4)：12-18.
[138] 徐根华，张军.基于控制论谈药包材质量稳定性管理[J].印刷技术，2012(22)：25-27.
[139] 徐晓勇，罗淳，雷冬梅.中国小城镇人口集聚能力的省际比较分析[J].西北人口，2013，34(4)：1-6.
[140] 薛波.唐山曹妃甸国际生态城指标体系[J].建设科技，2010(13)：64-65.
[141] 闫康，陈一帆.乡村振兴背景下小城镇发展的 SWOT 分析：以盐池河镇为例[J].现代商贸工业，2020，41(5)：5-6.
[142] 颜苏芊，黄翔，文力，等.蒸发冷却技术在我国各区域适用性分析[J].制冷空调与电力机械，2004，25(3)：25-28.
[143] 晏群.小城镇概念辨析[J].规划师，2010，26(8)：118-121.
[144] 杨文杰.性能化建筑方案优化设计的概念、目标和技术[J].南方建筑，2013(1)：62-67.
[145] 姚刚，张宏.既有居住类建筑改造的绿色评价导控模式研究[J].生态经济，2013，29(4)：170-173.
[146] 叶凌，程志军，王清勤，等.国家标准《绿色建筑评价标准》的评价指标体系演进[J].动感(生态城市与绿色建筑)，2014(3)：29-34.
[147] 叶雨，丁德，杨毅，等.浙江省建筑节能气象资料分析研究[J].暖通空调，2016，46(4)：73-77.
[148] 尹杨，董靓.绿色建筑评价在中国的实践及评价标准中的地域性指标研究[J].建筑节能，2009，37(12)：37-39.
[149] 余晓平，付祥钊.夏热冬冷地区民用建筑除湿方式的适用性分析[J].建筑热能通风空调，2006，25(2)：65-69.
[150] 袁镔，袁朵.我国绿色建筑发展中的问题与建议[J].建设科技，2018(8)：24-27.
[151] 张锋.控制论的科学思维方法[J].西安工程大学学报，2008，22(1)：114-116.
[152] 张绘.混合研究方法的形成、研究设计与应用价值：对“第三种教育研究范式”的探析[J].复旦教育论坛，2012，10(5)：51-57.
[153] 张建国，谷立静.我国绿色建筑发展现状、挑战及政策建议[J].中国能源，2012，34(12)：19-24.
[154] 张雷，姜立，叶敏青，等.基于 BIM 技术的绿色建筑预评估系统研究[J].土木建筑工程信息技术，2011，3(1)：31-36.
[155] 张萌，杨豪，彭振宇，等.浙江省区域地质背景及地热资源赋存特征[J].科学技术与工程，2016，16(19)：30-36.
[156] 张明丽，秦俊，王丽勉，等.绿色建筑植物资源信息系统的构建及应用[J].生态与农村环境学报，2010，26(4)：323-328.

[157] 张志勇，姜涌.绿色建筑设计工具研究[J].建筑学报，2007(3)：78-80.
[158] 张子豪，刘浔.控制与不确定性：对原型思维范式的展望[J].景观设计学，2020，8(4)：10-25.
[159] 赵敬辛，张喜雨，刘丛红.适合豫西南的保障房绿色建筑设计评价体系研究[J].建筑学报，2015(10)：92-95.
[160] 周浩，王月涛，邓庆坦.基于性能模拟的绿色建筑优化设计模式研究[J].城市住宅，2020，27(2)：236-238.
[161] 周潇儒，林波荣，朱颖心，等.面向方案阶段的建筑节能模拟辅助设计优化程序开发研究[J].动感(生态城市与绿色建筑)，2010(3)：50-54.
[162] 朱春.上海地区住宅建筑外遮阳设计优化研究[J].绿色建筑，2012，4(5)：36-39.
[163] 朱贵祥.探析地域性绿色建筑设计初期的 BIM 的体现[J].建材与装饰，2016(11)：94-95.
[164] 朱秋枫，万军.浙江民俗的主要特色[J].温州大学学报(社会科学版)，2020，33(3)：27-33.
[165] 朱颖心.绿色建筑评价的误区与反思：探索适合中国国情的绿色建筑评价之路[J].建设科技，2009(14)：36-38.
[166] 朱颖心.热舒适的“度”，多少算合适？[J].世界建筑，2015(7)：35-37.
[167] 宋凌，张川，李宏军.2015 年全国绿色建筑评价标识统计报告[J].建设科技，2016(10)：12-15.
[168] 张宪荣.计符号学[M].北京：化学工业出版社，2004：23.
[169] 陆惠恩，陆培恩.软件工程[M].2 版.北京：电子工业出版社，2002：10-11.
[170] [德]沃尔夫・劳埃德.建筑设计方法论[M].孙彤宇，译.北京：中国建筑工业出版社，2012：27.
[171] 宋晔皓，王嘉亮，朱宁.中国本土绿色建筑被动式设计策略思考[J].建筑学报，2013(7)：94-99.
[172] 江苏省工程建设标准站.绿色建筑标准体系[M].北京：中国建筑工业出版社，2015：26.
[173] Zimmerman A，Eng P. Integrated design process guide[Z]. Ottawa：Canada Mortgage and Housing Corporation，2006.
[174] 陈前虎，潘兵，司梦祺.城乡融合对小城镇区域专业化分工的影响：以浙江省为例[J].城市规划，2019，43(10)：22-28.
[175] 冯新刚，李霞，周丹，等.小城镇特色规划编制指南[M].北京：中国建筑工业出版社，2018；中国城市规划学会.小城镇空间特色塑造指南：T/UPSC 0001—2018[S].北京：中国建筑工业出版社，2018.
[176] 邓玉婷.适应生态过程的西南山地城市坡地规划策略研究[D].重庆：重庆大学，2019

会议论文：

[1] André P, Lebrun J, Ternoveanu A. Bringing simulation to application: Some guidelines and practical recommendations issued from IEA-BCS Annex 30[C]//International Building Simulation Conference, 1999:1189-1194.

[2] Tomoeda R, Takeshita T, Ikezoe M. Study of green building design guideline by Japan's government groups[C]//Japanese Ministry of Land, Infrastructure and Transport. Proceedings of the 2005 World Sustainable Building Conference. Tokyo, 2005:1798-1805.

[3] Kung P, Chen V C P, Robinson A. Multivariate modeling for a multi-stage green building framework[C]//Proceedings of the 2011 IEEE International Symposium on Sustainable Systems and Technology. May 16-18, 2011, Chicago, Illinois. New York: IEEE, 2011: 1-6.

[4] 黄献明.中国绿色建筑发展面临的问题与挑战[C]//中国城市科学研究会,中国绿色建筑与节能专业委员会,中国生态城市研究专业委员会.第十一届国际绿色建筑与建筑节能大会论文集.北京,2015:1-7.

[5] 王剑文,陈宏.夏热冬冷地区绿色建筑技术的适宜性利用策略研究[C]//中国城市科学研究会.2018 国际绿色建筑与建筑节能大会论文集.北京:中国城市出版社,2018:5.

[6] 王玮,董靓.基于控制论的社区参与公共空间设计方法研究[C]//住房和城乡建设部,国际风景园林师联合会.和谐共荣:传统的继承与可持续发展:中国风景园林学会 2010 年会论文集.北京:中国建筑工业出版社,2010:3.

[7] 夏博,宋德萱,史洁.绿色建筑中的控制原理[C]//建设部,科学技术部,等.第二届国际智能、绿色建筑与建筑节能大会论文集.北京:中国建筑工业出版社,2006:6.

学位论文：

[1] 薄力之.世博会重要场馆可持续设计导则研究[D].上海:同济大学,2008.

[2] 曹蕾.区域生态文明建设评价指标体系及建模研究[D].上海:华东师范大学,2014.

[3] 曾祯.基于图形叠加及地统计学的浙江文化区空间透视[D].金华:浙江师范大学,2013.

[4] 陈文强.建筑节能优化设计技术平台中智能知识库的研究及开发[D].南京:东南大学,2017.

[5] 付晓惠.绿色建筑整合设计理论及其应用研究[D].成都:西南交通大学,2011.

[6] 傅新.夏热冬冷地区超低能耗居住建筑被动式节能技术研究[D].杭州:浙江大学,2019.

[7] 高蓓超.绿色建筑方案设计评价与决策体系研究[D].南京:南京林业大学,2015.

[8] 高源.美国现代城市设计运作研究[D].南京:东南大学,2005.

[9] 黄杰.基于中国《绿色建筑评价标准》构建地域适宜性绿色建筑评价指标的研究:以青海省为例[D].西安:西北工业大学,2015.

[10] 黄献明.绿色建筑的生态经济优化问题研究[D].北京:清华大学,2006.

[11] 贾小艾.夏热冬冷地区绿色办公建筑适宜性技术评估[D].南昌:华东交通大学,2012.
[12] 李冬.绿色建筑评估体系的设计导控机制研究[D].济南:山东建筑大学,2010.
[13] 林大宾.香港地域性绿色建筑评价体系研究[D].广州:广州大学,2013.
[14] 林隽.面向管理的城市设计导控实践研究[D].广州:华南理工大学,2015.
[15] 刘菁杰.绿色建筑设计导则的地域性研究:以合肥市为例[D].合肥:安徽建筑大学,2019.
[16] 彭勇.基于软件模拟的夏热冬冷地区办公建筑被动式设计研究[D].长沙:湖南大学,2013.
[17] 彭张林.综合评价过程中的相关问题及方法研究[D].合肥:合肥工业大学,2015.
[18] 裘晓莲.长江三角洲地域绿色住居可持续发展评价方法探讨研究[D].杭州:浙江大学,2004.
[19] 王凯.严寒地区体育馆气候适应性评价体系研究[D].哈尔滨:哈尔滨工业大学,2019.
[20] 王一平.为绿色建筑的循证设计研究[D].武汉:华中科技大学,2012.
[21] 徐拓.基于对比分析的广东省绿色建筑评价标准优化路径研究[D].广州:华南理工大学,2019.
[22] 尹杨.四川地区绿色建筑评价体系研究[D].成都:西南交通大学,2010.
[23] 余晓平.建筑节能科学观的构建与应用研究[D].重庆:重庆大学,2011.
[24] 张玉.风能利用建筑的风能利用效能研究与结构分析[D].杭州:浙江大学,2011.
[25] 郑媛.基于“气候—地貌”特征的长三角地域性绿色建筑营建策略研究[D].杭州:浙江大学,2020.

技术标准:

[1] Building and Construction Authority. Green Mark for Non-Residential Buildings (NRB): 2015[S]. Singapore, 2015.
[2] ASTM International. Standard terminology for sustainability relative to the performance of buildings[S]. Designation E2114-05a, 2001.
[3] 浙江省住房和城乡建设厅.浙江省绿色建筑设计标准: DB 33/1092—2016[S].北京:中国计划出版社,2016.
[4] 中华人民共和国国家质量监督检验检疫总局,中国国家标准化管理委员会.标准化工作指南　第1部分:标准化和相关活动的通用术语: GB/T 20000.1—2014[S].北京:中国标准出版社,2015.
[5] 中华人民共和国国土资源部.浅层地热能勘查评价规范: DZ/T 0225—2009[S].北京:中国标准出版社,2009.
[6] 中华人民共和国住房和城乡建设部.民用建筑绿色设计规范: JGJ/T 229—2010[S].北京:中国建筑工业出版社,2011.
[7] 中华人民共和国住房和城乡建设部.绿色建筑评价标准: GB/T 50378—2019[S].北京:中国建筑工业出版社,2019.

[8] 中华人民共和国住房和城乡建设部.建筑给水排水设计标准：GB 50015—2019[S].北京：中国计划出版社，2019.

科技报告：

[1] Turner C，Frankel M. Energy performance of LEED for new construction buildings-final report[R]. White Salmon：New Buildings Institute，2008.

电子资源：

[1] Building Research Establishment. BRREAM：the world's leading sustainability assessment method for master planning projects，infrastructure and buildings [EB/OL]. (2020-12-29)[2022-03-16]. https://www.breeam.com/.
[2] U.S. Environmental Protection Agency. Green building [EB/OL]. (2016-02-21)[2022-03-16]. https://archive.epa.gov/greenbuilding/web/html/about.html.
[3] Green Building Index Organization. What is a green building? [EB/OL]. (2021-02-01) [2022-03-16]. https://www. greenbuildingindex. org/what-and-why-green-buildings/.
[4] International Energy Agency，United Nations Environment Programme. 2018 Global status report：Towards a zero-emission，efficient and resilient buildings，and construction sector [EB/OL]. (2018-12-06)[2022-03-16]. https://www.worldgbc.org/sites/default/files/2018%20GlobalABC%20Global%20Status%20Report.pdf.
[5] Japan Sustainable Building Database. What is a "Sustainable Building"? [EB/OL]. (2021-01-06)[2022-03-16].http://www.ibec.or.jp/jsbd/.
[6] Ladybug Tools. Our story [EB/OL]. (2022-01-11)[2022-03-16]. https://www.ladybug.tools/about.html.
[7] Larsson N. Overview of SBTool assessment framework [EB/OL]. (2021-02-01)[2022-03-16]. https://www.academia.edu/32142855/Overview_of_the_SBTool_assessment_framework
[8] United Nations Environment Programme. The 10 YFP programme on sustainable buildings and construction [EB/OL]. (2016-09-01)[2022-03-16]. https://www.oneplanetnetwork.org/sites/default/files/brochure_10yfp_sbc_prog_final.pdf.
[9] United States Green Building Coucil. Project | U.S. Green Building Council [EB/OL]. (2021-02-01)[2022-03-16]. https://www.usgbc.org/projects.
[10] World Green Building Council. What is green building? [EB/OL]. (2020-02-01)[2022-03-16]. https://www.worldgbc.org/what-green-building.
[11] 国务院办公厅.国务院办公厅关于全面开展工程建设项目审批制度改革的实施意见(国办发〔2019〕11 号)[EB/OL].(2019-03-16)[2022-03-16].http://www.gov.cn/zhengce/content/2019-03/26/content_5376941.htm.

[12] 嘉兴市财政局.嘉兴市可再生能源建筑应用专项资金管理办法[EB/OL].(2012-01-16)[2022-03-16]. http://law. esnai. com/do. aspx? controller=home&action=show&lawid=123550.

[13] 网易房产.探寻中国绿色建筑产业发展困境与未来[EB/OL].(2017-03-01)[2022-03-16].http://bj.house.163.com/special/lvsejianzhufazhan/.

[14] 新华社.2019 年中国中小城市高质量发展指数研究成果发布[EB/OL].(2019-10-08)[2022-03-16].http://cx.xinhuanet.com/2019-10/08/c_138455188.htm.

[15] 新华社.决胜全面建成小康社会　夺取新时代中国特色社会主义伟大胜利——在中国共产党第十九次全国代表大会上的报告[EB/OL].(2017-10-27)[2022-03-16].http://www.gov.cn/zhuanti/2017-10/27/content_5234876.htm.

[16] 浙江省人大.浙江省绿色建筑条例[EB/OL].(2020-09-24)[2022-03-16].http://zjrd.gov.cn/dflf/fggg/202009/t20200925_90060.

[17] 浙江省人民政府.浙江省地理概况[EB/OL].(2022-03-10)[2022-03-16].http://zj.gov.cn/col/col1544731/index.html.

[18] 浙江省生态环境厅.2019 年浙江省生态环境状况公报[EB/OL].(2020-06-04)[2022-03-16].http://sthjt.zj.gov.cn/art/2020/6/4/art_1201912_44956625.html.

[19] 浙江在线.浙江发布《关于高水平推进美丽城镇建设的意见》[EB/OL].(2019-12-21)[2022-03-16]. https://town.zjol.com.cn/czjsb/201912/t20191221_11497973.shtml.

[20] 中国新能源网.关于印发浙江省“十二五”及中长期可再生能源发展规划的通知[EB/OL].(2012-07-23)[2022-03-16].http://www.china-nengyuan.com/news/73930.html.

[21] 住房和城乡建设部.绿色建筑标识管理办法[EB/OL].(2021-01-15)[2022-03-16].http://mohurd.gov.cn/gongkai/fdzdgknr/202101/20210115_248842.html.

[22] 住房和城乡建设部.关于加强县城绿色低碳建设的意见[EB/OL].(2021-05-25)[2022-03-16]. http://www. gov. cn/zhengce/zhengceku/2021-06/08/content_5616290.htm.

[23] 住房和城乡建设部.建筑节能全覆盖　绿色建筑跨越发展[EB/OL].(2020-06-27)[2022-03-16]. https://www. ndrc. gov. cn/xwdt/ztzl/qgjnxcz/bmjncx/202006/t20200626_1232120_ext.html.

附　录

附录1　建筑师对绿色建筑导控体系的认知与需求调查问卷

您好！我们受国家"十三五"重点研发计划课题组的委托，对长三角地区的绿色建筑设计及导控体系进行研究。希望您在百忙之中抽5分钟左右时间来回答本调查问卷相关问题。您的参与是匿名的，所有信息将仅用于此项研究。十分感谢您的大力支持！

第一部分：绿色建筑设计实践相关

1. 您对绿色建筑设计感兴趣吗？[单选题]

□ 完全没有兴趣　□ 没有兴趣　□ 不确定　□ 有兴趣　□ 非常有兴趣

2. 您觉得，将绿色建筑理念引入设计实践中重要吗？[单选题]

□ 非常不重要　□ 比较不重要　□ 不确定　□ 比较重要　□ 非常重要

3. 您如何评价自己对绿色建筑设计相关的知识储备？[矩阵量表题]

	非常陌生	比较陌生	一般	比较熟悉	非常熟悉
绿色建筑设计理论与方法	□ 1	□ 2	□ 3	□ 4	□ 5
绿色建筑技术相关，如具体材料、细部构造等	□ 1	□ 2	□ 3	□ 4	□ 5
绿色建筑设计软件，如 Ecotect、PKPM 等	□ 1	□ 2	□ 3	□ 4	□ 5
适用于长三角地区的绿色建筑设计策略和技术措施	□ 1	□ 2	□ 3	□ 4	□ 5

4. 您是否有绿色建筑设计相关工作经验？[单选题]

（根据《浙江省绿色建筑条例》，新建民用建筑至少按一星级以上绿色建筑强制性标准进行建设。其中，国家机关办公建筑和政府投资为主的其他公共建筑，应当按照二星级以上绿色建筑强制性标准进行建设。）

□ 完全没有接触过　□ 设计实践中有所接触，但并不了解

□ 设计实践中有所接触，并且有一定经验　□ 设计实践中经常接触到，很有经验

5. 您如何评价自己在项目实践中，对绿色建筑设计的参与程度？[单选题]

□ 非常低　□ 较低　□ 一般　□ 较高　□ 非常高

6. 在设计实践中，您做绿色建筑设计的主要原因是什么？[单选题]

□ 政策规定、国家和地方标准的要求　□ 业主出于经济成本等考虑的要求

□ 建筑师自身想法，如提高业务水平、社会责任感等　□ 其他________

7. 在您的设计实践中,哪个阶段开始考虑绿色建筑设计相关因素?[单选题]

□ 方案设计阶段 □ 初步设计阶段 □ 施工图设计阶段

8. 以下哪种设计方式与您的绿色建筑设计过程比较符合?[多选题]

□ 方案设计阶段,更注重功能美观经济等方面,基本不考虑绿色建筑相关因素

□ 施工图阶段,配合设备等专业提出的相关要求

□ 根据设计经验,直观分析绿色建筑相关因素,将其融于设计之中

□ 运用绿色建筑设计软件进行性能模拟,辅助绿色设计

□ 将绿建相关内容委托给绿色建筑咨询团队

□ 其他________

9. 以下哪些因素,对您的绿色建筑设计实践有比较大的影响?[多选题]

□ 设计周期较短,设计任务较重,缺少仔细考虑绿色建筑的时间

□ 建筑师处于被动服务状态,缺少话语权

□ 绿色建筑设计软件不好用,无法有效地辅助绿色设计

□ 绿色建筑意识普遍薄弱,包括业主、设计院等

□ 相关制度有待完善,如监督机制、评审机制等

□ 设计项目的经济成本限制

□ 其他________

第二部分:绿色建筑评价体系相关

10. 您如何评价自己对绿色建筑评价体系(包括国家和地方的《绿色建筑评价标准》等)的了解程度?[单选题]

□ 非常不了解 □ 不了解 □ 一般 □ 了解 □ 非常了解

11. 在设计实践中,您对绿色建筑评价体系的使用程度怎么样?[单选题]

□ 没有使用过 □ 偶尔使用 □ 经常使用

12. 在您的设计实践中,绿色建筑评价体系对以下设计阶段有多大的影响?[矩阵量表题]

设计阶段	完全没有影响	没什么影响	不确定	有一定影响	非常有影响
方案设计阶段	□ 1	□ 2	□ 3	□ 4	□ 5
扩初阶段	□ 1	□ 2	□ 3	□ 4	□ 5
施工图阶段	□ 1	□ 2	□ 3	□ 4	□ 5

13. 以下说法中,哪些更符合当前绿色建筑评价体系对您的设计实践的影响?[多选题]

□ 评价体系中,技术相关要求较多,一般由其他专业主导,建筑师起配合作用

□ 为了到达绿色建筑星级要求,会根据评价表"凑指标""凑技术"

□ 在设计过程中,会参考标准中的具体设计指标要求

□ 绿色建筑评价标准中,可以对设计控制的有效信息很少

□ 绿色建筑评价是设计过程的"走流程"环节,偏向于应付

□ 其他________

14. 您认为，有哪些因素阻碍绿色建筑评价体系在建筑设计实践中起作用？［多选题］
□ 普及性不够，缺少相关宣讲、培训等 □ 以技术为主导，与建筑设计关联较弱
□ 评分项琐碎复杂，不够明确 □ 评分体系比较机械，缺少灵活性
□ 难度设置不合理 □ 并不适用于指导建筑方案设计 □ 其他________
15. 您觉得怎样的引导方式对绿色建筑设计实践比较有效？［多选题］
□ 绿色建筑评估工具，控制设计成果与对设计目标的完成度
□ 与设计过程直接相关的指导性工具，如设计导则、指南等
□ 绿色建筑设计辅助软件，如环境性能模拟工具等
□ 绿色建筑专家咨询和辅导 □ 其他________
16. 您希望通过绿色建筑导控体系，获取以下哪些方面的信息？［多选题］
□ 绿色建筑设计方法和策略 □ 绿色建筑相关案例和经验
□ 绿色建筑相关技术资料，如细部构造、材料、绿色技术等
□ 绿色建筑对环境、经济、社会的影响 □ 其他________
17. 您觉得绿色建筑设计导控体系需要具备哪些特征？［多选题］
□ 内容具体，可实施性强 □ 比较灵活
□ 图文并茂，可读性强 □ 具有地域适宜性
□ 比较细致，区分建筑类型 □ 完善机制，包括评审、监督等
□ 其他________

第三部分：个人背景信息

18. 您的性别：［单选题］
□ 男 □ 女
19. 您的年龄段：［单选题］
□ 18～25 岁 □ 26～30 岁 □ 31～40 岁 □ 41～50 岁 □ 51～60 岁
□ 60 岁以上
20. 您正在攻读或已获得的最高学历：［单选题］
□ 高中及以下 □ 大学专科 □ 大学本科 □ 硕士研究生 □ 博士研究生
21. 您从事建筑设计年限：［单选题］
□ 5 年以下 □ 5—10 年 □ 10 年以上
22. 您的设计实践主要是哪些建筑类型？［多选题］
□ 居住类建筑 □ 办公类建筑 □ 教育和商业类建筑 □ 工业和其他类型建筑
23. 您的工作单位是：［单选题］
□ 设计院 □ 高等院校或科研机构 □ 房地产等甲方单位
□ 其他建筑施工单位等

感谢您的大力支持！

浙江大学建筑工程学院建筑系课题组

2019 年 4 月____日

附录 2　基于聚类分析的浙江省建筑气候分区

气候条件对被动式设计、围护结构热工设计、暖通空调技术选择和应用等都起着重要作用。气候区细化有助于针对性地指导绿色建筑设计，同时也是制定绿色建筑相关标准和导则的基础工作。如美国加利福尼亚州根据 600 个气象站的数据，将该州分为 16 个建筑气候区，对应不同的建筑能耗标准，并提供气候适应的被动式设计指导①②。

在浙江省的建筑气候分区上，《民用建筑热工设计规范》(GB 50176—2016)中根据 HDD18(以 18℃为基准的采暖度日数)，将夏热冬冷地区分为 a 区和 b 区，浙江省大部分地区位于夏热冬冷 a 地区，南部少部分地区位于夏热冬冷地区；《浙江省居住建筑节能设计标准》(DB 33/1015—2015)中采用 7℃作为建筑供暖的室外临界温度、26℃作为空调临界温度，根据供暖期和空调期的天数差异③，将浙江省分为南、北两个气候区(表 1)。

表 1　浙江省建筑节能气候区分区表

气候区分	设区市	设计要点
北区	杭州、宁波、绍兴、湖州、嘉兴、金华、衢州、舟山	同时考虑夏季隔热和冬季保温
南区	温州、台州、丽水	主要考虑夏季隔热，兼顾冬季保温

[表格来源：改绘自《浙江省居住建筑节能设计标准》(DB 33/1015—2015)]

上述分区划分主要考虑建筑热工设计和供暖空调技术的气候适应性，并未考虑相对湿度、风速、太阳能辐射等对被动式建筑设计有重要影响的气候要素。因此，本研究采用聚类分析法，选取浙江省气温、相对湿度、风速等气象要素数据，对浙江省进行建筑气候分区，主要过程和结果如下：

1）区划指标的选取和标准化处理

本书的气象数据来自“中国气象数据网”(http://data.cma.cn)的《中国地面气候标准值月值数据集(1981—2010 年)》，涵盖浙江省区域内的 65 个气象观测站。综合国内外既有研究成果④⑤，同时考虑到浙江省夏季炎热、冬季湿冷的气候特点，本书采取的气候区划指标包括五大类：①气温类指标，用最冷月和最热月平均空气温度表征，体现极端气候月份的温度情况；②空气湿度类指标，用夏季(6—8 月)平均相对湿度和冬季(12—2 月)平均相对湿度表征，湿度对人体舒适性有重要影响；③风速类指标，用夏季平均风速和冬季的平均风速表

① California Energy Commission. Building Climates Zones of California. [EB/OL]. (2020-03-01)[2022-03-16]. https://cecgis-caenergy.opendata.arcgis.com/datasets/eaf3158767674e6cb14f4407186d3607

② The Pacific Energy Center. Guide to California Climate Zones and Bioclimatic Design. [EB/OL]. (2020-03-01)[2022-03-16]. https://www.pge.com/includes/docs/pdfs/about/edusafety/training/pec/toolbox/arch/climate/california_climate_zones_01-16.pdf.

③ 叶雨，丁德，杨毅，等.浙江省建筑节能气象资料分析研究[J].暖通空调，2016，46(4)：73-77.

④ 熊杰，姚润明，李百战，等.夏热冬冷地区建筑热工气候区划分方案[J].暖通空调，2019，49(4)：12-18.

⑤ 白鲁建，杨柳.不同区划方法在建筑节能设计气候区划中的应用研究[J].暖通空调，2018，48(12)：2-11.

征，风速同样对人体舒适性有重要影响，且影响自然通风措施的有效性；④太阳辐射类指标，用夏季日照时数和冬季日照时数表征，太阳辐射量影响被动式和主动式太阳能利用的适用性；⑤建筑冷热能耗类，包括供暖度日数(HDD18)和供冷度日数(CDD26)，其意义为“冷热的程度和冷热持续的时间长度”①，计算公式为：

$$\mathrm{HDD18}=\sum_{i=1}^{365}(18-t_i)D \tag{1}$$

$$\mathrm{CDD26}=\sum_{i=1}^{365}(t_i-26)D \tag{2}$$

式(1)中，t_i 为典型年第 i 天日平均温度；$D=1$；式(2)中，t_i 为典型年第 i 天日平均温度；$D=1$。计算中，当 $(18-t_i)$ 或 (t_i-26) 为负值时，取 $(18-t_i)=0$ 或 $(t_i-26)=0$。

由于上述区划指标的单位和量纲都不同，在进行聚类分析前需要进行标准化处理。常用于聚类分析的标准化方法有 Z-Scores 标准化变换、极差标准化法(Range - 1 to 1)、极差正规化法(Range 0 to 1)等。根据指标的数据特点和方法的常用性，选用 Z-Scores 标准化法，该方法能消除量纲的影响并保持相对稳定性，其计算公式为：

$$x'_i=\begin{cases}\dfrac{x_i-\bar{x}}{S} & (S\neq 0)\\ 0 & (S=0)\end{cases} \tag{3}$$

其中，x_i 为原始指标，x'_i 为指标标准化结果，$S=\sqrt{\dfrac{1}{n-1}\sum(x_i-\bar{x})^2}$，$\bar{x}=\dfrac{1}{n}\sum\limits_{i=1}^{n}x_i$。

该方法变换后的数据平均值为 0，标准差为 1。

2) 聚类分析结果

聚类分析是常用于气候区划分的统计技术，主要通过比较各事物之间的特征，将特征类似的归为一类，将特征差别较大的归为其他类。在聚类算法上，本研究选择常用于建筑气候分区且效果良好的系统聚类分析法，其基本思路是将所有 n 个变量视为 n 个不同的类别，将特征最相似的两类合并成一类，反复迭代直至类别为 1，使用者可根据具体问题和聚类结果决定类别数②。其中，在聚类方法上采用组间平均联接法，计算样本间距离时采用欧式距离平方和，分析软件上选用 IBM SPSS Statistics 20。

在排除奇异点(“泰顺”和“北仑”)后，得出聚类分析树状图如图 1 所示。当距离为 15 时，样本被聚类为 2 类，区分出嵊泗、大陈等滨海岛屿地区；当距离为 10 时，样本被聚类为 3 类，进一步区分出温州、台州等浙南地区。这一分区结果与《浙江省居住建筑节能设计标准》(DB 33/1015—2015)有类似之处，反映了分区的合理性。

---

① 付祥钊，张慧玲，黄光德.关于中国建筑节能气候分区的探讨[J].暖通空调，2008，38(2)：44-47.

② 董旭娟，闫增峰，魏成幸.夏热冬冷地区住宅供暖气候分区研究[J].工业建筑，2016，46(4)：55-59.

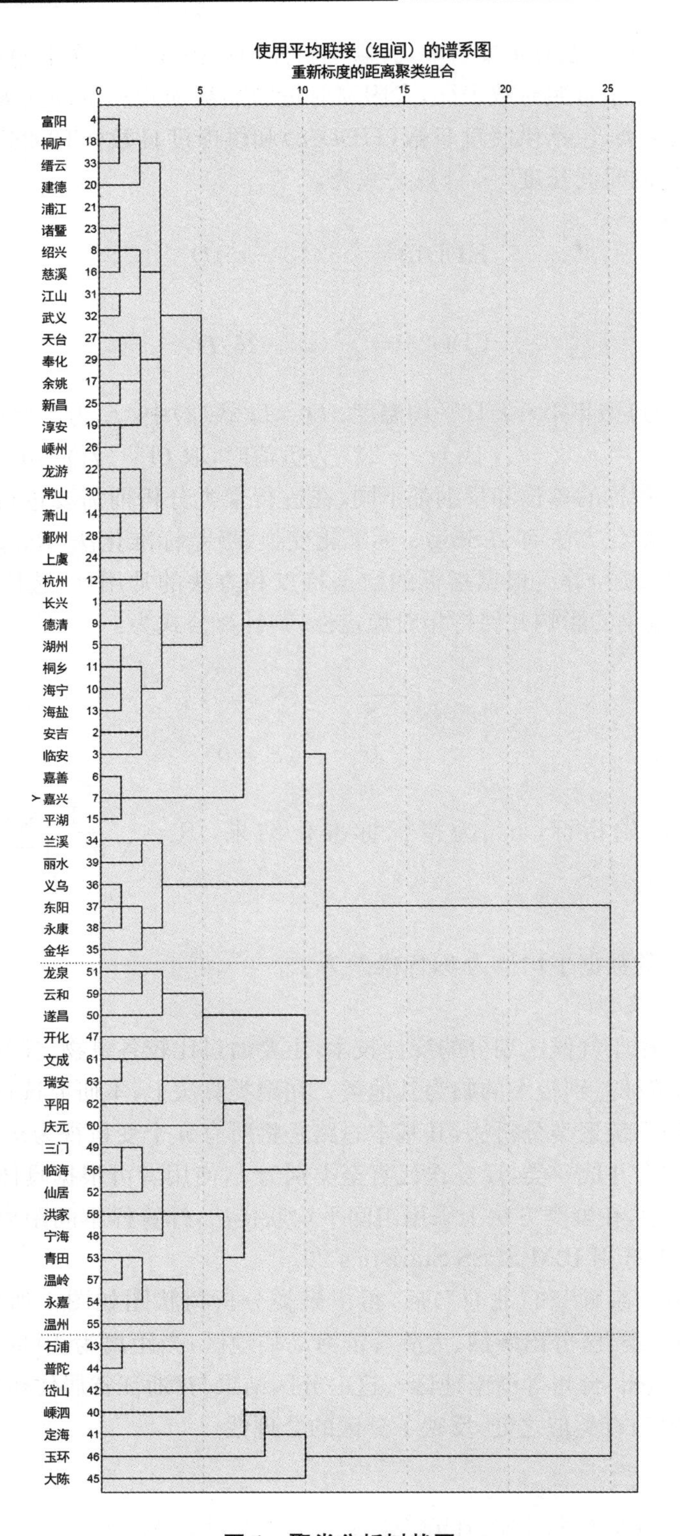

图 1　聚类分析树状图

（图片来源：作者使用 SPSS 软件绘制）

为了直观地显示分区结果，使用 ArcGIS 软件中的 ArcMap，将 63 个站点的分区结果进行基于克立格法(Kriging)的空间插值计算，得到浙江其余地区的分区指标，其可视化表达如图 2 所示。根据聚类分析结果，浙江省建筑气候分区可分为浙北(Ⅰ区)、浙南(Ⅱ区)和浙东滨海岛屿区(Ⅲ区)，共三个区划。

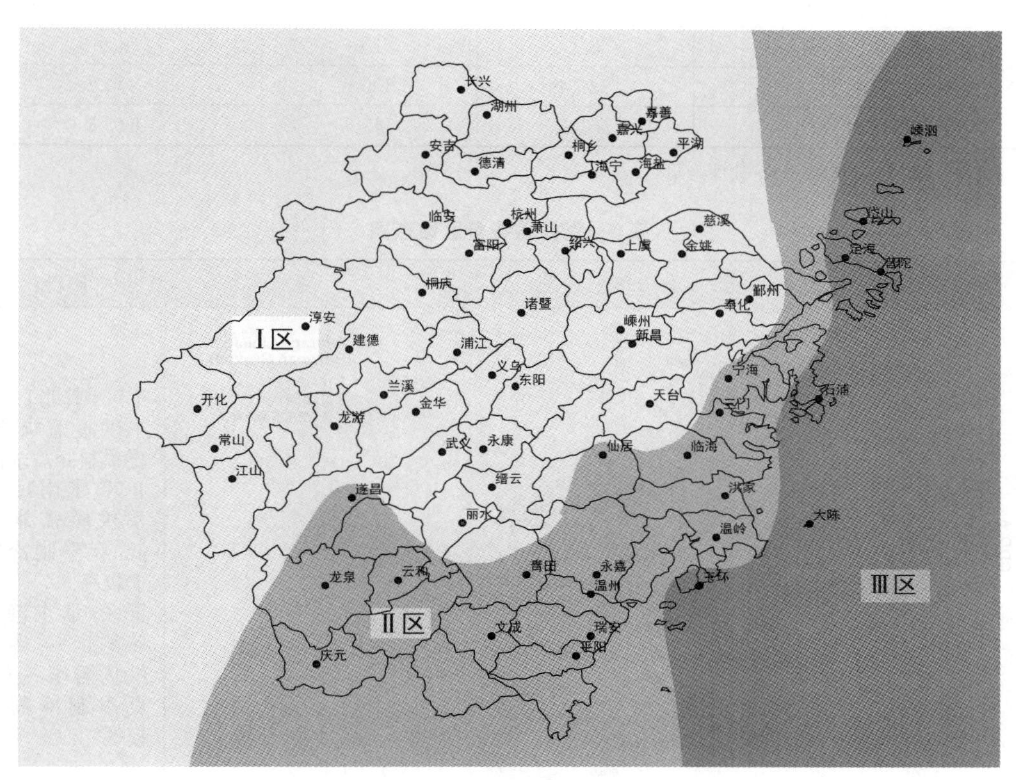

图 2　浙江建筑气候分区

(图片来源：作者使用 ArcGIS 软件绘制)

3) 建筑气候分区分析

在分区基本确定的基础上，通过 SPSS 软件绘制图表，统计分析、对比各分区的主要气候指标，如表 2、表 3 所示。

表 2　浙江各气候分区主要气候指标对比表

气候分区指标	Ⅰ区(浙北)	Ⅱ区(浙南)	Ⅲ区 (浙东滨海岛屿区)
HDD18(℃·d)	1 587.8	1 284.5	1 435.9
CDD26(℃·d)	208.3	172.2	94.5
1 月平均气温(℃)	4.7	7.1	6.3
7 月平均气温(℃)	28.8	28.3	27.2
冬季相对湿度(%)	76.7	75.6	74.0

（续表）

气候分区指标	Ⅰ区（浙北）	Ⅱ区（浙南）	Ⅲ区（浙东滨海岛屿区）
夏季相对湿度（%）	78.5	81.1	87.0
冬季平均风速（m/s）	2.0	1.5	5.3
夏季平均风速（m/s）	2.1	1.6	4.9
冬季日照时数（h）	336.4	329.6	370.7
夏季日照时数（h）	580.4	548.7	610.8

（表格来源：作者使用 SPSS 软件绘制）

表 3　浙江省各分区散点图

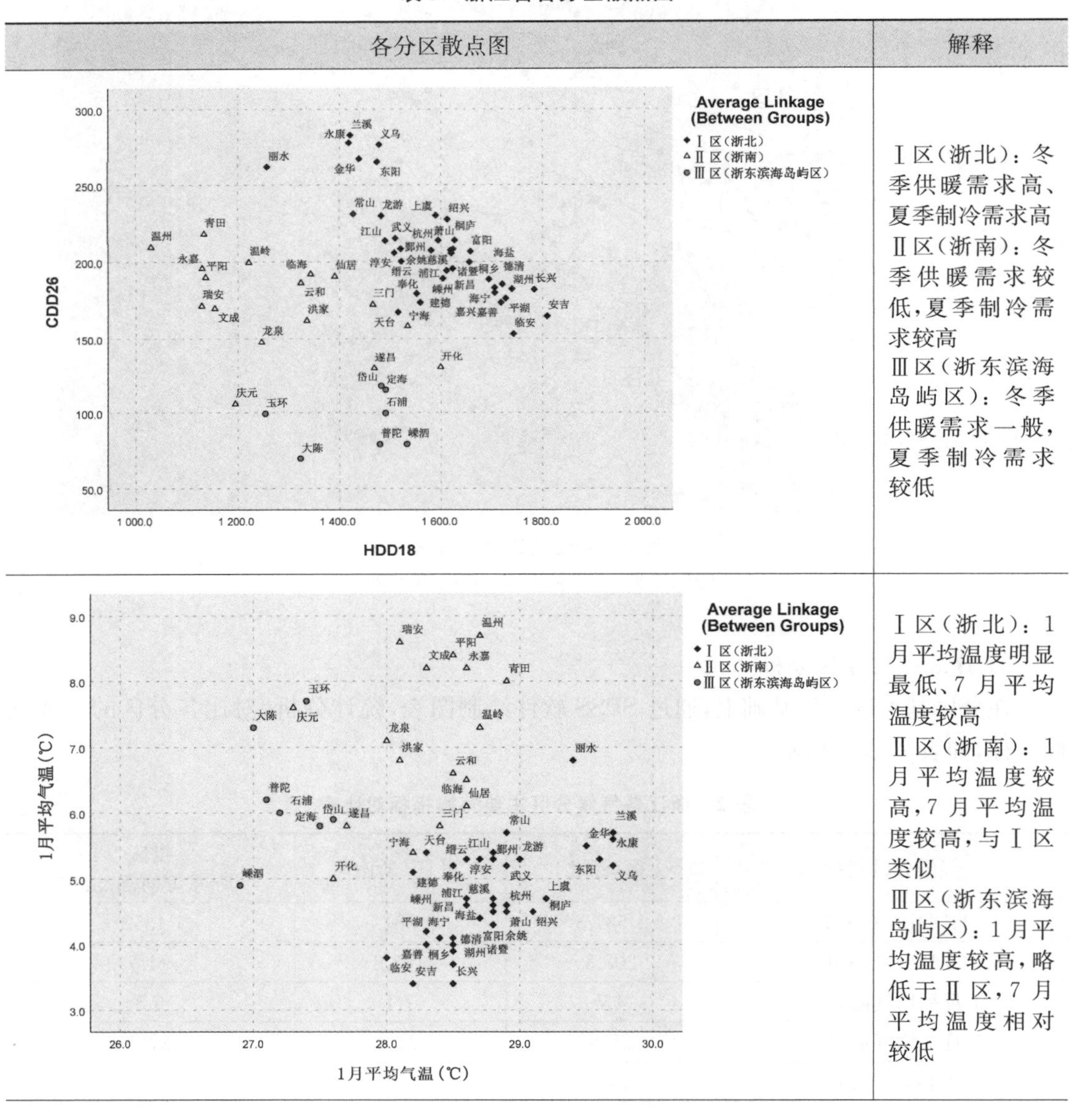

各分区散点图	解释
	Ⅰ区（浙北）：冬季供暖需求高、夏季制冷需求高 Ⅱ区（浙南）：冬季供暖需求较低，夏季制冷需求较高 Ⅲ区（浙东滨海岛屿区）：冬季供暖需求一般，夏季制冷需求较低
	Ⅰ区（浙北）：1月平均温度明显最低、7月平均温度较高 Ⅱ区（浙南）：1月平均温度较高，7月平均温度较高，与Ⅰ区类似 Ⅲ区（浙东滨海岛屿区）：1月平均温度较高，略低于Ⅱ区，7月平均温度相对较低

（续表）

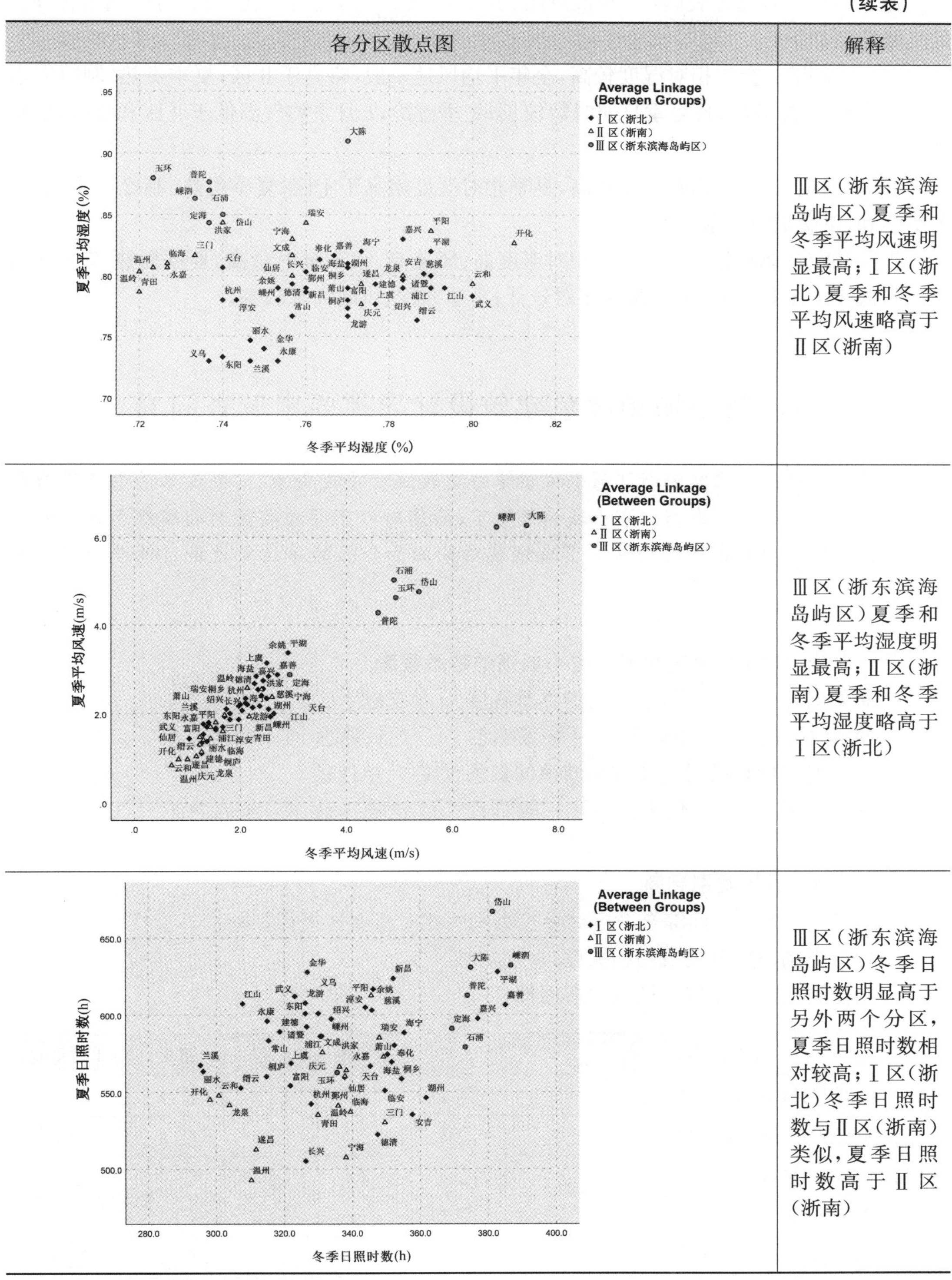

各分区散点图	解释
（冬季平均湿度—夏季平均湿度散点图）	Ⅲ区（浙东滨海岛屿区）夏季和冬季平均风速明显最高；Ⅰ区（浙北）夏季和冬季平均风速略高于Ⅱ区（浙南）
（冬季平均风速—夏季平均风速散点图）	Ⅲ区（浙东滨海岛屿区）夏季和冬季平均湿度明显最高；Ⅱ区（浙南）夏季和冬季平均湿度略高于Ⅰ区（浙北）
（冬季日照时数—夏季日照时数散点图）	Ⅲ区（浙东滨海岛屿区）冬季日照时数明显高于另外两个分区，夏季日照时数相对较高；Ⅰ区（浙北）冬季日照时数与Ⅱ区（浙南）类似，夏季日照时数高于Ⅱ区（浙南）

（图片来源：作者使用 SPSS 软件绘制）

通过主要气候指标表(表 2)和散点图(表 3)对三个分区进行对比分析,可归纳出各分区的气候特征如下:

Ⅰ区(浙北):全年相对湿度较高,全年平均风速一般,略高于Ⅱ区;夏季炎热、制冷需求高,7 月平均气温最高,且夏季日照时数较长;冬季湿冷,1 月平均气温低于Ⅱ区和Ⅲ区,供暖需求高。

Ⅱ区(浙南):全年相对湿度较高,夏季相对湿度略高于Ⅰ区;夏季炎热、制冷需求较高,冬季温和,供暖需求一般。

Ⅲ区(浙东滨海岛屿区):全年相对湿度高、风速高、太阳辐射量高,夏季炎热,7 月平均气温略低于Ⅰ区和Ⅱ区,制冷需求相对较低;冬季寒冷,供暖需求较高。

附录 3　浙江省小城镇绿色建筑设计导控要素调查问卷

您好!本次问卷内容为浙江省小城镇绿色建筑设计导控要素,需要专家为要素进行筛选和相对重要性认定。在浙江省小城镇语境下,请您对以下导控要素对实现绿色建筑的重要性进行判断。同时在可能的情况下麻烦您对删除和合并的导控要素进行简单的说明和建议。

第一部分:对绿色建筑和浙江省小城镇的熟悉程度

1. 您如何评价自己对绿色建筑的熟悉程度?[单选题]

□ 完全不熟悉　□ 不熟悉　□ 一般熟悉　□ 比较熟悉　□ 非常熟悉

2. 您如何评价自己对浙江省小城镇的熟悉程度?[单选题]

□ 完全不熟悉　□ 不熟悉　□ 一般熟悉　□ 比较熟悉　□ 非常熟悉

第二部分:导控类别判断

请您综合以下两方面综合考虑对导控类别的相对重要性进行判断:

1. 导控类别与绿色建筑的相关性。

2. 导控类别在浙江省小城镇的适用性。

导控类别	无关	不重要	一般	重要	非常重要
场地生态保护与城镇风貌协调	□ 1	□ 2	□ 3	□ 4	□ 5
土地集约利用与空间高效利用	□ 1	□ 2	□ 3	□ 4	□ 5
建筑群体布局与场地微气候优化	□ 1	□ 2	□ 3	□ 4	□ 5
气候适应性建筑设计与室内环境质量	□ 1	□ 2	□ 3	□ 4	□ 5
资源节约利用和能源优化使用	□ 1	□ 2	□ 3	□ 4	□ 5
建筑安全性和以人为本设计	□ 1	□ 2	□ 3	□ 4	□ 5

第三部分：导控要素判断

请您综合以下两方面考虑，对各类别的导控要素的相对重要性进行判断：

1. 导控要素与绿色建筑的相关性。

2. 导控要素在浙江省小城镇的适用性。

（1）“场地生态保护与城镇风貌协调”类别

导控要素	无关	不重要	一般	重要	非常重要
场地要求与评估					
场地安全性（如避免地质危险地段和易发生洪涝地段）	□ 1	□ 2	□ 3	□ 4	□ 5
场地生态性（如避免在生态敏感区建设）	□ 1	□ 2	□ 3	□ 4	□ 5
废弃场地再利用	□ 1	□ 2	□ 3	□ 4	□ 5
场地内既有建筑再利用	□ 1	□ 2	□ 3	□ 4	□ 5
场地自然环境和资源评估	□ 1	□ 2	□ 3	□ 4	□ 5
场地建成环境和设施评估	□ 1	□ 2	□ 3	□ 4	□ 5
场地可再生能源勘察和评估	□ 1	□ 2	□ 3	□ 4	□ 5
场地生态保护					
保持城镇生态廊道的完整性和连续性	□ 1	□ 2	□ 3	□ 4	□ 5
场地自然资源保护	□ 1	□ 2	□ 3	□ 4	□ 5
自然环境有机共生	□ 1	□ 2	□ 3	□ 4	□ 5
保护生物的多样性	□ 1	□ 2	□ 3	□ 4	□ 5
生态缓冲带的设计（如邻近湿地等生态敏感区的地块内应设置一定范围的禁建或限建区域作为缓冲带）	□ 1	□ 2	□ 3	□ 4	□ 5
场地生态修复（如对破碎山体修复，防止水土流失）	□ 1	□ 2	□ 3	□ 4	□ 5
施工污染防治	□ 1	□ 2	□ 3	□ 4	□ 5
场地景观设计					
绿地率控制	□ 1	□ 2	□ 3	□ 4	□ 5
复层绿化方式	□ 1	□ 2	□ 3	□ 4	□ 5
优化场地声、光、热环境的种植设计	□ 1	□ 2	□ 3	□ 4	□ 5
气候和土壤适宜的本地植物	□ 1	□ 2	□ 3	□ 4	□ 5
植物种类丰富度	□ 1	□ 2	□ 3	□ 4	□ 5
水体生态化设计	□ 1	□ 2	□ 3	□ 4	□ 5
雨洪控制规划	□ 1	□ 2	□ 3	□ 4	□ 5

（续表）

导控要素	无关	不重要	一般	重要	非常重要
低影响力开发系统（海绵城市设计）	□ 1	□ 2	□ 3	□ 4	□ 5
城镇风貌协调					
城镇山水格局协调	□ 1	□ 2	□ 3	□ 4	□ 5
城镇轮廓线和街道协调	□ 1	□ 2	□ 3	□ 4	□ 5
城镇历史景观的继承和保护	□ 1	□ 2	□ 3	□ 4	□ 5
地域建筑风格的呼应	□ 1	□ 2	□ 3	□ 4	□ 5
本土文化特色的彰显	□ 1	□ 2	□ 3	□ 4	□ 5
社区街道活力的营造	□ 1	□ 2	□ 3	□ 4	□ 5
建筑对场地和环境的回应	□ 1	□ 2	□ 3	□ 4	□ 5
创造积极的城镇新景观	□ 1	□ 2	□ 3	□ 4	□ 5
保留居民对原有地段的认知性	□ 1	□ 2	□ 3	□ 4	□ 5
对“场地生态保护与城镇风貌协调”类别的建议和说明	（填空）				

（2）土地集约利用与空间高效利用

导控要素	无关	不重要	一般	重要	非常重要
土地集约利用					
土地利用率控制（如容积率、人均居住用地指标等）	□ 1	□ 2	□ 3	□ 4	□ 5
地下空间开发利用	□ 1	□ 2	□ 3	□ 4	□ 5
充分利用场地地形地貌	□ 1	□ 2	□ 3	□ 4	□ 5
场地交通规划					
公共交通可及性	□ 1	□ 2	□ 3	□ 4	□ 5
自行车出行便利性（如提供自行车停车设施等）	□ 1	□ 2	□ 3	□ 4	□ 5
场地内慢行道设计	□ 1	□ 2	□ 3	□ 4	□ 5
清洁能源车辆出行便利性（如场地内配置或预留充电站）	□ 1	□ 2	□ 3	□ 4	□ 5
集约型停车设施（如机械式停车库、地下停车库）	□ 1	□ 2	□ 3	□ 4	□ 5
错时停车方式	□ 1	□ 2	□ 3	□ 4	□ 5
公共设施共享					
公共设施可达性（对于居住建筑，一定步行距离内，公共设施的种类和数量）	□ 1	□ 2	□ 3	□ 4	□ 5

（续表）

导控要素	无关	不重要	一般	重要	非常重要
城镇开放空间可达性（对于居住建筑，一定步行距离内能到达的城镇开放空间）	□ 1	□ 2	□ 3	□ 4	□ 5
公共建筑功能复合	□ 1	□ 2	□ 3	□ 4	□ 5
公共服务设施共享	□ 1	□ 2	□ 3	□ 4	□ 5
基础设施完备性	□ 1	□ 2	□ 3	□ 4	□ 5
空间高效利用					
提高空间利用率的设计（如坡屋顶的空间利用）	□ 1	□ 2	□ 3	□ 4	□ 5
建筑空间共享（如底层架空、上人屋面等空间对外开放）	□ 1	□ 2	□ 3	□ 4	□ 5
考虑未来需求的空间可变利用设计	□ 1	□ 2	□ 3	□ 4	□ 5
适应空间变化的结构和设备设计	□ 1	□ 2	□ 3	□ 4	□ 5
对“土地集约利用和空间高效利用”类别的建议和说明	（填空）				

（3）“场地生态保护与城镇风貌协调”类别

导控要素	无关	不重要	一般	重要	非常重要
场地光环境优化和避免光污染					
室外照明控制，防止夜间光污染	□ 1	□ 2	□ 3	□ 4	□ 5
建筑外立面材料反射比控制，避免光污染	□ 1	□ 2	□ 3	□ 4	□ 5
保证场地公共活动区域和绿地的日照要求	□ 1	□ 2	□ 3	□ 4	□ 5
建筑日照优化布局	□ 1	□ 2	□ 3	□ 4	□ 5
场地风环境优化					
场地风环境舒适性	□ 1	□ 2	□ 3	□ 4	□ 5
保证城镇通风廊道通畅	□ 1	□ 2	□ 3	□ 4	□ 5
建筑通风布局（如采用行列式、顺应地形的自由式等平面布局方式）	□ 1	□ 2	□ 3	□ 4	□ 5
建筑群立体布置（如采取“高低错落”的立体布置，使建筑物处于周围建筑的气流旋涡区以外）	□ 1	□ 2	□ 3	□ 4	□ 5
通过建筑布局减少冬季冷风渗透	□ 1	□ 2	□ 3	□ 4	□ 5
山地丘陵、海边等特殊地形的风环境分析和优化设计	□ 1	□ 2	□ 3	□ 4	□ 5
风环境性能模拟	□ 1	□ 2	□ 3	□ 4	□ 5

（续表）

导控要素	无关	不重要	一般	重要	非常重要
场地声环境优化					
场地内环境噪声符合要求	□ 1	□ 2	□ 3	□ 4	□ 5
场地噪声源限制（如场地内不得设置未经有效处理的强噪声源）	□ 1	□ 2	□ 3	□ 4	□ 5
噪声分析和降噪措施（如当建筑相邻高速公路、快速路或其他交通干道时，需进行噪声分析，并采取绿化过渡带、声屏障等措施）	□ 1	□ 2	□ 3	□ 4	□ 5
建筑防噪布局（如将对噪声不敏感的建筑物布置在场地内临近交通干道的位置）	□ 1	□ 2	□ 3	□ 4	□ 5
场地热环境优化					
降低热岛强度	□ 1	□ 2	□ 3	□ 4	□ 5
提高场地遮荫率	□ 1	□ 2	□ 3	□ 4	□ 5
场地下垫面设计（如在场地热环境不佳的区域规划绿地、水体等下垫面）	□ 1	□ 2	□ 3	□ 4	□ 5
空调室外机位置控制（如空调室外机不得正对人行步道）	□ 1	□ 2	□ 3	□ 4	□ 5
建筑外墙浅色饰面	□ 1	□ 2	□ 3	□ 4	□ 5
清凉屋面（如绿化屋面、浅色屋面等）	□ 1	□ 2	□ 3	□ 4	□ 5
对“建筑群体布局与场地微气候优化”类别的建议和说明	（填空）				

（4）“气候适应性建筑设计与室内环境质量”类别

导控要素	无关	不重要	一般	重要	非常重要
气候适应性设计 1：关键指标控制					
建筑朝向优化调整	□ 1	□ 2	□ 3	□ 4	□ 5
建筑体形系数控制	□ 1	□ 2	□ 3	□ 4	□ 5
建筑窗墙面积比控制	□ 1	□ 2	□ 3	□ 4	□ 5
外窗综合遮阳系数	□ 1	□ 2	□ 3	□ 4	□ 5
外窗通风开口面积	□ 1	□ 2	□ 3	□ 4	□ 5
气候适应性设计 2：遮阳设计					
外窗遮阳设计	□ 1	□ 2	□ 3	□ 4	□ 5
利用绿化遮阳	□ 1	□ 2	□ 3	□ 4	□ 5

（续表）

导控要素	无关	不重要	一般	重要	非常重要
建筑自遮阳（如利用建筑形体的外挑与变异实现遮阳）	□1	□2	□3	□4	□5
玻璃遮阳性能（如采用低辐射 low-E 玻璃）	□1	□2	□3	□4	□5
活动外遮阳面积比	□1	□2	□3	□4	□5
外窗遮阳设计	□1	□2	□3	□4	□5
气候适应性设计 3：自然通风					
外窗位置、方向和开启方式	□1	□2	□3	□4	□5
优化自然通风的剖面设计（如通过设计中庭利用烟囱效应）	□1	□2	□3	□4	□5
优化自然通风的平面布局（如通过平面布局组织"穿堂风"）	□1	□2	□3	□4	□5
优化自然通风的技术措施（如设置通风器）	□1	□2	□3	□4	□5
加强地下空间自然通风措施	□1	□2	□3	□4	□5
冬季防风措施	□1	□2	□3	□4	□5
气候适应性设计 4：自然采光和被动式太阳能利用					
改善自然采光的设计措施（如采光井、采光天窗）	□1	□2	□3	□4	□5
改善自然采光的技术措施（如反光板、集光导光设备等）	□1	□2	□3	□4	□5
直接太阳能受益窗式设计	□1	□2	□3	□4	□5
附加阳光房	□1	□2	□3	□4	□5
集热蓄热墙体（特朗伯墙）	□1	□2	□3	□4	□5
地域适宜的围护结构设计					
围护结构热工性能（如传热系数、隔热性能等）	□1	□2	□3	□4	□5
围护结构防凝防潮设计	□1	□2	□3	□4	□5
墙体和门窗保温设计	□1	□2	□3	□4	□5
提高门窗的气密性，减少热损失	□1	□2	□3	□4	□5
遮阳型围护结构（如绿色屋面、太阳能光伏屋面、墙体垂直绿化等）	□1	□2	□3	□4	□5
自然通风型围护结构（如架空屋面、通风墙体、架空地面等）	□1	□2	□3	□4	□5

（续表）

导控要素	无关	不重要	一般	重要	非常重要
被动蒸发冷却型围护结构（如蓄水屋面、含水多孔材料屋面等）	□1	□2	□3	□4	□5
相变蓄能围护结构（通过相变材料，吸收墙体内部热量或太阳辐射能量，并在合适的时间将热量放出，实现节能降耗）	□1	□2	□3	□4	□5
室内光环境优化					
满足日照要求	□1	□2	□3	□4	□5
天然采光质量（如采光系数、室内天然光照度等）	□1	□2	□3	□4	□5
人工采光质量（如采光均匀度、光源色温、照度等）	□1	□2	□3	□4	□5
减少不舒适眩光	□1	□2	□3	□4	□5
良好的户外视野	□1	□2	□3	□4	□5
照明按需自动调节	□1	□2	□3	□4	□5
室内声环境优化					
噪声级和隔声量控制	□1	□2	□3	□4	□5
减少噪声影响的空间布局（如噪声源空间宜集中布置，并远离有安静要求的房间）	□1	□2	□3	□4	□5
噪声源空间的隔声设计（如噪声源空间墙面及顶棚做吸声和隔声处理）	□1	□2	□3	□4	□5
设备和管道的减振降噪设计	□1	□2	□3	□4	□5
防止雨噪声	□1	□2	□3	□4	□5
音质专项设计处理	□1	□2	□3	□4	□5
室内空气质量优化					
建筑材料和装修材料中污染物控制	□1	□2	□3	□4	□5
室内吸烟控制	□1	□2	□3	□4	□5
室内产生异味或污染物房间隔离	□1	□2	□3	□4	□5
室外污染源隔离	□1	□2	□3	□4	□5
改善空气质量的功能材料	□1	□2	□3	□4	□5
空气净化装置	□1	□2	□3	□4	□5
空调系统的定期清洗消毒	□1	□2	□3	□4	□5
对“气候适应性建筑设计与室内环境质量优化”类别的建议和说明	（填空）				

(5)“资源节约利用和能源优化使用”类别

导控要素	无关	不重要	一般	重要	非常重要
资源节约利用和能源优化使用					
选用低能耗、低资源消耗的材料	□1	□2	□3	□4	□5
选用对环境无害的材料	□1	□2	□3	□4	□5
选用可再循环和可再利用材料	□1	□2	□3	□4	□5
选用以废弃物为原料生产的建筑材料	□1	□2	□3	□4	□5
选用本地的建筑材料	□1	□2	□3	□4	□5
选用耐久性好、易维护的材料	□1	□2	□3	□4	□5
选用功能性建筑材料	□1	□2	□3	□4	□5
减少纯装饰性构件	□1	□2	□3	□4	□5
采用轻质建材	□1	□2	□3	□4	□5
建筑废弃物的分离回收和再利用	□1	□2	□3	□4	□5
土建与装修工程一体化设计施工，减少浪费	□1	□2	□3	□4	□5
水资源节约利用					
中水回收利用	□1	□2	□3	□4	□5
雨水回收利用	□1	□2	□3	□4	□5
污水绿色处理	□1	□2	□3	□4	□5
避免管网漏损	□1	□2	□3	□4	□5
节约景观用水	□1	□2	□3	□4	□5
节水绿化灌溉系统	□1	□2	□3	□4	□5
合理水压，避免浪费	□1	□2	□3	□4	□5
节水器具、设施和绿色管材	□1	□2	□3	□4	□5
饮用水水质达标	□1	□2	□3	□4	□5
排水水质达标	□1	□2	□3	□4	□5
储水设施满足卫生要求	□1	□2	□3	□4	□5
设施设备节能					
供配电系统的节能优化	□1	□2	□3	□4	□5
照明系统的节能优化	□1	□2	□3	□4	□5
动力设备系统的节能优化	□1	□2	□3	□4	□5
空调制冷系统的节能优化	□1	□2	□3	□4	□5

（续表）

导控要素	无关	不重要	一般	重要	非常重要
可再生能源利用					
太阳能热水系统	□1	□2	□3	□4	□5
太阳能光伏系统	□1	□2	□3	□4	□5
地源热泵系统	□1	□2	□3	□4	□5
生物质能利用	□1	□2	□3	□4	□5
风能利用	□1	□2	□3	□4	□5
建筑智能化与建筑运营管理					
用水监测	□1	□2	□3	□4	□5
照明智能控制	□1	□2	□3	□4	□5
建筑能耗监控	□1	□2	□3	□4	□5
空气质量监测	□1	□2	□3	□4	□5
建筑能源资源管理机制	□1	□2	□3	□4	□5
建筑运营效果评估和优化	□1	□2	□3	□4	□5
对“资源节约利用与能源优化利用”类别的建议和说明	（填空）				

（6）“建筑安全性和以人为本设计”类别

导控要素	无关	不重要	一般	重要	非常重要
安全性					
建筑结构的安全性	□1	□2	□3	□4	□5
建筑构件和设施的安全性（如外遮阳构件的防脱落设计）	□1	□2	□3	□4	□5
外立面选材安全性	□1	□2	□3	□4	□5
非传统水源的用水安全（如增加标识防止误接、误用、误饮）	□1	□2	□3	□4	□5
防滑设计	□1	□2	□3	□4	□5
防灾性和适灾韧性					
建筑结构的抗震性能	□1	□2	□3	□4	□5
应对地质灾害的工程防护措施	□1	□2	□3	□4	□5
应对洪涝的场地水文组织	□1	□2	□3	□4	□5
救援疏散和应急避难设计	□1	□2	□3	□4	□5

（续表）

导控要素	无关	不重要	一般	重要	非常重要
建筑防火灾设计	□ 1	□ 2	□ 3	□ 4	□ 5
引导绿色生活方式					
鼓励使用楼梯（如楼梯设置在主出入口、门厅附近，且有自然通风和天然采光）	□ 1	□ 2	□ 3	□ 4	□ 5
提供健身场地和设施	□ 1	□ 2	□ 3	□ 4	□ 5
室外晾衣空间	□ 1	□ 2	□ 3	□ 4	□ 5
生活垃圾分类设施配置	□ 1	□ 2	□ 3	□ 4	□ 5
人文关怀设计					
全龄化设计	□ 1	□ 2	□ 3	□ 4	□ 5
无障碍设计	□ 1	□ 2	□ 3	□ 4	□ 5
亲自然设计（如提供半室外空间，增加人与自然的接触）	□ 1	□ 2	□ 3	□ 4	□ 5
居民参与设计	□ 1	□ 2	□ 3	□ 4	□ 5
对“建筑安全性和以人为本设计”类别的建议和说明	（填空）				

第四部分：个人基本信息

1. 您的判断依据为：[单选题]

□ 实践经验 □ 理论分析 □ 同行了解 □ 自觉分析

2. 您正在攻读或已获得的最高学历为：[单选题]

□ 高中及以下 □ 专科 □ 本科 □ 硕士研究生 □ 博士研究生

3. 您的工作单位是：[单选题]

□ 设计院或设计事务所 □ 高等院校或科研机构 □ 房地产等甲方单位

□ 建筑施工单位 □ 政府部门 □ 其他

3.1 （若 3 中选择“高等院校或科研机构”）您的职业：[单选题]

□ 学生 □ 教师 □ 其他

3.2 （若 3 中选择“设计院或设计事务所”或“房地产等甲方单位”或“建筑施工单位”）您从事建筑设计及相关工作的年限：[单选题]

□ 5 年以下 □ 5—10 年 □ 10—20 年 □ 20 年以上

4. 您的职称为：[单选题]

□ 初级 □ 中级 □ 副高级 □ 高级 □ 其他________

5. 如果您对本次调查问卷的结果感兴趣，请留下电子邮箱，以便把调查结果和相关分析发给您。__________（填空）__________

致谢

读博是一场修行，经历过茫无头绪、彷徨焦虑、挫败困顿，终于柳暗花明，迎来收获。十载求是园，回首往昔，思绪万千，深感幸运，也满怀感恩。

首先感谢恩师王竹教授。我有幸在本科阶段就成为王老师的学生，为王老师对建筑学的热忱所感染，这也促使我下定读博的决心。读博期间，王老师敏锐的科研洞察力、开阔的格局视野、严谨的治学态度，令我耳濡目染，也促使我坚定目标、笃定前行。王老师的悉心指导倾注于从研究选题、调研开展、框架梳理到本书撰写的各个环节，严格把关见于本书中的逻辑结构、语言表达、图表编排、参考文献等各个细节，正是一遍遍细心详尽的修改意见才使本书日臻完善，在学术上毫无保留的传道授业解惑，思之甚为感恩。在学术科研之外，王老师待人接物所展现的幽默智慧、豁达宽容、和善谦逊，深深影响着我，也是我今后走向工作岗位为人处世的榜样。

感谢求是园中每一位帮助、指导过我的老师。感谢裘知老师、贺勇老师、浦欣成老师、傅舒兰老师、徐雷老师等，是每一次的授课与讨论，拓宽了我的思路与视野，给予了我学术的启发。

感谢月牙楼 214 大家庭的每一位成员，共同营造了积极向上的学习研究氛围、融洽和睦的师门情谊。感谢师兄钱振澜、沈昊，师姐郑媛、徐丹华、傅嘉言、项越等在学术上的分享与交流；感谢同门叶蕾婷、王珂、邬轶群、陈继锟、华懿、高明明、苗丽婷、竹丽凡等在求学期间的调研合作与互相帮扶；感谢师弟邹宇航、郑俊超、周从越，师妹郭睿、张昀、孙卓、孙源等对我的关心与鼓励。

感谢调研过程中帮助过我的政府领导、行业专家、建筑师等。感谢浙江省小城镇办公室，感谢在浙江松阳、武义、温岭、上虞、海盐等地调研中给予大力支持的各个部门与当地居民；感谢所有参与深度访谈和问卷调查的受访者们，本书能顺利完成离不开你们的耐心与支持。

感谢辛苦养育我的父母，谢谢你们一直以来无条件的支持与鼓励；感谢我的婆婆，帮我操持家务、照顾孩子；感谢我的先生喻乐，一路上的陪伴与关心，让我得以全身心投入本书写作；感谢我可爱的女儿喻夏伊，为艰难的读博生涯增添了不少快乐。

谨以此文献给爱我和关心我的家人、朋友们。

王焯瑶

二〇二一年六月　于月牙楼